"十四五"职业教育国家规划教材

名校名师精品
系列教材

U0725347

Network Operating System of Linux

Linux
网络操作系统项目教程

RHEL 8/CentOS 8 | **微课版** | **第 4 版**

杨云 林哲 ◉主编

人民邮电出版社
北京

图书在版编目（ＣＩＰ）数据

Linux网络操作系统项目教程：RHEL 8/CentOS 8：
微课版 / 杨云，林哲主编. -- 4版. -- 北京：人民邮
电出版社，2022.1
名校名师精品系列教材
ISBN 978-7-115-56796-3

Ⅰ．①L… Ⅱ．①杨… ②林… Ⅲ．①Linux操作系统
－教材 Ⅳ．①TP316.85

中国版本图书馆CIP数据核字(2021)第129205号

内 容 提 要

本书对接"全国职业技能大赛"和"世界技能大赛"，符合"三教"改革精神。本书是国家精品课程、国家级精品资源共享课和精品在线开放课程"Linux 网络操作系统"的配套教材。本书是一本基于"项目驱动、任务导向"的"双元"模式的纸媒+电子活页的项目化零基础教程。

本书以 RHEL 8/CentOS 8 为平台，分为 6 个学习情境，分别为系统安装与常用命令、系统管理与配置、shell 编程与调试、网络服务器配置与管理、系统安全与故障排除（电子活页）、拓展与提高（电子活页）。全书共 14 个教学项目，包括安装与配置 Linux 操作系统、Linux 常用命令与 vim、管理 Linux 服务器的用户和组、配置与管理文件系统、配置与管理硬盘、配置网络和 firewall 防火墙（含 NAT）、shell 基础、学习 shell script、使用 gcc 和 make 调试程序，以及配置与管理 samba、DHCP、DNS、Apache、FTP 服务器。此外，还有 15 个扩展项目（电子活页）。项目配有"项目实训"等结合实践应用的内容，引用大量的企业应用实例，配以知识点微课和项目实训慕课，使"教、学、做"融为一体，实现理论与实践的统一。

本书可作为高职高专院校计算机网络技术、大数据技术、云计算技术与应用、计算机应用技术、软件技术等专业的理论与实践教材，也可作为 Linux 系统管理和网络管理人员的自学用书。

◆ 主　编　杨　云　林　哲
　　责任编辑　马小霞
　　责任印制　王　郁　彭志环
◆ 人民邮电出版社出版发行　　北京市丰台区成寿寺路 11 号
　　邮编　100164　　电子邮件　315@ptpress.com.cn
　　网址　https://www.ptpress.com.cn
　　大厂回族自治县聚鑫印刷有限责任公司印刷
◆ 开本：787×1092　1/16
　　印张：18　　　　　　　　　　2022 年 1 月第 4 版
　　字数：458 千字　　　　　　　2024 年 12 月河北第15次印刷

定价：59.80 元

读者服务热线：(010)81055256　印装质量热线：(010)81055316
反盗版热线：(010)81055315
广告经营许可证：京东市监广登字 20170147 号

第4版前言 PREFACE

党的二十大报告指出"必须坚持科技是第一生产力、人才是第一资源、创新是第一动力"。大国工匠和高技能人才作为人才强国战略的重要组成部分,在现代化国家建设中起着重要的作用。高等职业教育肩负着培养大国工匠和高技能人才的使命,近几年得到了迅速发展和普及。

网络强国是国家的发展战略。自主可控的网络技能型人才培养显得尤为重要,国产服务器操作系统的应用是重中之重。

1. 改版背景

《Linux 网络操作系统及应用教程(项目式)》在 2013 年 9 月第一次公开出版,2016 年 8 月、2019 年 1 月分别进行了改版。第 1 版印刷 12 次,第 2 版印刷 18 次,第 3 版已经印刷 18 次,截至 2021 年 2 月,累计销售超过 20 万册。本书第 2 版为"十二五"职业教育国家规划教材,第 3 版为"十三五"职业教育国家规划教材、浙江省普通高校"十三五"新形态教材。

2. 改版内容

本书在形式和内容上进行了更新和提升,更能体现职业教育和"三教"改革精神。

(1)将操作系统版本升级到 RHEL 8/CentOS 8,并兼容国产操作系统麒麟 V10 和统信 V20。

(2)在形式上,本书采用了"纸质教材+电子活页"的形式,采用知识点微课和项目实训慕课的形式辅助教学,增加了丰富的数字资源。

(3)电子活页包括"系统安全与故障排除""拓展与提高"2 个学习情境(15 个项目实录的视频)。纸质教材和电子活页以项目为载体,以工作过程为导向,以职业素养和职业能力培养为重点,按照技术应用从易到难,教学内容从简单到复杂、从局部到整体的原则归纳教材内容。

(4)增加拓展阅读内容,融入了核高基与国产操作系统、中国计算机的主奠基者、中国国家顶级域名"CN"、图灵奖、国家最高科学技术奖、IPv4 和 IPv6、为计算机事业做出过巨大贡献的王选院士、国产操作系统"银河麒麟"、中国的超级计算机、IPv4 的根服务器、"雪人计划"、中国的"龙芯"等中国计算机领域发展的重要事件和重要人物,培养学生的创新意识,激发爱国热情。

(5)31 个项目实录慕课、14 个课堂项目慕课和 14 个微课视频全部重新设计和录制。

3. 教材姊妹篇

本书是《网络服务器搭建、配置与管理——Linux(RHEL 8/CentOS 8)(微课版)(第 4 版)》(人民邮电出版社,杨云等主编)的姊妹篇。

两本书的成功出版将给高职高专院校开设 Linux 相关课程提供更灵活和方便的选择。根据教学要求、教学重点和学生层次的不同,可以选学任意一本教材。当然,如果时间允许,可以同时选用两本教材(两学期连上),将能得到更大的收获。

4. 本书特点

本书为教师和学生提供一站式课程解决方案和立体化教学资源,助力"易教易学",同时对接"全国职业技能大赛"和"世界技能大赛"。

（1）落实立德树人根本任务。

本书充分认识党的二十大报告提出的"实施科教兴国战略，强化现代人才建设支撑"精神，在保留已有素质教育内容的基础上，通过讲故事、举案例，鞭策学生努力学习，引导学生树立正确的世界观、人生观和价值观，帮助学生成为德、智、体、美、劳全面发展的社会主义建设者和接班人。

（2）国家精品课程和国家级精品资源共享课配套教材。

本书相关教学视频和实验视频全部放在课程网站供下载学习和在线收看。教学中用到的 PPT 课件、电子教案、实践教学、授课计划、课程标准、题库、论坛、学习指南、习题解答、补充材料等内容，也都放在了爱课程网站上。国家级精品资源共享课"Linux 网络操作系统"网址：http://www.icourses.cn/sCourse/course_2843.html。

（3）提供"教、学、做、导、考"一站式课程解决方案。

本书是浙江省精品在线开放课程的配套教材，教学资源建设获省级教学成果二等奖。本书提供"微课+3A 学习平台+共享课程+资源库"四位一体教学平台，配有知识点微课和项目实训慕课，国家级精品资源共享课建有开放共享型资源 1321 条，国家资源库有相关资源 700 多条，为院校提供"教、学、做、导、考"一站式课程解决方案。

（4）产教融合、书证融通、课证融通，校企"双元"合作开发"理实一体"教材。

本书内容对接职业标准和岗位需求，以企业"真实工程项目"为素材进行项目设计及实施，将教学内容与 Linux 资格认证相融合，由业界专家拍摄项目视频，书证融通、课证融通。

（5）符合"三教"改革精神，创新教材形态。

将教材、课堂、教学资源、LEEPEE 教学法四者融合，实现线上线下有机结合，为"翻转课堂"和"混合课堂"改革奠定基础。采用"纸质教材+电子活页"的形式编写教材。除教材外，本书还提供丰富的数字资源，包含视频、音频、作业、试卷、拓展资源、讨论、扩展的项目实训视频等，实现纸质教材三年修订、电子活页随时增减和修订的目标。

5. 配套的教学资源

（1）知识点微课（14 个）、课堂项目慕课（14 个）和项目实训慕课（31 个）。

全部的知识点微课和全套的项目实训慕课都可通过扫描书中二维码获取。

（2）课件、教案、授课计划、项目指导书、课程标准、拓展提升、任务单、实训指导书等，以及可供参考的服务器的配置文件。

（3）大赛试题（试卷 A、试卷 B）及答案、本书习题及答案。

本书由杨云、林哲主编，李谷伟、吴敏、郑定超副主编。魏尧、王瑞、薛立强等也参加了部分视频创作和教材的编写。特别感谢浪潮集团、山东鹏森信息科技有限公司提供了教学案例，感谢付强、左安顺、董爱民、丁柱、徐鹏、朱晓彦等老师，以及 Linux 教师群里 2700 多位教师的帮助和支持。订购教材后请向编者索要全套备课包，编者 QQ 号为 68433059。欢迎加入计算机研讨&资源共享教师 QQ 群，号码为 414901724。

编　者

2023 年 5 月于泉城

目录 CONTENTS

学习情境一 系统安装与常用命令

学习情境二　系统管理与配置

学习情境三　shell 编程与调试

学习情境五（电子活页视频一）　系统安全与故障排除

学习情境六（电子活页视频二）　拓展与提高

学习情境一

系统安装与常用命令

项目 1　安装与配置 Linux 操作系统
项目 2　Linux 常用命令与 vim

合抱之木，生于毫末；九层之台，起于累土；千里之行，始于足下。

——语出《道德经》

项目1

安装与配置Linux操作系统

01

项目导入：

某高校组建学校的校园网，需要部署具有 Web、FTP、DNS、DHCP、samba、VPN 等功能的服务器来为校园网用户提供服务，现需要选择一种既安全又易于管理的网络操作系统。Linux 由于开源、稳定的性能越来越受到用户的欢迎，本书的核心内容是 Red Hat Enterprise Linux 8（RHEL 8）操作系统的安装、配置与使用。本项目将主要介绍安装与配置 RHEL 8 的相关知识和基本技能。通过该项目的学习，希望学生达到以下职业能力目标和要求。

职业能力目标和要求：

- 理解 Linux 操作系统的体系结构。
- 掌握搭建 RHEL 8 服务器的方法。
- 掌握登录、退出 Linux 服务器的方法。

- 掌握重置 root 管理员密码的方法。
- 掌握 yum 软件仓库的使用方法。
- 掌握启动和退出系统的方法。

1.1 项目知识准备

Linux 操作系统是一个类似 UNIX 的操作系统。Linux 操作系统是 UNIX 在计算机上的完整实现，它的标志是一个名为 Tux 的可爱的小企鹅形象，如图 1-1 所示。UNIX 操作系统是 1969 年由肯·莱恩·汤普森（Kenneth Lane Thompson）和丹尼斯·里奇（Dennis Ritchie）在美国贝尔实验室开发的一个操作系统。由于良好且稳定的性能，该操作系统迅速在计算机中得到广泛应用，在随后的几十年中又不断地被改进。

图 1-1　Linux 的标志 Tux

1.1.1　Linux 操作系统的历史

1990 年，芬兰人莱纳斯·贝内迪克特·托瓦尔兹（Linus Benedict Torvalds）（以下简称莱纳斯）接触了为教学而设计的 Minix 系统后，开始着手研究编写一个开放的、与 Minix 系统兼容的操作系统。1991 年 10 月 5 日,莱纳斯在芬兰赫尔辛基大学的一台 FTP 服务器上发布了一个消息。这也标志着 Linux 操作系统诞生。莱纳斯公布了第一个 Linux 的内核 0.02 版本。开始,莱纳斯的兴趣在于了解操作系统的运行原理,因此 Linux 早期的版本并没有考虑最终用户的使用,只是提供了最核心的框架,使得 Linux 开发人员可以享受编制内核的乐趣,但这样也保证了 Linux 操作系统内核的强大与稳定。互联网(Internet)的兴起,使得 Linux 操作系统也十分迅速地发展,很快就有许多程序员加入 Linux 操作系统的编写行列。

1-1 微课

自由开源的 Linux 操作系统

随着编程小组的扩大和完整的操作系统基础软件的出现,Linux 开发人员认识到,Linux 已经逐渐变成一个成熟的操作系统。1994 年 3 月,内核 1.0 版本的推出,标志着 Linux 第一个正式版本诞生。

1.1.2 Linux 的版权问题及特点

1. Linux 的版权问题

Linux 是基于 Copyleft(无版权)的软件模式进行发布的。其实 Copyleft 是与 Copyright(版权所有)相对立的新名称,它是 GNU 项目制定的通用公共许可证(General Public License,GPL)。GNU 项目是由理查德·斯托尔曼(Richard Stallman)于 1984 年提出的。他建立了自由软件基金会(Free Software Foundation,FSF),并提出 GNU 计划的目的是开发一个完全自由的、与 UNIX 类似但功能更强大的操作系统,以便为所有的计算机用户提供一个功能齐全、性能良好的基本系统。GNU 的标志(角马)如图 1-2 所示。

图 1-2 GNU 的标志(角马)

> **小资料** GNU 这个名字使用了有趣的递归缩写,它是 "GNU's Not UNIX" 的缩写形式。由于递归缩写是一种在全称中递归引用它自身的缩写,因此无法精确地解释出它的真正全称。

2. Linux 操作系统的特点

Linux 操作系统作为一个自由、开放的操作系统,其发展势不可当。它拥有高效、安全、稳定,支持多种硬件平台,用户界面友好,网络功能强大,以及支持多任务、多用户等特点。

1.1.3 理解 Linux 的体系结构

Linux 一般由 3 个部分组成:内核(Kernel)、命令解释层(shell 或其他操作环境)、实用工具。

1-2 拓展阅读

Linux 系统的特点

1. 内核

内核是系统的"心脏",是运行程序、管理磁盘及打印机等硬件设备的核心程序。命令解释层向用户提供一个操作界面,从用户那里接受命令,并且把命令送给内核去执行。由于内核提供的都是操作系统最基本的功能,所以如果内核发生问题,那么整个计算机系统就可能会崩溃。

2. 命令解释层

shell 是系统的用户界面，提供用户与内核进行交互操作的接口。它接收用户输入的命令，并且将命令送入内核去执行。

命令解释层在操作系统内核与用户之间提供操作界面，可以称其为一个解释器。操作系统对用户输入的命令进行解释，再将其发送到内核。Linux 存在几种操作环境，分别是桌面（desktop）、窗口管理器（window manager）和命令行 shell（command line shell）。Linux 操作系统中的每个用户都可以拥有自己的用户操作界面，即根据自己的需求进行定制。

shell 也是一个命令解释器，解释由用户输入的命令，并把命令送到内核。不仅如此，shell 还有自己的编程语言，可用于命令的编辑，它允许用户编写由 shell 命令组成的程序。shell 编程语言具有普通编程语言的很多特点，如它也有循环结构和分支控制结构等。用这种编程语言编写的 shell 程序与其他应用程序具有同样的效果。

3. 实用工具

标准的 Linux 操作系统都有一套叫作实用工具的程序，它们是专门的程序，如编辑器、执行标准的计算操作等。用户也可以使用自己的工具。

实用工具可分为以下 3 类。

- 编辑器：用于编辑文件。
- 过滤器：用于接收数据并过滤数据。
- 交互程序：允许用户发送信息或接收来自其他用户的信息。

1.1.4　Linux 的版本

Linux 的版本分为内核版本和发行版本两种。

1. 内核版本

内核是系统的"心脏"，是运行程序、管理磁盘及打印机等硬件设备的核心程序，提供了一个在裸设备与应用程序间的抽象层。例如，程序本身不需要了解用户的主板芯片集或磁盘控制器的细节就能在高层次上读/写磁盘。

内核的开发和规范一直由莱纳斯领导的开发小组控制着，版本也是唯一的。开发小组每隔一段时间公布新的版本或其修订版，从 1991 年 10 月莱纳斯向世界公开发布的内核 0.0.2 版本（0.0.1 版本功能相当"简陋"，所以没有公开发布），到目前最新的内核 5.10.12 版本，Linux 的功能越来越强大。

Linux 内核的版本号命名是有一定规则的，版本号的格式通常为"主版本号.次版本号.修正号"。主版本号和次版本号标志着重要的功能变更，修正号表示较小的功能变更。以 2.6.12 为例，2 代表主版本号，6 代表次版本号，12 代表修正号。读者可以到 Linux 内核官方网站下载最新的内核代码，如图 1-3 所示。

2. 发行版本

仅有内核而没有应用软件的操作系统是无法使用的，所以许多公司或社团将内核、源代码及相关的应用程序组织构成一个完整的操作系统，让一般的用户可以简便地安装和使用 Linux，这就是所谓的发行版（Distribution）。一般谈论的 Linux 操作系统便是针对这些发行版的。目前各种发行版超过 300 种，它们的发行版本号各不相同，使用的内核版本号也可能不一样，现在流行的 Linux 操作系统套件有 RHEL、CentOS、Fedora、openSUSE、Debian、Ubuntu 等。

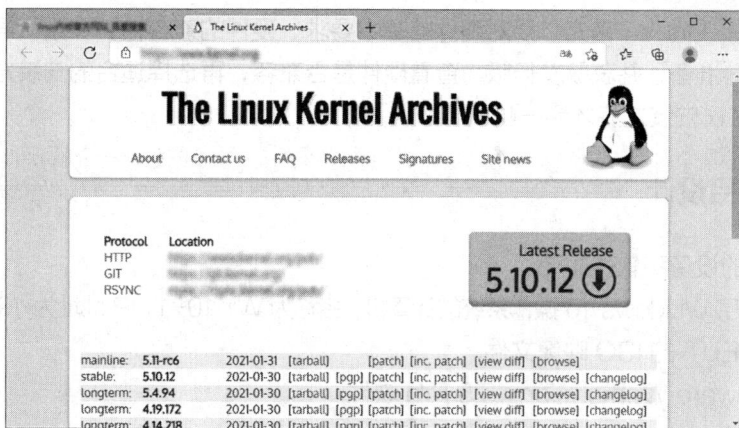

图 1-3　Linux 内核官方网站

本书是基于最新的 RHEL 8 编写的，书中内容及实验完全通用于 CentOS、Fedora 等系统。也就是说，当你学完本书后，即便公司内的生产环境部署的是 CentOS，也照样会使用。更重要的是，本书配套资料中的 ISO 映像文件与红帽认证系统管理员（Red Hat Certified System Administrator，RHCSA）及红帽认证工程师（Red Hat Certified Engineer，RHCE）考试内容基本保持一致，因此也适合备考红帽认证的考生使用（加入 QQ 群 414901724 可随时索要备课包、ISO 映像文件及其他资料，后面不再说明）。

1-3　拓展阅读

Linux 发行版本

1.1.5　RHEL 8

作为面向云环境和企业 IT 的强大企业级 Linux 操作系统，RHEL 8 版本于 2019 年 5 月 8 日发布。在 RHEL 7 系列发布约 5 年之后，RHEL 8 在优化诸多核心组件的同时引入了诸多强大的新功能，支持各种工作负载，从而可以让用户轻松驾驭各种环境。

RHEL 8 为"混合云时代"的到来引入了大量新功能，包括用于配置、管理和修复 RHEL 8 的 Red Hat Smart Management 扩展程序，以及包含快速迁移框架、编程语言和诸多开发者工具在内的 Application Streams。

RHEL 8 同时对管理员和管理区域进行了改善，让系统管理员、Windows 管理员更容易访问。此外，通过 Red Hat Enterprise Linux System Roles，Linux 初学者可以更快地自动化执行复杂任务，以及通过 RHEL Web 控制台管理和监控 RHEL 的运行状况。

在安全方面，RHEL 8 内置了对 OpenSSL 1.1.1 和 TLS 1.3 加密标准的支持。它还为 Red Hat 容器工具包提供全面的支持，用于创建、运行和共享容器化应用程序，改进对 ARM 和 POWER 架构、SAP 解决方案和实时应用程序，以及 Red Hat 混合云基础架构的支持。

1.2　项目设计与准备

中小型企业在选择网络操作系统时，首选企业版 Linux 网络操作系统。一是由于其开源的优势，二是考虑到其安全性较高。

要想成功安装 Linux，首先必须对硬件的基本要求、硬件的兼容性、多重引导、磁盘分区和安装方式等进行充分准备，并获取发行版、查看硬件是否兼容，再选择适合的安装方式。只有做好这些准备工作，Linux 安装之旅才会一帆风顺。

1.2.1 项目设计

本项目需要的设备和软件如下。
- 1 台安装了 Windows 10 操作系统的计算机，名称为 Win10-1，IP 地址为 192.168.10.31/24。
- 1 套 RHEL 8 的 ISO 映像文件。
- 1 套 VMware Workstation 15.5 Pro 软件。

> **特别说明** 原则上，本书中 RHEL 8 服务器可使用的 IP 地址范围是 192.168.10.1/24 ~ 192.168.10.10/24，Linux 客户端可使用的 IP 地址范围是 192.168.10.20/24 ~ 192.168.10.30/24，Windows 客户端可使用的 IP 地址范围是 192.168.10.30/24 ~ 192.168.10.50/24。

本项目借助虚拟机软件完成如下 3 项任务。
- 安装 VMware Workstation。
- 安装 RHEL 8 第一台虚拟机，名称为 Server01。
- 完成对 Server01 的基本配置。

1.2.2 项目准备

RHEL 8 支持目前绝大多数主流的硬件设备，不过由于硬件配置、规格更新极快。若想知道自己的硬件设备是否被 RHEL 8 支持，最好去访问硬件认证网页，查看哪些硬件通过了 RHEL 8 的认证。

1-4 拓展阅读

多重引导

1. 多重引导

Linux 和 Windows 的多重引导（多系统引导）有多种实现方式，常用的有 3 种。

在这 3 种实现方式中，目前用户使用最多的是通过 Linux 的 GRUB 或者 LILO 实现 Windows、Linux 多重引导。

2. 安装方式

任何硬盘在使用前都要进行分区。硬盘的分区有两种类型：主分区和扩展分区。RHEL 8 提供了多达 4 种安装方式支持，可以从 CD-ROM/DVD 启动安装、从硬盘安装、从 NFS 服务器安装或者从 FTP/HTTP 服务器安装。

3. 规划分区

在启动 RHEL 8 安装程序前，需根据实际情况的不同，准备 RHEL 8 DVD 安装映像，同时要进行分区规划。

对于初次接触 Linux 的用户来说，分区方案越简单越好，所以最好的选择就是为 Linux 准备 3 个分区，即用户保存系统和数据的根分区（/）、启动分区（/boot）和交换分区（swap）。其中，交换分区不用太大，与物理内存同样大小即可；启动分区用于保存系统启动时所需要的文件，一般 500MB 就够了；根分区则需要根据 Linux 操作系统安装后占用资源的大小和所需要保存数据的多少来调整大小（一般情况下，划分 15GB～20GB 就足够了）。

特别 注意	如果选择的固件类型为"UEFI"，则 Linux 操作系统至少必须建立 4 个分区：根分区、启动分区、EFI 启动分区（/boot/efi）和交换分区。

当然，对于"Linux 熟手"，或者要安装服务器的管理员来说，这种分区方案就不太适合了。此时，一般会再创建一个/usr 分区，操作系统基本都在这个分区中；还需要创建一个/home 分区，所有的用户信息都在这个分区下；还有/var 分区，服务器的登录文件、邮件、Web 服务器的数据文件都会放在这个分区中，Linux 服务器常见分区方案如图 1-4 所示。

挂载点	设备	说明
/	/dev/sda1	10GB，主分区
/home	/dev/sda2	8GB，主分区
/boot	/dev/sda3	500MB，主分区
swap	/dev/sda5	4GB（内存的 2 倍）
/var	/dev/sda6	8GB，逻辑分区
/usr	/dev/sda7	8GB，逻辑分区

图 1-4　Linux 服务器常见分区方案

下面，我们开始安装 RHEL 8。

1.3　项目实施

1-5　慕课

安装与基本配置 Linux 操作系统

任务 1-1　安装与配置虚拟机

（1）成功安装 VMware Workstation 后的界面如图 1-5 所示。

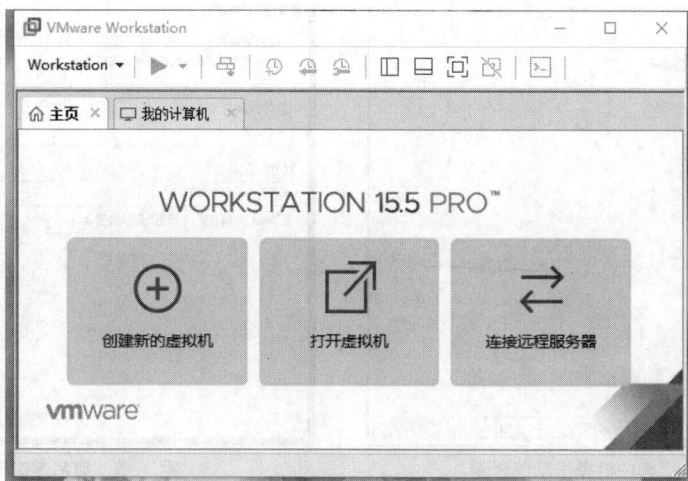

图 1-5　虚拟机软件的管理界面

（2）在图 1-5 所示的界面中，单击"创建新的虚拟机"选项，在弹出的"新建虚拟机向导"对话框中选中"典型"单选按钮，然后单击"下一步"按钮，如图 1-6 所示。

（3）在安装客户机操作系统界面，选中"稍后安装操作系统"单选按钮，然后单击"下一步"

按钮，如图 1-7 所示。

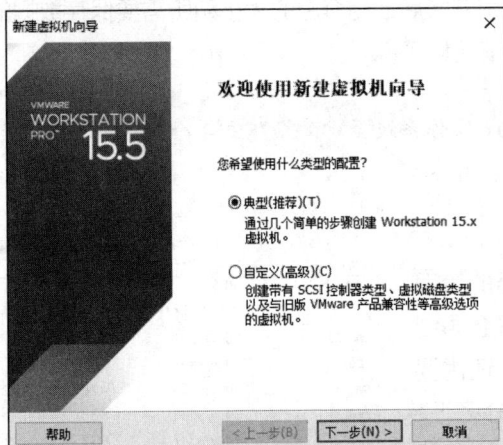

图 1-6 "新建虚拟机向导"对话框

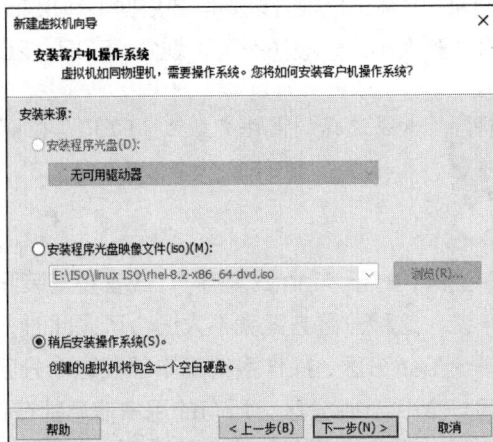

图 1-7 安装客户机操作系统界面

> **注意** 请一定选中"稍后安装操作系统"单选按钮。如果选中"安装程序光盘映像文件"单选按钮，并把下载好的 RHEL 8 的映像选中，则虚拟机会通过默认的安装策略部署最精简的 Linux 操作系统，而不会再询问安装设置的选项。

（4）在图 1-8 所示的界面中，选择客户机操作系统的类型为"Linux"，版本为"Red Hat Enterprise Linux 8 64 位"，然后单击"下一步"按钮。

（5）在命名虚拟机界面输入虚拟机名称，单击"浏览"按钮，并在选择安装位置之后单击"下一步"按钮，如图 1-9 所示。

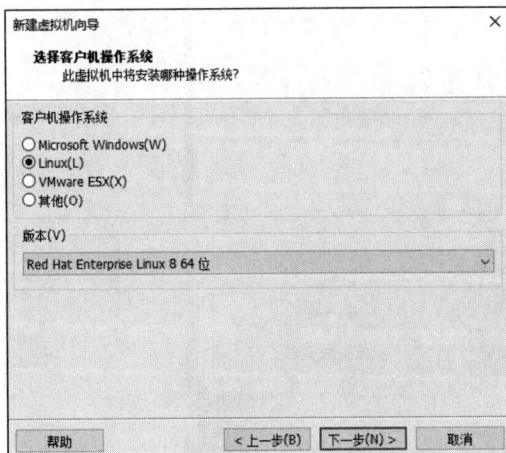

图 1-8 选择客户机操作系统界面

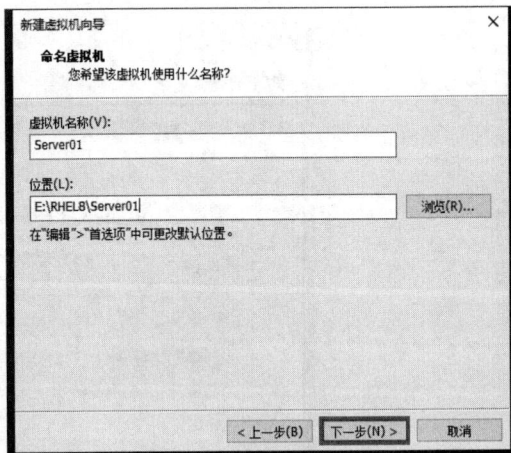

图 1-9 命名虚拟机界面

（6）在指定磁盘容量界面，将虚拟机的"最大磁盘大小"设置为 100.0GB（默认 20GB），然后单击"下一步"按钮，如图 1-10 所示。

（7）在已准备好的创建虚拟机界面，单击"自定义硬件"按钮，单击"完成"按钮，如图 1-11 所示。

（8）在图 1-12 所示的界面中，单击"内存"，将虚拟机的内存可用量设置为 2GB（最低应不低于 1GB）。单击"处理器"，根据"宿主"的性能设置处理器的数量以及每个处理器的核心数量，并开启虚拟化功能，如图 1-13 所示。

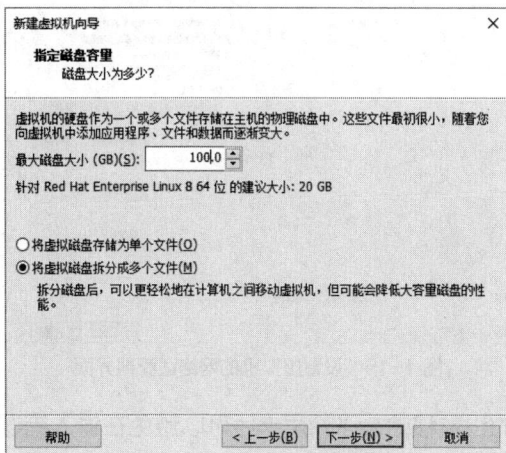

图 1-10　指定磁盘容量界面

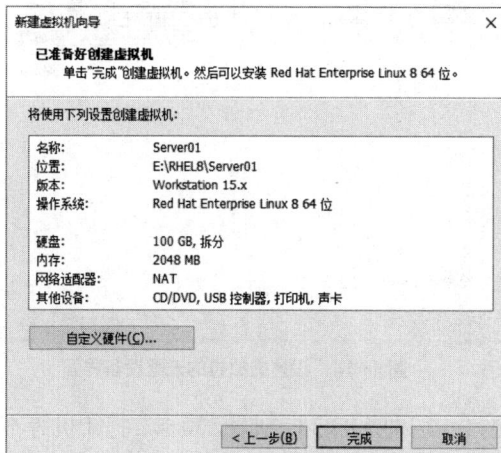

图 1-11　已准备好创建虚拟机界面

图 1-12　设置虚拟机的内存可用量界面

图 1-13　设置虚拟机的处理器参数界面

（9）单击"新 CD/DVD（SATA）"，此时应在"使用 ISO 映像文件"中选择下载好的 RHEL 系统映像文件，如图 1-14 所示。

（10）单击"网络适配器"，选择"仅主机模式"，如图 1-15 所示。虚拟机软件为用户提供了 3 种可选的网络模式，分别为桥接模式、NAT 模式与仅主机模式。

- **桥接模式**：相当于在物理主机与虚拟机网卡之间架设了一座桥梁，从而可以通过物理主机的网卡访问外网。在实际使用中，桥接模式虚拟机网卡对应的网卡为 VMnet0。
- **NAT 模式**：让虚拟机的网络服务发挥路由器的作用，使得通过虚拟机软件模拟的主机可以通过物理主机访问外网。在实际使用中，NAT 虚拟机网卡对应的网卡是 VMnet8。
- **仅主机模式**：仅让虚拟机内的主机与物理主机通信，不能访问外网。在真机中，仅主机模式模拟网卡对应的网卡是 VMnet1。

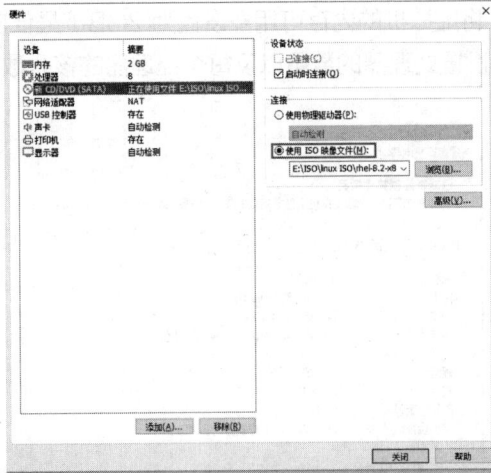

图 1-14　设置虚拟机的光驱设备界面

图 1-15　设置虚拟机的网络适配器界面

（11）把 USB 控制器、声卡、打印机等不需要的设备移除。移除声卡后可以避免在输入错误后发出提示声音，确保自己在今后实验中思绪不被打扰。单击"关闭"→"完成"按钮。

（12）右击刚刚新建的虚拟机，单击"设置"命令，在打开的"虚拟机设置"对话框中单击"选项"标签，再单击"高级"命令，根据实际情况选择固件类型，如图 1-16 所示。

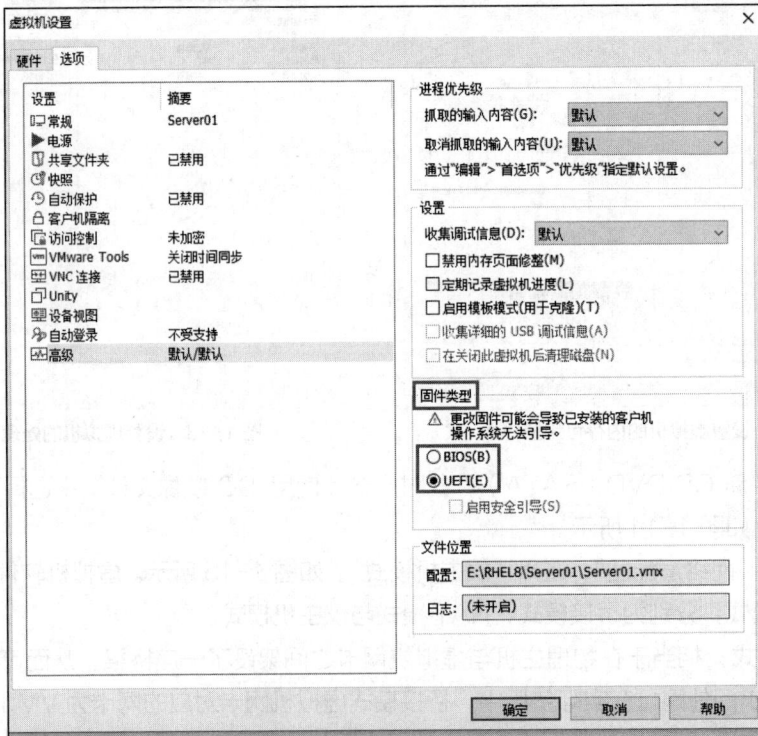

图 1-16　虚拟机的高级设置界面

（13）单击"确定"按钮，虚拟机的配置顺利完成。当看到图 1-17 所示的界面时，说明虚拟机已经配置成功了。

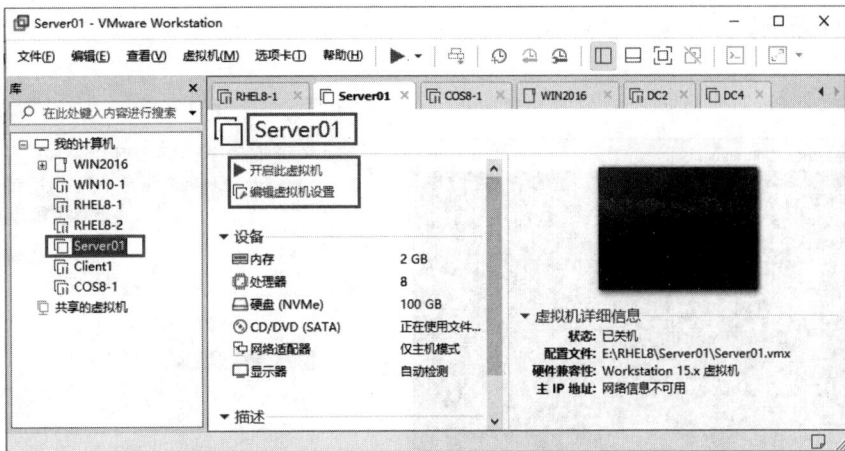

图 1-17 虚拟机配置成功的界面

小知识 ① 可扩展固件接口（Unified Extensible Firmware Interface，UEFI）启动需要一个独立的分区，它将系统启动文件和操作系统本身隔离，可以更好地保护系统的启动。
② UEFI 启动方式支持的硬盘容量更大。传统的基本输入输出系统（Basic Input Output System，BIOS）启动由于受主引导记录（Master Boot Record，MBR）的限制，默认无法引导 2.1TB 以上的硬盘。随着硬盘价格的不断下降，2.1TB 以上的硬盘会逐渐普及，因此 UEFI 启动也是今后主流的启动方式。
③ 本书主要采用 UEFI 启动，但在某些关键点会同时讲解两种方式，请读者学习时注意。

任务 1-2　安装 RHEL 8

安装 RHEL 8 时，计算机的 CPU 需要支持虚拟化技术（Virtualization Technology，VT）。VT 指的是让单台计算机能够分割出多个独立资源区，并让每个资源区按照需要模拟系统的一项技术，其本质就是通过中间层实现计算机资源的管理和再分配，让系统资源的利用率最大化。如果开启虚拟机后依然提示"CPU 不支持 VT"等报错信息，请重启计算机并进入 BIOS，把 VT 虚拟化功能开启即可。

（1）在虚拟机管理界面中单击"开启此虚拟机"按钮后数秒就可看到 RHEL 8 安装界面，如图 1-18 所示。在界面中，"Test this media & install Red Hat Enterprise Linux 8.2"和"Troubleshooting"的作用分别是校验光盘完整性后再安装和启动救援模式。此时通过方向键选择"Install Red Hat Enterprise Linux 8.2"选项来直接安装 Linux 操作系统。

（2）接下来按"Enter"键，开始加载安装映像，所需时间 30～60s，请耐心等待。选择系统的安装语言（简体中文）后单击"继续"按钮，如图 1-19 所示。

（3）在图 1-20 所示的安装信息摘要界面，"软件选择"保留系统默认值，不必更改。RHEL 8 的软件定制界面可以根据用户的需求来调整系统的基本环境，例如，把 Linux 操作系统作为基础服务器、文件服务器、Web 服务器或工作站等。RHEL 8 已默认选中"带 GUI 的服务器"单选按钮（**如果不选中此单选按钮，则无法进入图形界面**），可以不做任何更改。然后单击"软件选择"按钮即可，如图 1-21 所示。

图 1-18　RHEL 8 安装界面

图 1-19　选择系统的安装语言界面

图 1-20　安装信息摘要界面

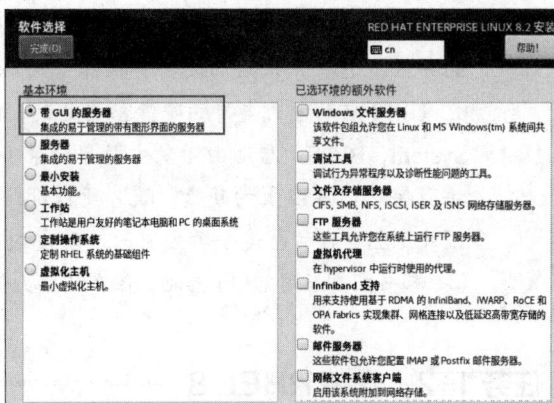

图 1-21　软件选择界面

（4）单击"完成"按钮返回 RHEL 8 安装信息摘要界面，选择"网络和主机名"选项后，将"主机名"字段设置为 Server01，将以太网的连接状态改成"打开"状态，然后单击左上角的"完成"按钮，如图 1-22 所示。

（5）返回 RHEL 8 安装信息摘要界面，选择"时间和日期"选项，设置时区为亚洲/上海，单击"完成"按钮。

（6）返回安装信息摘要界面，选择"安装目的地"选项后，单击"自定义"按钮，然后单击左上角的"完成"按钮，如图 1-23 所示。

（7）开始配置分区。磁盘分区允许用户将一个磁盘划分成几个单独的部分，每一部分都有自己的盘符。在分区之前，首先规划分区，以 100GB 硬盘为例，做如下规划。

- /boot 分区大小为 500MB。
- /boot/efi 分区大小为 500MB。
- /分区大小为 10GB。
- /home 分区大小为 8GB。
- swap 分区大小为 4GB。

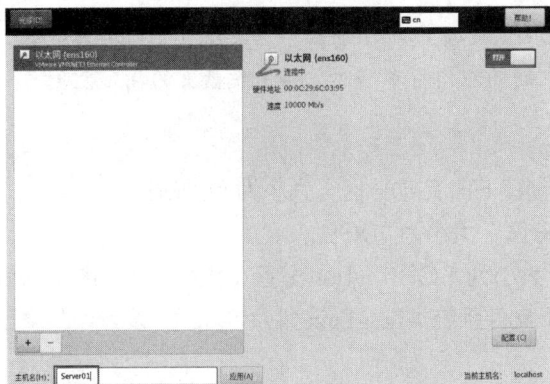

图 1-22　配置网络和主机名界面

图 1-23　安装目标位置界面

- /usr 分区大小为 8GB。
- /var 分区大小为 8GB。
- /tmp 分区大小为 1GB。
- 预留 60GB 左右。

下面进行具体分区操作。

① 创建启动分区。在"新挂载点将使用以下分区方案"下拉列表框中选择"标准分区"。单击"+"按钮，选择挂载点为"/boot"（**也可以直接输入挂载点**），容量大小设置为 500MB，然后单击"添加挂载点"按钮，如图 1-24 所示。在图 1-25 所示的界面中设置**文件系统**类型，默认文件系统类型为"xfs"。

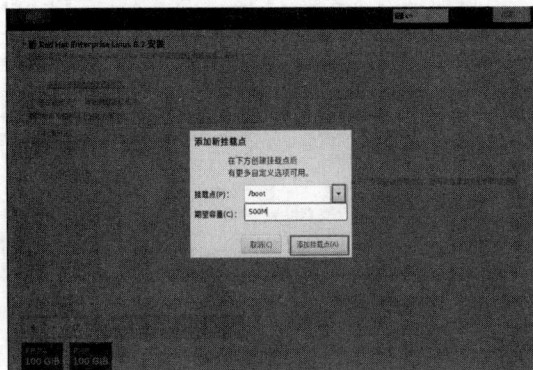

图 1-24　添加/boot 挂载点

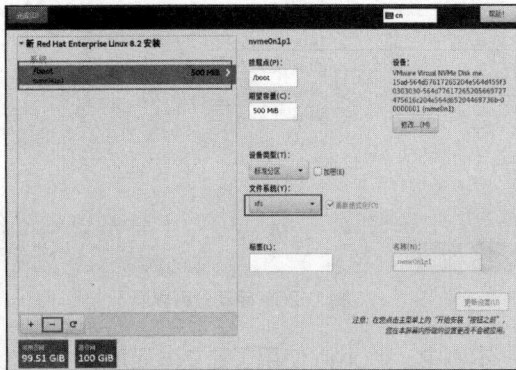

图 1-25　设置/boot 挂载点的文件系统类型

注意　① 一定要选中标准分区，以保证/home 为单独分区，为后面配额实训做必要准备。
　　　　② 单击图 1-25 所示的"—"按钮，可以删除选中的分区。

② 创建交换分区。单击"+"按钮，创建交换分区。在"文件系统"类型中选择"swap"选项，大小一般设置为物理内存的两倍即可。例如，计算机物理内存大小为 2GB，那么设置的 swap 分区大小为 4GB。

> **说明** 什么是 swap 分区？简单地说，swap 分区就是虚拟内存分区，它类似于 Windows 的 PageFile.sys 页面交换文件。就是当计算机的物理内存不够时，利用硬盘上的指定空间作为"后备军"来动态扩充内存的大小。

③ 创建 EFI 启动分区。用与上面类似的方法创建 EFI 启动分区，大小为 500MB。

④ 创建根分区。用与上面类似的方法创建根分区，大小为 10GB。

⑤ 用与上面类似的方法，创建/home 分区（大小为 8GB）、/usr 分区（大小为 8GB）、/var 分区（大小为 8GB）、/tmp 分区（大小为 1GB）。文件系统类型全部设置为"xfs"，设置设备类型全部为"标准分区"。设置完成如图 1-26 所示。

> **特别注意** ① 不可与根分区分开的目录是/dev、/etc、/sbin、/bin 和/lib。系统启动时，核心只载入一个分区，那就是根分区，核心启动要加载/dev、/etc、/sbin、/bin 和/lib 5 个目录的程序，所以以上几个目录必须和/根目录在一起。
> ② 最好单独分区的目录是/home、/usr、/var 和/tmp。出于安全和管理的目的，最好将以上 4 个目录独立出来。例如，在 samba 服务中，/home 目录可以配置磁盘配额；在 postfix 服务中，/var 目录可以配置磁盘配额。

⑥ 单击左上角的"完成"按钮。然后单击"接受更改"按钮完成分区，如图 1-27 所示。

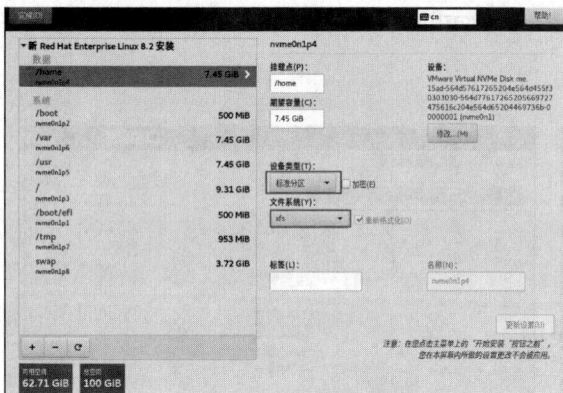

图 1-26　手动分区界面　　　　　　　　图 1-27　完成分区后的结果界面

本例中，/home 使用了独立分区/dev/nvme0n1p2。分区号与分区顺序有关。

> **注意** 对于非易失性存储器标准（Non-Volatile Memory Express，NVMe）硬盘要特别注意，这是一种固态硬盘。/dev/nvme0n1 是第 1 个 NVMe 硬盘，/dev/nvme0n2 是第 2 个 NVMe 硬盘，而/dev/nvme0n1p1 表示第 1 个 NVMe 硬盘的第 1 个主分区，/dev/nvme0n1p5 表示第 1 个 NVMe 硬盘的第 1 个逻辑分区，以此类推。

（8）返回安装信息摘要界面，如图 1-28 所示，单击"开始安装"按钮后即可看到安装进度。接着选择"根密码"选项，如图 1-29 所示。

图 1-28　安装信息摘要界面

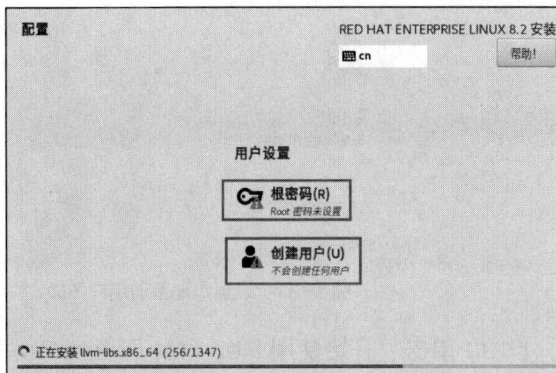

图 1-29　RHEL 8 的配置界面

（9）设置根密码。若坚持用弱口令的密码，则需要单击两次"完成"按钮才可以确认。这里需要说明，在虚拟机中做实验的时候，密码无所谓强弱，但在生产环境中一定要让 root 管理员的密码足够复杂，否则系统将面临严重的安全问题。完成根密码设置后，单击"完成"按钮。

（10）Linux 安装时间在 30~60min，用户在安装期间耐心等待即可。安装完成后单击"重启"按钮。

（11）重启系统后将看到系统初始化界面，选择"License Information"选项，如图 1-30 所示。

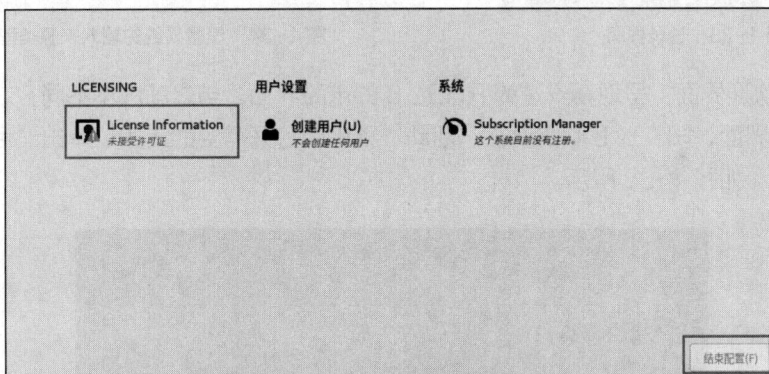

图 1-30　系统初始化界面

（12）选中"我同意许可协议"复选框，然后单击左上角的"完成"按钮。

（13）返回系统初始化界面后，单击"结束配置"按钮，系统自动重启。

（14）重启后，连续单击"前进"或"跳过"按钮，直到出现图 1-31 所示的设置本地普通用户界面，输入用户名和密码等信息，例如，该账户的用户名为"yangyun"，密码为"12345678"，然后单击两次"前进"按钮。

（15）在图 1-32 所示的界面中，单击"开始使用 Red Hat Enterprise Linux（S）"按钮后，系统自动重启，出现图 1-33 所示的登录界面。

（16）单击"未列出？"按钮，以 root 管理员身份登录 RHEL 8。

（17）语言选项选择默认设置"汉语"，然后单击"前进"按钮。

（18）选择系统的键盘布局或输入方式的默认值"汉语"，然后单击"前进"按钮。

图 1-31　设置本地普通用户界面

图 1-32　系统初始化结束界面

（19）单击"开始使用 Red Hat Enterprise Linux(S)"按钮后，系统再次自动重启，出现图 1-34 所示的"设置系统的输入来源类型"界面。

图 1-33　登录界面

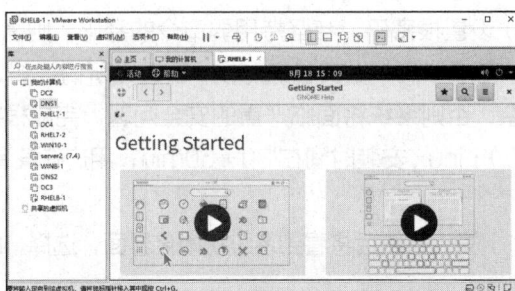

图 1-34　设置系统的输入来源类型

（20）关闭欢迎界面，呈现新安装的 RHEL 8 的炫酷界面。与之前版本不同，之前版本右击就可以打开命令行界面，RHEL 8 则需要在"活动"菜单中打开需要的应用。单击"活动"→"显示应用程序"命令，如图 1-35 所示。

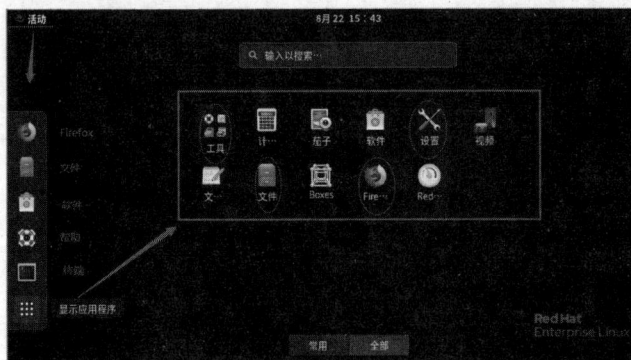

图 1-35　RHEL 8 初次安装完成后的界面

特别提示　单击"活动"→"显示应用程序"命令，会显示全部应用程序，包括工具、设置、文件和 Firefox 等常用应用程序。

任务 1-3　重置 root 管理员密码

如果把 Linux 操作系统的密码忘记了，不用紧张，执行下面几个简单的步骤，将实现 root 管理员密码的重置工作。如果您刚刚接触 Linux，要先确定它是否为 RHEL 8。如果是，则可进行下面的操作。

（1）在 RHEL 8 中，选择"活动"→"终端"命令，然后在打开的终端中输入如下命令。

```
[root@Server01 ~]# cat /etc/redhat-release
Red Hat Enterprise Linux release 8.2 (Ootpa)
```

（2）在终端输入"reboot"，或者单击右上角的关机按钮 ⏻，再单击"重启"选项，重启 Linux 主机并出现引导界面时，如图 1-36 所示，按"E"键进入内核编辑界面。

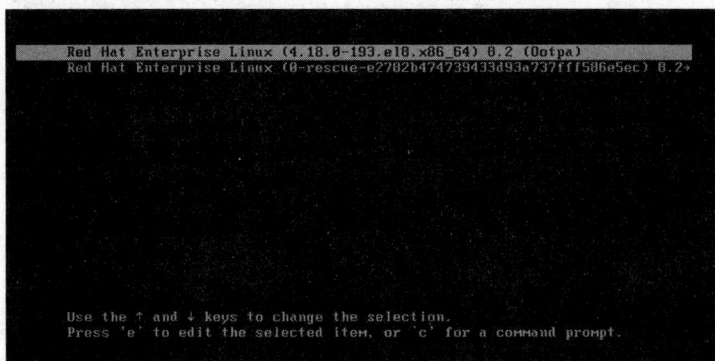

图 1-36　Linux 的引导界面

（3）在 linux 参数行的最后面追加"rd.break"参数，然后按"Ctrl + X"组合键来运行修改过的内核程序，如图 1-37 所示。

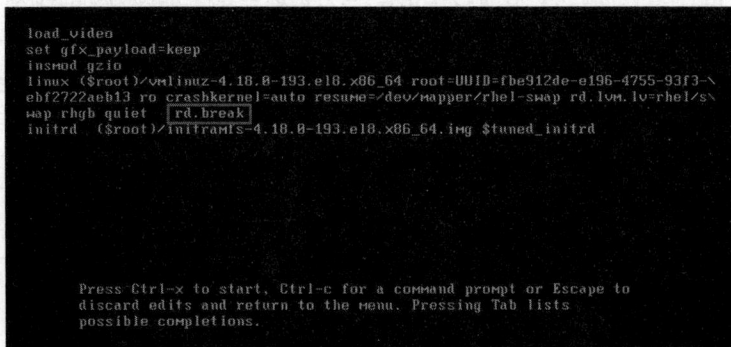

图 1-37　内核编辑界面

（4）大约 30s 后，系统进入紧急救援模式。依次输入以下命令，等待系统重启操作完毕，就可以使用新密码 newredhat 来登录 Linux 操作系统了。

```
mount -o remount,rw /sysroot
chroot /sysroot
passwd
touch /.autorelabel
exit
reboot
```

命令的执行效果如图 1-38 所示。

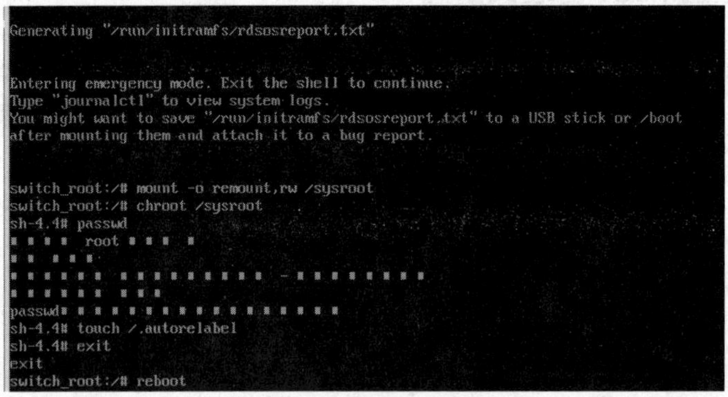
Generating "/run/initramfs/rdsosreport.txt"
Entering emergency mode. Exit the shell to continue.
Type "journalctl" to view system logs.
You might want to save "/run/initramfs/rdsosreport.txt" to a USB stick or /boot
after mounting them and attach it to a bug report.
switch_root:/# mount -o remount,rw /sysroot
switch_root:/# chroot /sysroot
sh-4.4# passwd
root
passwd:
sh-4.4# touch /.autorelabel
sh-4.4# exit
exit
switch_root:/# reboot

图 1-38　命令的执行效果

注意　输入“passwd”后，输入密码和确认密码是不显示的！

任务 1-4　使用 yum 和 dnf

尽管 RPM 命令能够帮助用户查询软件相关的依赖关系，但具体问题还是要运维人员自己来解决。而有些大型软件可能与数十个程序都有依赖关系，在这种情况下安装软件是非常痛苦的。yum 软件仓库便是为了进一步降低软件安装难度和复杂度而设计的软件。

1. yum 软件仓库

RHEL 先将发布的软件存放到 yum 服务器内，再分析这些软件的依赖属性问题，将软件内的记录信息写下来，然后将这些信息分析后记录成软件相关的清单列表。这些列表数据与软件所在的位置可以称为容器（repository）。当 Linux 客户端有软件安装的需求时，Linux 客户端主机会主动向网络上的 yum 服务器的容器网址请求下载清单列表，然后通过清单列表的数据与本机 RPM 数据库已存在的软件数据相比较，就能够一次性安装所有需要的具有依赖属性的软件了。yum 使用流程如图 1-39 所示。

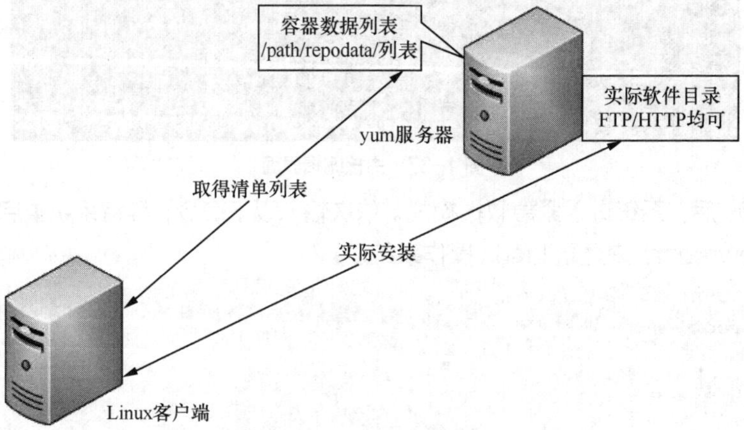
容器数据列表
/path/repodata/列表
yum服务器
实际软件目录
FTP/HTTP均可
取得清单列表
实际安装
Linux客户端

图 1-39　yum 使用流程

当 Linux 客户端有升级、安装的需求时，会向容器要求更新清单列表，使清单列表更新到本机的/var/cache/yum 中。当 Linux 客户端实施更新、安装时，会用清单列表的数据与本机的 RPM 数据库进行比较，这样就知道该下载什么软件了。接下来会到 yum 服务器下载所需要的软件，然后通过 RPM 的机制开始安装软件。这就是整个流程，仍然离不开 RPM。

RHEL 8 提供了基于 Fedora 28 中 DNF 的包管理系统 yum v4，兼容 RHEL 7 的 yum v3。常见的 dnf 命令如表 1-1 所示。

表 1-1　常见的 dnf 命令

命　　令	作　　用
dnf　repolist　all	列出所有仓库
dnf　list　all	列出仓库中的所有软件包
dnf　info　软件包名称	查看软件包信息
dnf　install　软件包名称	安装软件包
dnf　reinstall 软件包名称	重新安装软件包
dnf　update　软件包名称	升级软件包
dnf　remove　软件包名称	移除软件包
dnf　clean　all	清除所有仓库缓存
dnf　check-update	检查可更新的软件包
dnf　grouplist	查看系统中已经安装的软件包组
dnf　groupinstall　软件包组	安装指定的软件包组
dnf　groupremove　软件包组	移除指定的软件包组
dnf　groupinfo　软件包组	查询指定的软件包组信息

2. BaseOS 和 AppStream

在 RHEL 8 中提出了一个新的设计理念，即应用程序流（AppStream），这样就可以比以往更轻松地升级用户空间软件包，同时保留核心操作系统软件包。AppStream 允许在独立的生命周期中安装其他版本的软件，并使操作系统保持最新。这使用户能够安装同一个程序的多个主要版本。

RHEL 8 软件源分成了两个主要仓库：BaseOS 和 AppStream。

① BaseOS 仓库以传统 RPM 软件包的形式提供操作系统底层软件的核心集，是基础软件安装库。

② AppStream 包括额外的用户空间应用程序、运行时语言和数据库，以支持不同的工作负载和用例。AppStream 中的内容有两种格式——熟悉的 RPM 格式和称为模块的 RPM 格式扩展。

【例 1-1】配置本地 yum 源，安装 network-scripts。

创建挂载 ISO 映像文件的文件夹。/media 一般是系统安装时建立的，读者可以不必新建文件夹，直接使用该文件夹即可。但如果想把 ISO 映像文件挂载到其他文件夹，则请自建。

（1）新建配置文件/etc/yum.repos.d/dvd.repo。

```
[root@Server01 ~]# vim /etc/yum.repos.d/dvd.repo
[root@Server01 ~]# cat /etc/yum.repos.d/dvd.repo
```

```
[Media]
name=Media
baseurl=file:///media/BaseOS
gpgcheck=0
enabled=1

[rhel8-AppStream]
name=rhel8-AppStream
baseurl=file:///media/AppStream
gpgcheck=0
enabled=1
```

> **注意** baseurl 语句的写法，baseurl=file:/// media/BaseOS 中有 3 个 "/"。

（2）挂载 ISO 映像文件（保证/media 存在）。在本书中，**黑体**一般表示输入命令。

```
[root@Server01 ~]# mount /dev/cdrom /media
mount: /media: WARNING: device write-protected, mounted read-only.
[root@Server01 ~]#
```

（3）清理缓存并建立元数据缓存。

```
[root@Server01 ~]# dnf clean all
[root@Server01 ~]# dnf makecache              //建立元数据缓存
```

（4）查看软件包信息。

```
[root@Server01 ~]# dnf repolist               //查看系统中可用和不可用的所有 DNF 软件库
[root@Server01 ~]# dnf list                   //列出所有 RPM 包
[root@Server01 ~]# dnf list installed         //列出所有安装了的 RPM 包
[root@Server01 ~]# dnf search network-scripts //搜索软件库中的 RPM 包
[root@Server01 ~]# dnf provides /bin/bash     //查找某一文件的提供者
[root@Server01 ~]# dnf info network-scripts   //查看软件包详情
```

（5）安装 network-scripts 软件（无须信息确认）。

```
[root@Server01 ~]# dnf install network-scripts -y
```

任务 1-5　systemd 初始化进程服务

Linux 操作系统的开机过程为：从 BIOS 开始，进入 Boot Loader，再加载系统内核，然后内核进行初始化，最后启动初始化进程。初始化进程作为 Linux 操作系统的第一个进程，需要完成 Linux 操作系统中相关的初始化工作，为用户提供合适的工作环境。RHEL 8 已经替换熟悉的初始化进程服务 System V init，正式采用全新的 systemd 初始化进程服务。systemd 初始化进程服务采用了并发启动机制，开机速度得到了不小的提升。

RHEL 8 选择 systemd 初始化进程服务已经是一个既定事实，因此也没有了"运行级别"这个概念。Linux 操作系统在启动时要进行大量的初始化工作，如挂载文件系统、交换分区和启动各类进程服务等，这些都可以看作一个一个的单元（Unit）。systemd 用目标（Target）代替了 System V init 中运行级别的概念，这两者的区别如表 1-2 所示。

表 1-2　systemd 与 System V init 的区别

System V init 运行级别	systemd 目标名称	作　用
0	poweroff.target	关机
1	rescue.target	单用户模式
2	multi-user.target	等同于级别 3
3	multi-user.target	多用户的文本界面
4	multi-user.target	等同于级别 3
5	graphical.target	多用户的图形界面
6	reboot.target	重启
emergency	emergency.target	紧急 shell

下面在 RHEL 8 中做 2 个实例。

【例 1-2】多用户的图形界面转换为多用户的文本界面。

```
[root@Server01 ~]# systemctl get-default
graphical.target
[root@Server01 ~]# systemctl set-default multi-user.target
Removed /etc/systemd/system/default.target.
Created symlink /etc/systemd/system/default.target→
 /usr/lib/systemd/system/multi-user.target.
[root@Server01 ~]# reboot
```

【例 1-3】多用户的文本界面转换为多用户的图形界面。

```
[root@Server01 ~]# systemctl set-default graphical.target
Removed /etc/systemd/system/default.target.
Created symlink /etc/systemd/system/default.target →
 /usr/lib/systemd/system/graphical.target.
[root@Server01 ~]# reboot
```

任务 1-6　启动 shell

Linux 中的 shell 又称为命令行，在这个命令行的终端窗口中，用户输入命令，操作系统执行并将结果返回显示在屏幕上。

1. 使用 Linux 操作系统的终端窗口

现在的 RHEL 8 默认采用图形界面的 GNOME 或者 KDE 操作方式，要想使用 shell 功能，就必须像在 Windows 中那样打开一个终端窗口。一般用户可以通过执行"活动"→"终端"命令来打开终端窗口，如图 1-40 所示。

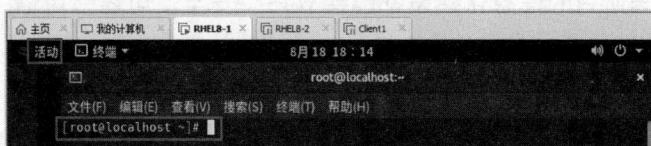

图 1-40　RHEL 8 的终端窗口

执行以上命令后，就打开了一个白字黑底的终端窗口，这里可以使用 RHEL 8 支持的所有命令行的命令。

2. 使用 shell 提示符

登录之后，普通用户的 shell 提示符以"$"结尾，超级用户的 shell 提示符以"#"结尾。

```
[root@RHEL 8-1 ~]#                    ;root 用户以"#"结尾
[root@RHEL 8-1 ~]# su - yangyun       ;切换到普通账户 yangyun，"#"提示符将变为"$"
[yangyun@RHEL 8-1 ~]$ su - root       ;再切换回 root 账号，"$"提示符将变为"#"
密码：
```

3. 退出系统

在终端窗口输入"shutdown -P now"，或者单击右上角的
关机按钮 ⏻，选择"关机"命令，可以关闭系统。

4. 再次登录

如果再次登录，为了后面的实训顺利进行，请选择 root 用户。
在图 1-41 所示的选择用户登录界面，单击"未列出？"按钮，在出
现的登录对话框中输入 root 用户及密码，以 root 身份登录计算机。

图 1-41   选择用户登录界面

任务 1-7   制作系统快照

安装成功后，请一定使用虚拟机的快照功能进行快照备份，一旦需要可立即恢复到系统
的初始状态。提醒读者，对于重要实训节点，也可以进行快照备份，以便后续可以恢复到适
当断点。

1.4   "核高基"与国产操作系统

"核高基"就是"核心电子器件、高端通用芯片及基础软件产品"的简称，是中华人民共和国
国务院于 2006 年发布的《国家中长期科学和技术发展规划纲要（2006—2020 年）》中与载人航
天、探月工程并列的 16 个重大科技专项之一。近年来，一批国产基础软件的领军企业的强势发展
给中国软件市场增添了几许信心，而"核高基"犹如助推器，给了国产基础软件更强劲的发展支
持力量。

2008 年 10 月 21 日起，微软公司对盗版 Windows 和 Office 用户进行"黑屏"警告性提示。
自该"黑屏事件"发生之后，我国大量的计算机用户将目光转移到 Linux 操作系统和国产办公
软件上，国产操作系统和办公软件的下载量一时间以几倍的速度增长，国产 Linux 操作系统和
办公软件的发展也引起了大家的关注。

中国国产软件尤其是基础软件的时代已经来临，我们期望未来不会再受类似"黑屏事件"
的制约，也希望我国所有的信息化建设都能建立在"安全、可靠、可信"的国产基础软件平
台上。

1.5   项目实训：安装与基本配置 Linux 操作系统

1. 视频位置

实训前请扫描二维码观看"项目实录   安装与基本配置 Linux 操作系统"慕课。

2. 项目背景

某公司需要新安装一台带有 RHEL 8 的计算机，该计算机硬盘大小为 100GB，固件启动类型仍采用传统的 BIOS 模式，而不采用 UEFI 启动模式。

3. 项目要求

（1）规划好 2 台计算机（Server01 和 Client1）的 IP 地址、主机名、虚拟机网络连接方式等内容。

（2）在 Server01 上安装完整的 RHEL 8。

（3）硬盘大小为 100GB，按以下要求完成分区创建。

- /boot 分区大小为 600MB。
- swap 分区大小为 4GB。
- /分区大小为 10GB。
- /usr 分区大小为 8GB。
- /home 分区大小为 8GB。
- /var 分区大小为 8GB。
- /tmp 分区大小为 6GB。
- 预留约 55GB 不进行分区。

（4）简单设置新安装的 RHEL 8 的网络环境。

（5）安装 GNOME 桌面环境，将显示分辨率调至 1280×768。

（6）制作快照。

（7）使用虚拟机的"克隆"功能新生成一个 RHEL 8，主机名为 Client1，并设置该主机的 IP 地址等参数。（"克隆"生成的主机系统要避免与原主机冲突。）

（8）使用 ping 命令测试这 2 台 Linux 主机的连通性。

4. 深度思考

在观看视频时思考以下几个问题。

（1）分区规划为什么必须慎之又慎？

（2）第一个系统的虚拟内存设置至少多大？为什么？

5. 做一做

根据项目要求及视频内容，将项目完整地做一遍。

1.6 练习题

一、填空题

1. GNU 的含义是_____。

2. Linux 内核一般有 3 个主要部分：_____、_____、_____。

3. 目前被称为纯种的 UNIX 的就是_____及_____这两套操作系统。

4. Linux 是基于_____的软件模式发布的，它是 GNU 项目制定的通用公共许可证，英文是_____。

5. 斯托尔曼成立了自由软件基金会，它的英文是_____。

6. POSIX 是＿＿＿＿＿＿＿的缩写，重点在规范核心与应用程序之间的接口，这是由美国电气与电子工程师学会（Institute of Electrical and Electronics Engineers，IEEE）发布的一项标准。

7. 当前的 Linux 常见的应用可分为＿＿＿＿＿＿＿与＿＿＿＿＿＿＿两个方面。

8. Linux 的版本分为＿＿＿＿＿＿＿和＿＿＿＿＿＿＿两种。

9. 安装 Linux 最少需要两个分区，分别是＿＿＿＿＿＿＿和＿＿＿＿＿＿＿。

10. Linux 默认的系统管理员账号是＿＿＿＿＿＿＿。

11. UEFI 是＿＿＿＿＿＿＿＿＿＿＿＿＿＿＿的缩写，中文含义是＿＿＿＿＿＿＿＿＿＿＿＿＿＿＿＿＿＿。

12. NVMe 是＿＿＿＿＿＿＿＿＿＿＿＿＿＿＿的缩写，中文含义是＿＿＿＿＿＿＿＿＿＿＿＿＿＿＿＿＿。

13. 非易失性存储器标准硬盘是一种固态硬盘。/dev/nvme0n1 表示第＿＿＿＿＿＿＿个 NVMe 硬盘，/dev/nvme0n2 表示第＿＿＿＿＿＿＿个 NVMe 硬盘，而/dev/nvme0n1p1 表示＿＿＿＿＿＿＿＿＿＿＿，/dev/nvme0n1p5 表示＿＿＿＿＿＿＿＿＿＿＿，以此类推。

14. 传统的基本输入输出系统（Basic Input Output System，BIOS）启动由于＿＿＿＿＿＿＿的限制，默认是无法引导超过＿＿＿＿＿＿＿TB 以上的硬盘的。

15. 如果选择的固件类型为"UEFI"，则 Linux 操作系统至少必须建立 4 个分区：＿＿＿＿＿＿＿、＿＿＿＿＿＿＿、＿＿＿＿＿＿＿和＿＿＿＿＿＿＿。

二、选择题

1. Linux 最早是由计算机爱好者（　　　）开发的。

A. Richard Petersen
B. Linus Torvalds
C. Rob Pike
D. Linux Sarwar

2. 下列中（　　　）是自由软件。

A. Windows 10　　　B. UNIX　　　C. Linux　　　D. Windows Server 2016

3. 下列中（　　　）不是 Linux 的特点。

A. 多任务　　　B. 单用户　　　C. 设备独立性　　　D. 开放性

4. Linux 的内核版本 2.3.20 是（　　　）的版本。

A. 不稳定　　　B. 稳定　　　C. 第三次修订　　　D. 第二次修订

5. Linux 安装过程中的硬盘分区工具是（　　　）。

A. PQmagic　　　B. FDISK　　　C. FIPS　　　D. Disk Druid

6. Linux 的根分区可以设置成（　　　）。

A. FATl6　　　B. FAT32　　　C. xfs　　　D. NTFS

三、简答题

1. 简述 Linux 的体系结构。

2. 使用虚拟机安装 Linux 操作系统时，为什么要选择"稍后安装操作系统"，而不是选择"RHEL 8 系统映像光盘"？

3. 安装 RHEL 系统的基本磁盘分区有哪些？

4. RHEL 系统支持的文件类型有哪些？

5. 丢失 root 口令如何解决？

6. RHEL 8 采用了 systemd 作为初始化进程，那么如何查看某个服务的运行状态？

1.7 实践习题

用虚拟机和安装光盘安装和配置 RHEL 8，试着在安装过程中对 IPv4 进行配置。

1.8 超级链接

访问学习**国家精品资源共享课程网站**中学习情境的相关内容。后面项目也请访问该学习网站，不再一一标注。

国家级精品资源
共享课程网站

项目2
Linux常用命令与vim

02

项目导入：

在文本模式和终端模式下，经常使用 Linux 命令来查看系统的状态和监视系统的操作，如对文件和目录进行浏览、操作等。在 Linux 较早的版本中，由于不支持图形化操作，用户基本上都是使用命令行方式对系统进行操作的，所以掌握常用的 Linux 命令是必要的。

系统管理员的一项重要工作就是修改与设定某些重要软件的配置文件，因此系统管理员至少要学会使用一种以上的文字接口的文本编辑器。所有的 Linux 发行版都内置了 vim。vim 不但可以用不同颜色显示文本内容，还能够进行诸如 shell script、C program 等程序的编辑，因此，可以将 vim 视为一种程序编辑器。

掌握 Linux 常用命令和 vim 编辑器是学好 Linux 的必备基础。

职业能力目标和要求：

- 熟悉 Linux 操作系统的命令基础。
- 掌握文件目录类命令。
- 掌握系统信息类命令。
- 掌握进程管理类命令及其他常用命令。
- 掌握 vim 编辑器的使用方法。

2.1 项目知识准备

Linux 命令是对 Linux 操作系统进行管理的命令。对于 Linux 操作系统来说，无论是中央处理器、内存、磁盘驱动器、键盘、鼠标，还是用户等，都是文件。Linux 命令是 Linux 正常运行的核心，与 dos 命令类似。掌握 Linux 命令对于管理 Linux 操作系统是非常必要的。

2-1 微课

Linux 常用命令
与 vim

2.1.1 了解 Linux 命令的特点

在 Linux 操作系统中，命令区分大小写。在命令行中，可以使用 "Tab" 键来自动补齐命令，即可以只输入命令的前几个字母，然后按"Tab"键补齐。

按"Tab"键时，如果系统只找到一个与输入字符相匹配的目录或文件，则自动补齐；如果没有匹配的内容或有多个相匹配的名字，系统将发出警鸣声，再按"Tab"键将列出所有相匹配的内容（如果有），以供用户选择。

例如，在命令提示符后输入"mou"，然后按"Tab"键，系统将自动补全该命令为"mount"；如果在命令提示符后只输入"mo"，然后按"Tab"键，将发出一声警鸣，再次按"Tab"键，系统将显示所有以"mo"开头的命令。

另外，利用向上或向下的方向键，可以翻查曾经执行过的命令，并可以再次执行。

如果要在一个命令行上输入和执行多条命令，可以使用分号来分隔命令，如"cd /;ls"。

如果要断开一个长命令行，可以使用反斜杠"\"。它可以将一个较长的命令分成多行表达，增强命令的可读性。执行后，shell 自动显示提示符">"，表示正在输入一个长命令，此时可继续在新的命令行上输入命令的后续部分。

2.1.2 后台运行程序

一个文本控制台或一个仿真终端在同一时刻只能执行一个程序或命令。在执行结束前，一般不能进行其他操作。此时可采用在后台执行程序的方式，以释放控制台或终端，使其仍能进行其他操作。要使程序以后台方式执行，只需在要执行的命令后跟上一个"&"符号即可，如"top &"。

2.2 项目设计与准备

本项目的所有操作都在 Server01 上进行，主要命令包括文件目录类命令、系统信息类命令、进程管理类命令以及其他常用命令等。

可使用"hostnamectl set-hostname Server01"修改主机名（关闭终端后重新打开即生效）。

```
[root@localhost ~]# hostnamectl set-hostname Server01
```

2.3 项目实施

2-2 慕课

Linux 常用命令
与 vim

下面通过实例来了解常用的 Linux 命令。先把打开的终端关闭，再重新打开，让新修改的主机名生效。

任务 2-1 熟练使用文件目录类命令

文件目录类命令是对目录和文件进行各种操作的命令。

1. 熟练使用浏览目录类命令

（1）pwd 命令

pwd 命令用于显示用户当前所处的目录。

```
[root@Server01 ~]# pwd
/root
```

（2）cd 命令

cd 命令用来在不同的目录中进行切换。用户在登录系统后，会处于用户的"家目录"（$HOME）中，该目录一般以/home 开始，后接用户名，这个目录就是用户的初始登录目录（root 用户的家目录为/root）。如果用户想切换到其他的目录中，就可以使用 cd 命令，其后接想要切换的目录名。例如：

```
[root@Server01 ~]# cd ..              //改变目录位置至当前目录的父目录
[root@Server01 /]# cd etc             //改变目录位置至当前目录下的 etc 子目录下
[root@Server01 etc]# cd ./yum         //改变目录位置至当前目录下的 yum 子目录下
[root@Server01 yum]# cd ~             //改变目录位置至用户登录时的主目录（用户的家目录）
[root@Server01 ~]# cd ../etc          //改变目录位置至当前目录的父目录下的 etc 子目录下
[root@Server01 etc]# cd /etc/xml      //利用绝对路径表示改变目录到 /etc/xml 目录下
[root@Server01 xml]# cd               //改变目录位置至用户登录时的工作目录
[root@Server01 ~]#
```

> **说明** 在 Linux 操作系统中，用"."代表当前目录；用".."代表当前目录的父目录；用"~"代表用户的家目录（主目录）。例如，root 用户的家目录是/root，则不带任何参数的"cd"命令相当于"cd~"，即将目录切换到用户的家目录。

（3）ls 命令

ls 命令用来列出文件或目录信息。该命令的格式为：

```
ls  [选项]  [目录或文件]
```

ls 命令的常用选项如下。

- -a：显示所有文件，包括以"."开头的隐藏文件。
- -A：显示指定目录下所有的子目录及文件，包括隐藏文件。但不显示"."和".."。
- -t：依照文件最后修改时间的顺序列出文件。
- -F：列出当前目录下的文件名及其类型。
- -R：显示目录下及其所有子目录的文件名。
- -c：按文件的修改时间排序。
- -C：分成多列显示各行。
- -d：如果参数是目录，则只显示其名称，而不显示其下的各个文件。往往与"-l"选项一起使用，以得到目录的详细信息。
- -l：以长格形式显示文件的详细信息。
- -g：同上，但不显示文件的所有者工作组名。
- -i：在输出的第一列显示文件的 i 节点号。

例如：

```
[root@Server01 ~]#ls        //列出当前目录下的文件及目录
[root@Server01 ~]#ls -a     //列出包括以"."开始的隐藏文件在内的所有文件
[root@Server01 ~]#ls -t     //依照文件最后修改时间的顺序列出文件
[root@Server01 ~]#ls -F     //列出当前目录下的文件名及其类型
//以"/"结尾表示为目录名，以"*"结尾表示为可执行文件，以"@"结尾表示为符号连接
[root@Server01 ~]#ls -l     //列出当前目录下所有文件的权限、所有者、文件大小、修改时间及名称
[root@Server01 ~]#ls -lg    //同上，不显示文件的所有者工作组名
[root@Server01 ~]#ls -R     //显示出目录下及其所有子目录下的文件名
```

2. 熟练使用浏览文件类命令

（1）cat 命令

cat 命令主要用于滚动显示文件内容，或将多个文件合并成一个文件。该命令的格式为：

```
cat  [选项]   文件名
```

cat 命令的常用选项如下。

- -b：对输出内容中的非空行标注行号。
- -n：对输出内容中的所有行标注行号。

通常使用 cat 命令查看文件内容，但是 cat 命令的输出内容不能分页显示，要查看超过一屏的文件内容，需要使用 more 或 less 等其他命令。如果在 cat 命令中没有指定参数，则 cat 会从标准输入（键盘）中获取内容。

例如，查看/etc/passwd 文件内容的命令为：

```
[root@Server01 ~]#cat  /etc/passwd
```

利用 cat 命令还可以合并多个文件。例如，把 file1 和 file2 文件的内容合并为 file3，且 file2 文件的内容在 file1 文件的内容前面，则命令为：

```
[root@Server01 ~]# echo "This is file1!">file1     //先建立 file1 示例文件
[root@Server01 ~]# echo "This is file2!">file2     //先建立 file2 示例文件
[root@Server01 ~]# cat file2 file1>file3            //如果 file3 文件存在，则此命令的执行
结果会覆盖 file3 文件中的原有内容
[root@Server01 ~]# cat file3
This is file2!
This is file1!
[root@Server01 ~]# cat file2 file1>>file3
//如果 file3 文件存在，此命令的执行结果将把 file2 和 file1 文件的内容附加到 file3 文件中原有内容的后面
```

（2）more 命令

在使用 cat 命令时，如果文件内容太长，则用户只能看到文件的最后一部分。这时可以使用 more 命令一页一页地分屏显示文件内容。more 命令通常用于分屏显示文件内容。在大部分情况下，可以不加任何选项直接执行 more 命令查看文件内容。执行 more 命令后，进入 more 状态，按"Enter"键可以向下移动一行，按"Space"键可以向下移动一页，按"Q"键可以退出 more 命令。该命令的格式为：

```
more  [选项]  文件名
```

more 命令的常用选项如下。

- -num：这里的 num 是一个数字，用来指定分页显示时每页的行数。
- +num：指定从文件的第 num 行开始显示。

例如：

```
[root@Server01 ~]#more /etc/passwd          // 以分页方式查看/etc/passwd 文件的内容
[root@Server01 ~]#cat /etc/passwd |more     // 以分页方式查看 passwd 文件的内容
```

more 命令经常在管道中被调用，以实现各种命令输出内容的分屏显示。上述的第二个命令就是利用 shell 的管道功能分屏显示 passwd 文件的内容。关于管道的内容在项目 7 中有详细介绍。

（3）less 命令

less 命令是 more 命令的改进版，比 more 命令的功能强大。more 命令只能向下翻页，而 less 命令不但可以向下、向上翻页，还可以前后左右移动。执行 less 命令后，进入 less 状态，按"Enter"键可以向下移动一行，按"Space"键可以向下移动一页，按"B"键可以向上移动一页，也可以用方向键向前、后、左、右移动，按"Q"键可以退出 less 命令。

less 命令还支持在一个文本文件中进行快速查找。先按"/"键，再输入要查找的单词或字符。less 命令会在文本文件中进行快速查找，并把找到的第一个搜索目标高亮显示。如果希望继续查找，就再次按"/"键，再按"Enter"键即可。

less 命令的用法与 more 基本相同，例如：

```
[root@Server01 ~]#less /etc/passwd   // 以分页方式查看 passwd 文件的内容
```

（4）head 命令

head 命令用于显示文件的开头部分，默认情况下只显示文件前 10 行的内容。该命令的格式为：

```
head [选项] 文件名
```

head 命令的常用选项如下。

- -n num：显示指定文件内容的前 num 行。
- -c num：显示指定文件内容的前 num 个字符。

例如：

```
[root@Server01 ~]#head -n 20 /etc/passwd   //显示 passwd 文件内容的前 20 行
```

> **说明** 若 -n num 中 num 为负值，则表示从倒数 |num| 行后面的所有行不显示。例如，num=-3 表示文件中倒数第 3 行后面的行不显示，其余都显示。

（5）tail 命令

tail 命令用于显示文件内容的末尾部分，默认情况下，只显示文件内容的末尾 10 行。该命令的格式为：

```
tail [选项] 文件名
```

tail 命令的常用选项如下。

- -n num：显示指定文件内容的末尾 num 行。
- -c num：显示指定文件内容的末尾 num 个字符。
- -n +num：从第 num 行开始显示指定文件的内容。

例如：

```
[root@Server01 ~]#tail -n 20 /etc/passwd   //显示 passwd 文件内容的末尾 20 行
```

tail 命令"最强悍"的功能是可以持续刷新一个文件的内容，想要实时查看最新日志文件时，这个功能特别有用。此时命令的格式为：

```
tail -f 文件名
```

例如：

```
[root@Server01 ~]# tail -f /var/log/messages
 Aug 19 17:37:44 RHEL8-1 dbus-daemon[2318]: [session uid=0 pid=2318] Successfully
activated service 'org.freedesktop.Tracker1.Miner.Extract'
……
 Aug 19 17:39:11 RHEL8-1 dbus-daemon[2318]: [session uid=0 pid=2318] Successfully
activated service 'org.freedesktop.Tracker1.Miner.Extract'
```

3. 熟练使用目录操作类命令

（1）mkdir 命令

mkdir 命令用于创建一个目录。该命令的语法为：

```
mkdir [选项] 目录名
```

上述目录名可以为相对路径，也可以为绝对路径。

mkdir 命令的常用选项如下。

-p：在创建目录时，如果父目录不存在，则同时创建该目录及该目录的父目录。

例如：

```
[root@Server01 ~]#mkdir dir1      //在当前目录下创建 dir1 子目录
[root@Server01 ~]#mkdir -p dir2/subdir2
//在当前目录的 dir2 目录中创建 subdir2 子目录，如果 dir2 目录不存在，则同时创建
```

（2）rmdir 命令

rmdir 命令用于删除空目录。该命令的格式为：

```
rmdir  [选项]  目录名
```

上述目录名可以为相对路径，也可以为绝对路径。但所删除的目录必须为空目录。

rmdir 命令的常用选项如下。

-p：在删除目录时，一同删除父目录，但父目录中必须没有其他目录及文件。

例如：

```
[root@Server01 ~]#rmdir dir1      //在当前目录下删除 dir1 空子目录
[root@Server01 ~]#rmdir -p dir2/subdir2
//删除当前目录中 dir2/subdir2 空子目录，删除 subdir2 目录时，如果 dir2 目录中无其他目录，则一同删除
```

4. 熟练使用 cp 命令

（1）cp 命令的使用方法

cp 命令主要用于文件或目录的复制。该命令的格式为：

```
cp  [选项]  源文件  目标文件
```

cp 命令的常用选项如下。

- -a：尽可能将文件状态、权限等属性按照原状予以复制。
- -f：如果目标文件或目录存在，则先删除它们再进行复制（覆盖），并且不提示用户。
- -i：如果目标文件或目录存在，则提示是否覆盖已有的文件。
- -R：递归复制目录，即包含目录下的各级子目录。

特别提示 若加选项-f后仍提示用户，则说明"cp -i"设置了别名 cp。可取消别名设置：unalias cp。

（2）使用 cp 命令的范例

cp 这个命令是非常重要的，不同身份执行这个命令会有不同的结果产生，尤其是-a、-p 选项，对于不同身份来说，差异非常大。在下面的练习中，有的身份为 root，有的身份为一般账号（在这里用 yangyun 这个账号），练习时请特别注意身份的差别。请观察下面的复制练习。另外，/tmp 是在安装时建立的独立分区，如果安装时没有建立，则请自行建立。

【例 2-1】用 root 身份，将家目录下的.bashrc 复制到/tmp 下，并更名为 bashrc。

```
[root@Server01 ~]# cp ~/.bashrc /tmp/bashrc
[root@Server01 ~]# cp -i ~/.bashrc /tmp/bashrc
cp: 是否覆盖'/tmp/bashrc'?  n 不覆盖，y 为覆盖
# 重复两次，由于/tmp 下已经存在 bashrc 了，加上-i 选项后
# 在覆盖前会询问用户是否确定！可以按"N"键或者"Y"键来二次确认
```

【例 2-2】变换目录到/tmp，并将/var/log/wtmp 复制到/tmp，且观察其目录属性。

```
[root@Server01 ~]# cd  /tmp
[root@Server01 tmp]# cp /var/log/wtmp  . <==复制到当前目录，最后的 "." 不要忘记
```

31

```
[root@Server01 tmp]#ls -l /var/log/wtmp wtmp
-rw-rw-r--. 1 root utmp 7680 8月  19 17:09 /var/log/wtmp
-rw-r--r--. 1 root root 7680 8月  19 18:02 wtmp
# 注意上面的特殊字体，在不加任何选项复制的情况下，文件的某些属性/权限会改变
# 这是个很重要的特性，连文件建立的时间也不一样了，要注意
```
如果想要将文件的所有特性都一起复制过来该怎么办？可以加上-a，如下所示。

```
[root@Server01 tmp]# cp -a /var/log/wtmp wtmp_2
[root@Server01 tmp]# ls -l /var/log/wtmp wtmp_2
-rw-rw-r--. 1 root utmp 7680 8月  19 17:09 /var/log/wtmp
-rw-rw-r--. 1 root utmp 7680 8月  19 17:09 wtmp_2
```

cp 命令的功能很多，由于我们常常会进行一些数据的复制，所以也会常常用到这个命令。一般来说，如果复制别人的数据（当然，你必须要有 read 的权限），总是希望复制到的数据最后是自己的。所以，在预设的条件中，cp 命令的源文件与目的文件的权限是不同的，目的文件的拥有者通常会是命令操作者本身。

例如，在例 2-2 中，由于是 root 的身份，因此复制过来的文件拥有者与群组就变为 root 所有。由于具有这个特性，所以我们在进行备份的时候，需要特别注意某些特殊权限文件。例如，密码文件（/etc/shadow）以及一些配置文件，就不能直接用 cp 命令来复制，而必须加上-a 或-p 等选项。若加-p 选项，则表示除复制文件的内容外，还把修改时间和访问权限也复制到新文件中。

注意 想要复制文件给其他用户，也必须要注意文件的权限（包含读、写、执行以及文件拥有者等），否则，其他用户还是无法对你给的文件进行修改。

【例 2-3】复制/etc/目录下的所有内容到/tmp 文件夹。

```
[root@Server01 tmp]# cp /etc /tmp
cp: 未指定 -r; 略过目录'/etc'  <== 如果是目录则不能直接复制，要加上-r 选项
[root@Server01 tmp]# cp -r /etc /tmp
# 再次强调：-r 可以复制目录，但是文件与目录的权限可能会被改变
# 所以，在备份时，常常利用"cp -a /etc /tmp"命令保持复制前后的对象权限不发生变化
```

【例 2-4】只有~/.bashrc 比/tmp/bashrc 更新，才进行复制。

```
[root@Server01 tmp]# cp -u ~/.bashrc /tmp/bashrc
# -u 的特性是只有在目标文件与来源文件有差异时，才会复制
# 所以-u 常用于"备份"的工作中
```

思考 你能否使用 yangyun 身份，完整地复制/var/log/wtmp 文件到/tmp，并更名为 bobby_wtmp 呢？

参考答案：
```
[root@Server01 tmp]# su - yangyun
[yangyun@Server01 ~]$ cp -a /var/log/wtmp /tmp/bobby_wtmp
[yangyun@Server01 ~]$ ls -l /var/log/wtmp /tmp/bobby_wtmp
-rw-rw-r--. 1 yangyun yangyun 7680 8月  19 17:09 /tmp/bobby_wtmp
-rw-rw-r--. 1 root    utmp    7680 8月  19 17:09 /var/log/wtmp
[yangyun@Server01 ~]$ exit
[root@Server01 tmp]#
```

5. 熟练使用文件操作类命令

（1）mv 命令

mv 命令主要用于文件或目录的移动或改名。该命令的格式为：

```
mv  [选项]  源文件或目录   目标文件或目录
```

mv 命令的常用选项如下。

- -i: 如果目标文件或目录存在,则提示是否覆盖目标文件或目录。
- -f: 无论目标文件或目录是否存在,均直接覆盖目标文件或目录,不提示。

例如:

```
//将当前目录下的/tmp/wtmp 文件移动到/usr/目录下,文件名不变
[root@Server01 tmp]# cd
[root@Server01 ~]# mv /tmp/wtmp /usr/
//将/usr/wtmp 文件移动到根目录下,移动后的文件名为 tt
[root@Server01 ~]# mv /usr/wtmp /tt
```

(2) rm 命令

rm 命令主要用于文件或目录的删除。该命令的格式为:

```
rm  [选项]  文件名或目录名
```

rm 命令的常用选项如下。

- -i: 删除文件或目录时提示用户。
- -f: 删除文件或目录时不提示用户。
- -R: 递归删除目录,即包含目录下的文件和各级子目录。

例如:

```
//删除当前目录下的所有文件,但不删除子目录和隐藏文件
[root@Server01 ~]# mkdir /dir1;cd /dir1             //";"分隔连续运行的命令
[root@Server01 dir1]# touch aa.txt  bb.txt; mkdir subdir11;ll
[root@Server01 dir1]# rm *
//删除当前目录下的子目录 subdir11,包含其下的所有文件和子目录,并且提示用户确认
[root@Server01 dir]# rm -iR subdir11
```

(3) touch 命令

touch 命令用于建立文件或更新文件的修改日期。该命令的格式为:

```
touch  [选项]  文件名或目录名
```

touch 命令的常用选项如下。

- -d yyyymmdd: 把文件的存取或修改时间改为 yyyy 年 mm 月 dd 日。
- -a: 只把文件的存取时间改为当前时间。
- -m: 只把文件的修改时间改为当前时间。

例如:

```
[root@Server01 dir]# cd
[root@Server01 ~]# touch aa
//如果当前目录下存在 aa 文件,则把 aa 文件的存取和修改时间改为当前时间
//如果不存在 aa 文件,则新建 aa 文件
[root@Server01 ~]# touch -d 20220808 aa       //将 aa 文件的存取和修改时间改为 2022 年 8 月 8 日
```

(4) rpm 命令

rpm 命令主要用于对 RPM 软件包进行管理。RPM 软件包是 Linux 的各种发行版中应用最为广泛的软件包格式之一。学会使用 rpm 命令对 RPM 软件包进行管理至关重要。该命令的格式为:

```
rpm  [选项]  软件包名
```

rpm 命令的常用选项如下。

- -qa: 查询系统中安装的所有软件包。

- -q：查询指定的软件包在系统中是否安装。
- -qi：查询系统中已安装软件包的描述信息。
- -ql：查询系统中已安装软件包包含的文件列表。
- -qf：查询系统中指定文件所属的软件包。
- -qp：查询 RPM 软件包文件中的信息，通常用于在未安装软件包之前了解软件包中的信息。
- -i：用于安装指定的 RPM 软件包。
- -v：显示较详细的信息。
- -h：以"#"显示进度。
- -e：删除已安装的 RPM 软件包。
- -U：升级指定的 RPM 软件包。软件包的版本必须比当前系统中安装的软件包的版本高才能正确升级。如果当前系统中并未安装指定的软件包，则直接安装。
- -F：更新软件包。

【例 2-5】使用 rpm 命令查询软件包及文件。

```
[root@Server01 ~]#rpm -qa|more          //查询系统安装的所有软件包
[root@Server01 ~]#rpm -q selinux-policy  //查询系统是否安装了 selinux-policy
[root@Server01 ~]#rpm -qi selinux-policy //查询系统已安装的软件包的描述信息
[root@Server01 ~]#rpm -ql selinux-policy //查询系统已安装软件包包含的文件列表
[root@Server01 ~]#rpm -qf /etc/passwd    //查询 passwd 文件所属的软件包
```

【例 2-6】可以利用 RPM 安装 network-scripts 软件包（在 RHEL 8 中，网络相关服务管理已经转移到 NetworkManager 了，不再是 network。若想使用网卡配置文件，则必须安装 network-scripts 包，该包默认没有安装）。安装与卸载过程如下。

```
[root@Server01 ~]# mount /dev/cdrom /media   //挂载光盘
[root@Server01 ~]#cd /media/BaseOS/Packages   //改变目录到软件包所在的目录
[root@Server01 Packages]# rpm -ivh network-scripts-10.00.6-1.el8.x86_64.rpm
//安装软件包，系统将以"#"显示安装进度和安装的详细信息
[root@Server01 Packages]#rpm -Uvh network-scripts-10.00.6-1.el8.x86_64.rpm
//升级 network-scripts 软件包
[root@Server01 Packages]#rpm -e network-scripts-10.00.6-1.el8.x86_64
//卸载 network-scripts 软件包
```

> **注意** 卸载软件包时不加扩展名.rpm，如果使用命令 rpm -e network-scripts-10.00.6-1.el8.x86_64--nodeps，则表示不检查依赖性。另外，软件包的名称会因系统版本而稍有差异，不要机械照抄。

（5）whereis 命令

whereis 命令用来寻找命令的可执行文件所在的位置。该命令的格式为：

```
whereis [选项] 命令名称
```

whereis 命令的常用选项如下。

- -b：只查找二进制文件。
- -m：只查找命令的联机帮助手册部分。
- -s：只查找源码文件。

例如：

```
//查找命令 rpm 的位置
[root@Server01 Packages]# cd
[root@Server01 ~]# whereis rpm
rpm: /usr/bin/rpm /usr/lib/rpm /etc/rpm /usr/share/man/man8/rpm.8.gz
```

（6）whatis 命令

whatis 命令用于获取命令简介。它从某个程序的使用手册中抽出一行简单的介绍性文件，帮助用户迅速了解这个程序的具体功能。该命令的格式为：

```
whatis  命令名称
```

例如（若不成功，请先运行"mandb"命令，进行初始化或手动更新索引数据库缓存）：

```
[root@Server01 ~]# whatis ls
ls (1)                  - list directory contents
ls (1p)                 - list directory contents
```

（7）find 命令

find 命令用于查找文件。它的功能非常强大。该命令的格式为：

```
find  [路径]   [匹配表达式]
```

find 命令的匹配表达式主要有以下几种类型。

- -name filename：查找指定名称的文件。
- -user username：查找属于指定用户的文件。
- -group grpname：查找属于指定组的文件。
- -print：显示查找结果。
- -size n：查找大小为 n 块的文件，一块为 512B。符号"$+n$"表示查找大小大于 n 块的文件；符号"$-n$"表示查找大小小于 n 块的文件；符号"nc"表示查找大小为 n 个字符的文件。
- -inum n：查找索引节点号为 n 的文件。
- -type：查找指定类型的文件。文件类型有：b（块设备文件）、c（字符设备文件）、d（目录）、p（管道文件）、l（符号链接文件）、f（普通文件）。
- -atime n：查找 n 天前被访问过的文件。"$+n$"表示查找超过 n 天前被访问的文件；"$-n$"表示查找未超过 n 天前被访问的文件。
- -mtime n：类似于 atime，但检查的是文件内容被修改的时间。
- -ctime n：类似于 atime，但检查的是文件索引节点被改变的时间。
- -perm mode：查找与给定权限匹配的文件，必须以八进制的形式给出访问权限。
- -newer file：查找比指定文件更新的文件，即最后修改时间离现在较近。
- -exec command {} \;：对匹配指定条件的文件执行 command 命令。
- -ok command {} \;：与 exec 相同，但执行 command 命令时请求用户确认。

例如：

```
[root@Server01 ~]# find . -type f -exec ls -l {} \;
//在当前目录下查找普通文件，并以长格式显示
[root@Server01 ~]# find /tmp -type f -mtime 5 -exec rm {} \;
//在/tmp 目录中查找修改时间为 5 天以前的普通文件，并删除。保证/tmp 目录存在
[root@Server01 ~]# find /etc -name "*.conf"
```

```
//在/etc/目录下查找文件名以".conf"结尾的文件
[root@Server01 ~]# find . -type d -perm 755 -exec ls {} \;
//在当前目录下查找权限为 755 的目录并显示
```

> **注意**　由于 find 命令在执行过程中将消耗大量资源，所以建议以后台方式运行。

（8）grep 命令

grep 命令用于查找文件中包含指定字符串的行。该命令的格式为：

grep ［选项］　要查找的字符串　文件名

grep 命令的常用选项如下。

- -v：列出不匹配的行。
- -c：对匹配的行计数。
- -l：只显示包含匹配模式的文件名。
- -h：抑制包含匹配模式的文件名的显示。
- -n：每个匹配行只按照相对的行号显示。
- -i：对匹配模式不区分大小写。

在 grep 命令中，字符"^"表示行的开始，字符"$"表示行的结尾。如果要查找的字符串中带有空格，则可以用单引号或双引号标注。

例如：

```
[root@Server01 ~]# grep -2 root /etc/passwd
//在文件 passwd 中查找包含字符串"root"的行，如果找到，则显示该行及该行前后各 2 行的内容
[root@Server01 ~]# grep "^root$" /etc/passwd
//在 passwd 文件中搜索只包含"root"4 个字符的行
```

> **提示**　grep 命令和 find 命令的差别在于，grep 命令是在文件中搜索满足条件的行，而 find 命令是在指定目录下根据文件的相关信息查找满足指定条件的文件。

【例 2-7】可以利用 grep 命令的-v 选项，过滤掉带"#"的注释行和空白行。下面的例子是将/etc/man_db.conf 中的空白行和注释行删除，将简化后的配置文件存放到当前目录下，并更改名字为 man_db.bak。

```
[root@Server01 ~]# grep -v "^#" /etc/man_db.conf |grep -v "^$">man_db.bak
[root@Server01 ~]# cat man_db.bak
```

（9）dd 命令

dd 命令用于按照指定大小和数量的数据块来复制文件或转换文件，该命令的格式为：

dd ［选项］

dd 命令是一个比较重要而且有特色的命令，它能够让用户按照指定大小和数量的数据块来复制文件的内容。当然如果需要，还可以在复制过程中转换其中的数据。Linux 操作系统中有一个名为/dev/zero 的设备文件，因为这个文件不会占用系统存储空间，却可以提供无穷无尽的数据，所以可以使用它作为 dd 命令的输入文件来生成一个指定大小的文件。dd 命令的参数及其作用如表 2-1 所示。

表 2-1 dd 命令的参数及其作用

参　　　数	作　　用
if	输入的文件名称
of	输出的文件名称
bs	设置每个"块"的大小
count	设置要复制"块"的数量

例如，我们可以用 dd 命令从/dev/zero 设备文件中取出两个大小为 560MB 的数据块，然后保存成名为 file1 的文件。理解这个命令后，就能创建任意大小的文件了（**进行配额测试时很有用**）。

```
[root@Server01 ~]# dd if=/dev/zero of=file1 count=2 bs=560M
记录了 2+0 的读入
记录了 2+0 的写出
1174405120 bytes (1.2 GB, 1.1 GiB) copied, 8.23961 s, 143 MB/s
[root@Server01 ~]# rm file1
```

dd 命令的功能也绝不仅限于复制文件这么简单。如果想把光驱设备中的光盘制作成 iso 映像文件，在 Windows 操作系统中需要借助于第三方软件才能做到，但在 Linux 操作系统中可以直接使用 dd 命令来压制映像文件，将它变成一个可立即使用的 iso 映像文件：

```
[root@Server01 ~]# dd if=/dev/cdrom of=RHEL-server-8.0-x86_64.iso
7311360+0 records in
7311360+0 records out
3743416320 bytes (3.7 GB) copied, 370.758 s, 10.1 MB/s
[root@Server01 ~]# rm RHEL-server-8.0-x86_64.iso
```

任务 2-2 熟练使用系统信息类命令

系统信息类命令是对系统的各种信息进行显示和设置的命令。

（1）dmesg 命令

dmesg 命令用实例名称和物理名称来标识连到系统上的设备。dmesg 命令也用于显示系统诊断信息、操作系统版本号、物理内存大小以及其他信息。例如：

```
[root@Server01 ~]#dmesg|more
```

> **提示** 系统启动时，屏幕上会显示系统 CPU、内存、网卡等硬件信息。但通常显示过程较短，如果用户没有来得及看清，则可以在系统启动后用 dmesg 命令查看。

（2）free 命令

free 命令主要用来查看系统内存、虚拟内存的大小及占用情况。例如：

```
[root@Server01 ~]# free
             total       used       free     shared  buff/cache   available
Mem:       1843832    1253956     166480      16976      423396      414636
Swap:      3905532      25344    3880188
```

（3）timedatectl 命令

timedatectl 命令对 RHEL /CentOS 7 的分布式系统来说，是一个新工具，RHEL 8 仍然沿用。

timedatectl 命令作为 systemd 系统和服务管理器的一部分，代替旧的、传统的、用于基于 Linux 分布式系统的 sysvinit 守护进程的 date 命令。

　　timedatectl 命令可以查询和更改系统时钟和设置，可以使用此命令来设置或更改当前的日期、时间和时区，或实现与远程 NTP 服务器的自动系统时钟同步。

　　① 显示系统的当前时间、日期、时区等信息。

```
[root@Server01 ~]# timedatectl status
                Local time: 一 2021-02-01 11:33:31 EST
            Universal time: 一 2021-02-01 16:33:31 UTC
                  RTC time: 一 2021-02-01 16:33:31
                 Time zone: America/New_York (EST, -0500)
System clock synchronized: no
              NTP service: active
           RTC in local TZ: no
```

实时时钟（Real-Time Clock，RTC），即硬件时钟。

　　② 设置当前时区。

```
[root@Server01 ~]# timedatectl |grep Time                    //查看当前时区
[root@Server01 ~]# timedatectl list-timezones                //查看所有可用时区
[root@Server01 ~]# timedatectl set-timezone Asia/Shanghai  //修改当前时区
```

　　③ 设置时间和日期。

```
[root@Server01 ~]# timedatectl set-time 10:43:30    //只设置时间
Failed to set time: NTP unit is active
```

这个错误是启动了时间同步造成的，改正错误的办法是关闭该 NTP 单元。

```
[root@Server01 ~]# clear                              //清屏
[root@Server01 ~]# timedatectl set-ntp no            //关闭时间同步
[root@Server01 ~]# timedatectl set-time 10:58:30    //仅设置时间，格式为时分秒
[root@Server01 ~]# timedatectl set-time 2020-08-22  //仅设置日期，格式为年月日
[root@Server01 ~]# timedatectl                        //查看设置结果
[root@Server01 ~]# timedatectl set-time "2021-8-21 11:01:40"  //设置日期和时间
[root@Server01 ~]# timedatectl                        //查看设置结果
```

注意　只有 root 用户才可以改变系统的日期和时间。

　　（4）cal 命令

　　cal 命令用于显示指定月份或年份的日历，可以带两个参数，其中，年份、月份用数字表示；只有一个参数时表示年份，年份的范围为 1~9999；不带任何参数的 cal 命令显示当前月份的日历。例如：

```
[root@Server01 ~]# cal 7 2022
      七月 2022
日  一  二  三  四  五  六
                 1   2
 3   4   5   6   7   8   9
10  11  12  13  14  15  16
17  18  19  20  21  22  23
24  25  26  27  28  29  30
31
```

（5）clock 命令

clock 命令用于从计算机的硬件获得日期和时间。例如：

```
[root@Server01 ~]# clock
2020-08-20 05:02:16.072524-04:00
```

任务 2-3　熟练使用进程管理类命令

进程管理类命令是对进程进行各种显示和设置的命令。

（1）ps 命令

ps 命令主要用于查看系统的进程。该命令的格式为：

```
ps [选项]
```

ps 命令的常用选项如下。

- -a：显示当前控制终端的进程（包含其他用户的）。
- -u：显示进程的用户名和启动时间等信息。
- -w：宽行输出，不截取输出中的命令行。
- -l：按长格形式显示输出。
- -x：显示没有控制终端的进程。
- -e：显示所有的进程。
- -t n：显示第 n 个终端的进程。

例如：

```
[root@Server01 ~]# ps -au
USER   PID   %CPU  %MEM  VSZ   RSS   TTY   STAT  START  TIME  COMMAND
root   2459  0.0   0.2   1956  348   tty2  Ss+   09:00  0:00  /sbin/mingetty tty2
root   2460  0.0   0.2   2260  348   tty3  Ss+   09:00  0:00  /sbin/mingetty tty3
root   2461  0.0   0.2   3420  348   tty4  Ss+   09:00  0:00  /sbin/mingetty tty4
root   2462  0.0   0.2   3428  348   tty5  Ss+   09:00  0:00  /sbin/mingetty tty5
root   2463  0.0   0.2   2028  348   tty6  Ss+   09:00  0:00  /sbin/mingetty tty6
root   2895  0.0   0.9   6472  1180  tty1  Ss    09:09  0:00  bash
```

> **提示**　ps 通常和重定向、管道等命令一起使用，用于查找出所需的进程。输出内容第一行的中文解释是：进程的所有者；进程 ID 号；运算器占用率；内存占用率；虚拟内存使用量（单位是 KB）；占用的固定内存量（单位是 KB）；所在终端进程状态；被启动的时间；实际使用 CPU 的时间；命令名称与参数等。

（2）pidof 命令

pidof 命令用于查询某个指定服务进程的进程号码值（Process Identifier，PID），该命令的格式为：

```
pidof [选项] [服务名称]
```

每个进程的 PID 是唯一的，因此可以通过 PID 来区分不同的进程。例如，可以使用如下命令来查询本机上 sshd 服务程序的 PID。

```
[root@Server01 ~]# pidof sshd
1218
```

（3）kill 命令

前台进程在运行时，可以用"Ctrl+C"组合键来终止它，但后台进程无法使用这种方法终止，此时可以使用 kill 命令向后台进程发送强制终止信号，以达到目的。例如：

```
[root@Server01 ~]# kill -l
 1) SIGHUP        2) SIGINT       3) SIGQUIT      4) SIGILL
 5) SIGTRAP       6) SIGABRT      7) SIGBUS       8) SIGFPE
 9) SIGKILL      10) SIGUSR1     11) SIGSEGV     12) SIGUSR2
13) SIGPIPE      14) SIGALRM     15) SIGTERM     17) SIGCHLD
18) SIGCONT      19) SIGSTOP     20) SIGTSTP     21) SIGTTIN
22) SIGTTOU      23) SIGURG      24) SIGXCPU     25) SIGXFSZ
26) SIGVTALRM    27) SIGPROF     28) SIGWINCH    29) SIGIO
30) SIGPWR       31) SIGSYS      34) SIGRTMIN    35) SIGRTMIN+1
......
```

上述命令用于显示 kill 命令能够发送的信号种类。每个信号都有一个数值对应，例如，SIGKILL 信号的值为 9。kill 命令的格式为：

kill ［选项］ 进程1 进程2 ……

选项 -s 后一般接信号的类型。

例如：

```
[root@Server01 ~]# ps
  PID TTY          TIME CMD
 1448 pts/1    00:00:00 bash
 2394 pts/1    00:00:00 ps
[root@Server01 ~]# kill -s SIGKILL 1448  //或者 kill  -9 1448
//上述命令用于结束 bash 进程，会关闭终端
```

（4）killall 命令

killall 命令用于终止某个指定名称的服务对应的全部进程，该命令格式为：

killall ［选项］［进程名称］

通常来讲，复杂软件的服务程序会有多个进程协同为用户提供服务，如果逐个结束这些进程会比较麻烦，此时可以使用 killall 命令来批量结束某个服务程序带有的全部进程。下面以 sshd 服务程序为例，结束其全部进程。

```
[root@Server01 ~]# pidof sshd
1218
[root@Server01 ~]# killall -9 sshd
[root@Server01 ~]# pidof sshd
[root@Server01 ~]#
```

> **注意** 如果在命令行终端中执行一个命令后想立即停止它，可以按"Ctrl＋C"组合键（生产环境中比较常用的一个组合键），这样将立即终止该命令的进程。或者，如果有些命令在执行时不断地在屏幕上输出信息，影响到后续命令的输入，则可以在执行命令时在末尾添加上一个"&"符号，这样命令将在系统后台执行。

（5）nice 命令

Linux 操作系统有两个和进程有关的优先级。用"ps -l"命令可以看到两个优先级：PRI 和 NI。PRI 值是进程实际的优先级，它是由操作系统动态计算的。这个优先级的计算和 NI 值有关。

NI 值可以被用户更改，NI 值越大，优先级越低。一般用户只能增大 NI 值，只有超级用户才可以减小 NI 值。NI 值被改变后，会影响 PRI 值。优先级高的进程被优先运行，默认时进程的 NI 值为 0。nice 命令的格式如下：

```
nice -n 程序名 //以指定的优先级运行程序
```

其中，n 表示 NI 值，正值代表 NI 值增加，负值代表 NI 值减小。

例如：

```
[root@Server01 ~]# nice --2 ps -l
```

（6）renice 命令

renice 命令是根据进程的进程号来改变进程优先级的。renice 命令的格式为：

```
renice n 进程号
```

其中，n 为修改后的 NI 值。

例如：

```
[root@Server01 ~]# ps -l
F S   UID   PID  PPID  C PRI  NI ADDR SZ WCHAN  TTY          TIME CMD
0 S     0  3324  3322  0  80   0 - 27115 wait   pts/0    00:00:00 bash
4 R     0  4663  3324  0  80   0 - 27032 -      pts/0    00:00:00 ps
[root@Server01 ~]# renice -6 3324
[root@Server01 ~]# ps -l
```

（7）top 命令

和 ps 命令不同，top 命令可以实时监控进程的状况。top 命令界面自动每 5s 刷新一次，也可以用 "top -d 20"，使得 top 命令界面每 20s 刷新一次。

2-4 拓展阅读

top 命令

（8）jobs、bg、fg 命令

jobs 命令用于查看在后台运行的进程。例如：

```
[root@Server01 ~]# find / -name h* //立即按 "Ctrl + Z" 组合键将当前命令暂停
[1]+ 已停止              find / -name h*
[root@Server01 ~]# jobs
[1]+ 已停止              find / -name h*
```

bg 命令用于把进程放到后台运行。例如：

```
[root@Server01 ~]# bg %1
```

fg 命令用于把在后台运行的进程调到前台。例如：

```
[root@Server01 ~]# fg %1
```

任务 2-4 熟练使用其他常用命令

除了上面介绍的命令，还有一些命令也经常用到。

（1）clear 命令

clear 命令用于清除命令行终端的内容。

（2）uname 命令

uname 命令用于显示系统信息。例如：

```
[root@Server01 ~]# uname -a
 Linux RHEL8-1 4.18.0-193.el8.x86_64 #1 SMP Fri Mar 27 14:35:58 UTC 2020 x86_64 x86_64
x86_64 GNU/Linux
```

（3）man 命令

man 命令用于列出命令的帮助手册，非常有用！例如：

```
[root@Server01 ~]# man ls
```

典型的 man 手册包含以下几部分。

- NAME：命令的名字。
- SYNOPSIS：名字的概要，简单说明命令的使用方法。
- DESCRIPTION：详细描述命令的使用，如各种参数（选项）的作用。
- SEE ALSO：列出可能要查看的其他相关的手册页条目。
- AUTHOR、COPYRIGHT：作者和版权等信息。

（4）shutdown 命令

shutdown 命令用于在指定时间关闭系统。该命令的格式为：

```
shutdown [选项] 时间 [警告信息]
```

shutdown 命令常用的选项如下。

- -r：系统关闭后重新启动。
- -h：关闭系统。

时间可以是以下几种形式。

- now：表示立即。
- hh:mm：指定绝对时间，hh 表示小时，mm 表示分钟。
- +m：表示 m 分钟以后。

例如：

```
[root@Server01 ~]# shutdown -h now    //关闭系统
```

（5）halt 命令

halt 命令用于立即停止系统，但该命令不自动关闭电源，需要手动关闭电源。

（6）reboot 命令

reboot 命令用于重新启动系统，相当于"shutdown -r now"。

（7）poweroff 命令

poweroff 命令用于立即停止系统，并关闭电源，相当于"shutdown -h now"。

（8）alias 命令

alias 命令用于创建命令的别名。该命令的格式为：

```
alias 命令别名 = "命令行"
```

例如：

```
[root@Server01 ~]# alias mand="vim /etc/man_db.conf"
//定义 mand 为命令"vim /etc/man_db.conf"的别名，输入 mand 会怎样
```

alias 命令不带任何参数时将列出系统已定义的别名。

（9）unalias 命令

unalias 命令用于取消别名的定义。例如：

```
[root@Server01 ~]# unalias mand
```

（10）history 命令

history 命令用于显示用户最近执行的命令，可以保留的历史命令数和环境变量 HISTSIZE 有

关。只要在编号前加"！"，就可以重新运行 history 中显示出的命令行。例如：

```
[root@Server01 ~]# !128
```

上述代码示例表示重新运行第 128 个历史命令。

（11）wget 命令

wget 命令用于在终端中下载网络文件，命令的格式为：

2-5 拓展阅读

wget 命令

```
wget [选项] 下载地址
```

（12）who 命令

who 命令用于查看当前登录主机的用户终端信息，命令的格式为：

```
who [选项]
```

这 3 个简单的字母可以快速显示出所有正在登录本机的用户名称以及他们正在开启的终端信息。执行 who 命令后的结果如下。

```
root@Server01 ~]# who
root      tty2         2021-02-12 06:33 (tty2)
```

（13）last 命令

last 命令用于查看所有的登录记录，命令的格式为：

```
last [选项]
```

使用 last 命令可以查看本机的登录记录。但是，由于这些信息都是以日志文件的形式保存在系统中的，所以黑客可以很容易地对内容进行篡改。因此，不能单纯以此来判定是否遭黑客攻击。

```
[root@Server01 ~]# last
root     pts/0        :0              Thu May  3 17:34   still logged in
root     pts/0        :0              Thu May  3 17:29 - 17:31  (00:01)
root     pts/1        :0              Thu May  3 00:29   still logged in
root     pts/0        :0              Thu May  3 00:24 - 17:27  (17:02)
root     pts/0        :0              Thu May  3 00:03 - 00:03  (00:00)
root     pts/0        :0              Wed May  2 23:58 - 23:59  (00:00)
root     :0           :0              Wed May  2 23:57   still logged in
reboot   system boot  3.10.0-693.el7.x Wed May  2 23:54 - 19:30  (19:36)
（省略部分登录信息）
```

（14）sosreport 命令

sosreport 命令用于收集系统配置及架构信息并输出诊断文档，命令的格式为：

2-6 拓展阅读

sosreport 命令

```
sosreport
```

（15）echo 命令

echo 命令用于在命令行终端输出字符串或变量提取后的值，命令的格式为：

```
echo [字符串 | $变量]
```

例如，把指定字符串"long60.cn"输出到终端的命令为：

```
[root@Server01 ~]# echo long60.cn
```

该命令会在终端显示如下信息。

2-7 拓展阅读

uptime 命令

```
long60.cn
```

下面，使用$变量的方式提取变量 shell 的值，并将其输出到终端。

```
[root@Server01 ~]# echo $SHELL
/bin/bash                //显示当前的 bash
```

任务 2-5　熟练使用 vim 编辑器

vim 是 vimsual interface 的简称，它可以执行输出、删除、查找、替换、块操作等文本操作，而且用户可以根据自己的需要对其进行定制。这是其他编辑程序没有的。vim 不是一个排版程序，不可以对字体、格式、段落等其他属性进行编排，只是一个文本编辑程序。vim 是全屏幕文本编辑器，没有菜单，只有命令。

1. 启动与退出 vim

在命令行终端提示符后输入 vim 和想要编辑（或建立）的文件名，便可进入 vim。例如：

```
[root@Server01 ~]# vim myfile
```

如果只输入 vim，而不带文件名，也可以进入 vim，如图 2-1 所示。

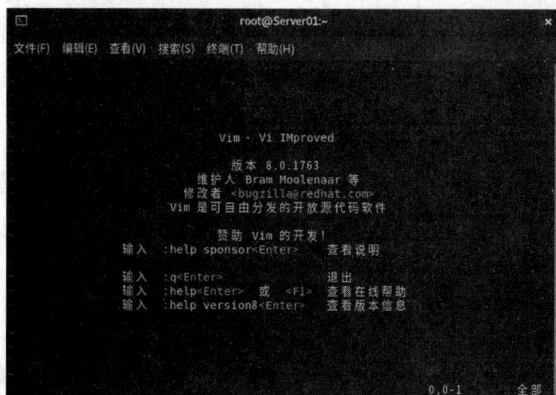

图 2-1　vim 编辑环境

在命令模式下（**初次进入 vim 不进行任何操作就是命令模式**）输入:q、:q!、:wq 或:x（注意 ":"）并按 "Enter" 键，就会退出 vim。其中:wq 命令和:x 命令是存盘退出，而:q 命令是直接退出。如果文件已有新的变化，则 vim 会提示保存文件，而:q 命令也会失效。这时可以用:w 命令保存文件后用:q 命令退出，或用:wq 命令或:x 命令退出。如果不想保存改变后的文件，就需要用:q!命令。这个命令将不保存文件而直接退出 vim。例如：

```
:w                      //保存
:w     filename         //另存为 filename
:wq                     //保存退出
:wq    filename         //以 filename 为文件名保存后退出
:q!                     //不保存退出
:x                      //应该是保存并退出，功能和:wq 相同
```

2. 熟练掌握 vim 的工作模式

vim 有 3 种基本工作模式：命令模式、输入模式和末行模式。用 vim 打开一个文件后，便处于命令模式。利用文本插入命令，如 i、a、o 等，可以进入输入模式，按 "Esc" 键可以从输入模式退回命令模式。在命令模式中按 ":" 键可以进入末行模式，当执行完命令或按 "Esc" 键可以回到命令模式。3 种基本工作模式的转换如图 2-2 所示。

（1）命令模式

进入 vim 之后，首先进入的就是命令模式。进入命令模式后，vim 等待命令输入而不是文本输

入。也就是说，这时输入的字母都将作为命令来解释。

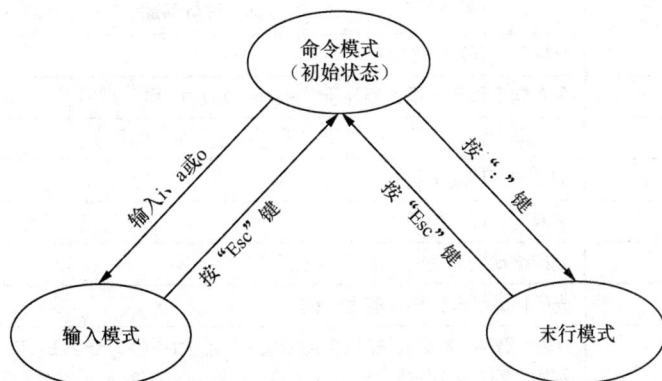

图 2-2　3 种基本工作模式的转换

进入命令模式后，光标停在屏幕第一行行首，用"_"表示，其余各行的行首均有一个"~"符号，表示该行为空行。最后一行是状态行，显示出当前正在编辑的文件名及其状态。如果是[New File]，则表示该文件是一个新建的文件。

如果输入"vim [文件名]"命令，且该文件已在系统中存在，则在屏幕上显示该文件的内容，并且光标停在第一行的行首，在状态行显示出该文件的文件名、行数和字符数。

（2）输入模式

在命令模式下按相应的键可以进入输入模式：输入插入命令 i、附加命令 a、打开命令 o、修改命令 c 或替换命令 s 都可以进入输入模式。在输入模式下，用户输入的任何字符都被 vim 当作文件内容保存起来，并将其显示在屏幕上。在文本输入过程中（输入模式下），若想回到命令模式下，按"Esc"键即可。

（3）末行模式

在命令模式下，用户按":"键即可进入末行模式。此时 vim 会在显示窗口的最后一行（通常也是屏幕的最后一行）显示一个":"作为末行模式的提示符，等待用户输入命令。多数文件管理命令都是在此模式下执行的。末行命令执行完后，vim 自动回到命令模式。

若在末行模式下输入命令的过程中改变了主意，可在按"Backspace"键将输入的命令全部删除之后，再按"Backspace"键，使 vim 回到命令模式。

3. 使用 vim

（1）命令模式下的命令说明

在命令模式下，"光标移动""查找与替换""删除、复制与粘贴"等说明分别如表 2-2~表 2-4所示。

表 2-2　命令模式下的光标移动的说明

命　　令	光标移动
h 或向左方向键（←）	光标向左移动一个字符
j 或向下方向键（↓）	光标向下移动一个字符
k 或向上方向键（↑）	光标向上移动一个字符

续表

命　　令	光标移动
l 或向右方向键（→）	光标向右移动一个字符
Ctrl + f	屏幕向下移动一页，相当于"Page Down"键（常用）
Ctrl + b	屏幕向上移动一页，相当于"Page Up"键（常用）
Ctrl + d	屏幕向下移动半页
Ctrl + u	屏幕向上移动半页
+	光标移动到非空格符的下一列
−	光标移动到非空格符的上一列
n<Space>	n 表示数字，如 20。按下数字后再按"Space"键，光标会向右移动这一行的 n 个字符。例如，输入 20 并按"Space"键，光标会向右移动 20 个字符距离
0 或功能键"Home"	这是数字 0：光标移动到这一行的最前面字符处（常用）
\$ 或功能键"End"	移动到这一行的最后面字符处（常用）
H	光标移动到屏幕最上方那一行的第一个字符
M	光标移动到屏幕中央那一行的第一个字符
L	光标移动到屏幕最下方那一行的第一个字符
G	光标移动到这个文件的最后一行（常用）
nG	n 为数字。移动到这个文件的第 n 行。例如，输入 20 并按"G"键，会移动到这个文件的第 20 行（可配合:set nu）
gg	移动到这个文件的第一行，相当于输入 1，并按"G"键（常用）
n<Enter>	n 为数字。光标向下移动 n 行（常用）

> **说明**　如果将右手放在键盘上，你会发现 h、j、k、l 是排列在一起的，因此可以使用这 4 个按键来移动光标。如果想要进行多次移动，例如向下移动 30 行，可以输入 30，并按"J"键或按"↓"键，即输入想要进行的次数（数字）后，按相应的键。

表 2-3　命令模式下的查找与替换的说明

命　　令	查找与替换
/word	自光标位置开始向下寻找一个名称为 word 的字符串。例如，要在文件内查找 myweb 这个字符串，输入/myweb 即可（常用）
?word	自光标位置开始向上寻找一个名称为 word 的字符串
n	这个 n 代表英文按键，代表重复前一个查找的动作。例如，如果刚刚执行/myweb 向下查找 myweb 这个字符串，则按"n"键后，会向下继续查找下一个名称为 myweb 的字符串。如果是执行?myweb，那么按"n"键会向上继续查找名称为 myweb 的字符串
N	这个 N 代表英文按键，与 n 刚好相反，为反向进行前一个查找动作。例如，执行/myweb 后，按"N"键表示向上查找 myweb
:n1,n2 s/word1/word2/g	n1 与 n2 为数字。在第 n1~n2 行寻找 word1 这个字符串，并将该字符串取代为 word2。例如，在 100~200 行查找 myweb 并取代为 MYWEB，则输入":100,200 s/myweb/MYWEB/g"（常用）

续表

命　令	查找与替换
:1,$ s/word1/word2/g	从第一行到最后一行寻找 word1 字符串，并将该字符串取代为 word2（常用）
:1,$ s/word1/word2/gc	从第一行到最后一行寻找 word1 字符串，并将该字符串取代为 word2，且在取代前显示提示字符，给用户确认是否需要取代（常用）

注：使用/word 配合 n 及 N 是非常有帮助的！可以让你重复找到一些查找的关键词。

表 2-4　命令模式下删除、复制与粘贴的说明

命　令	删除、复制与粘贴
x, X	在一行字当中，x 为向后删除一个字符（相当于"Del"键），X 为向前删除一个字符（相当于"Backspace"键）（常用）
nx	n 为数字，连续向后删除 n 个字符。例如，要连续删除 10 个字符，输入 10x
dd	删除光标所在的那一整列（常用）
ndd	n 为数字。删除光标所在位置的向下 n 行，例如，20dd 是删除从光标所在位置开始的向下 20 行（常用）
d1G	删除从光标所在位置到第一行的所有数据
dG	删除从光标所在位置到最后一行的所有数据
d$	删除光标从所在位置到该行行尾的所有数据
d0	数字 0，删除从光标所在行的前一字符到该行的首个字符之间的所有字符
yy	复制光标所在行（常用）
nyy	n 为数字。复制光标所在位置向下 n 行，例如，20yy 是复制 20 行（常用）
y1G	复制从光标所在行到第 1 行的所有数据
yG	复制从光标所在行到最后一行的所有数据
y0	复制从光标所在的前一个字符到该行行首的所有数据
y$	复制从光标所在位置到该行行尾的所有数据
p, P	p 为将已复制的数据在光标所在位置的下一行粘贴，P 为粘贴在光标所在位置的上一行。例如，目前光标在第 20 行，且已经复制了 10 行数据，按"p"键后，这 10 行数据会粘贴在原来的 20 行数据之后，即由第 21 行开始粘贴。但如果是按"P"键呢？将会在光标所在位置的上一行粘贴，即原本的第 20 行会变成第 30 行（常用）
J	将光标所在行与下一行的数据结合成一行
c	重复删除多个数据，例如，向下删除 10 行，输入 10cj
u	撤销上一个动作（常用）
Ctrl+r	反撤销上一个动作（常用）
.	不要怀疑，这就是小数点，表示重复前一个动作。想要重复删除、粘贴等动作，按小数点即可（常用）

> **说明**　这个"u"与"Ctrl+r"组合键是很常用的命令！一个是撤销，另一个是反撤销。利用这两个功能按键会为编辑提供很多方便。

这些命令看似复杂，其实使用非常简单。例如，在命令模式下使用 5yy 复制后，再使用以下命令进行粘贴。

```
P                  //在光标之后粘贴
Shift+p            //在光标之前粘贴
```

在进行查找和替换时，若不在命令模式下，则可按"Esc"键进入命令模式，输入"/"或"?"进行查找。例如，在一个文件中查找 swap 单词，首先按"Esc"键，进入命令模式，然后输入：

```
/swap
```

或

```
?swap
```

若把光标所在行中的所有单词 the 替换成 THE，则需输入：

```
:s /the/THE/g
```

仅把第 1 行到第 10 行中的 the 替换成 THE：

```
:1,10  s /the/THE/g
```

这些编辑命令非常有弹性，基本上可以说是由命令与范围构成的。需要注意的是，我们采用计算机的键盘来说明 vim 的操作，但在具体的环境中还要参考相应的资料。

（2）输入模式下的命令说明

输入模式下的命令说明如表 2-5 所示。

表 2-5　输入模式下的命令说明

命　　令	说　　明
i	从光标所在位置前开始插入文本
I	将光标移到当前行的行首，然后插入文本
a	用于在光标当前所在位置之后追加新文本
A	将光标移到所在行的行尾，从那里开始插入新文本
o	在光标所在行的下面插入一行，并将光标置于该行行首，等待输入
O	在光标所在行的上面插入一行，并将光标置于该行行首，等待输入
Esc	退出命令模式或回到命令模式中（常用）

说明　上面这些命令中，在 vim 画面的左下角处会出现"--INSERT--"或"--REPLACE--"的字样。由名称就知道该动作的含义了。需要特别注意的是，前文也提过了，想要在文件中输入字符，一定要在左下角看到 INSERT 或 REPLACE 才能输入。

（3）末行模式下的命令说明

如果是输入模式，则先按"Esc"键进入命令模式，在命令模式下按":"键进入末行模式。末行模式下保存文件、退出编辑等的命令说明如表 2-6 所示。

表 2-6　末行模式下的命令说明

按　　键	说　　明
:w	将编辑的数据写入硬盘文件中（常用）
:w!	若文件属性为只读，则强制写入该档案。但到底能不能写入，还与用户对该文件拥有的权限有关
:q	退出 vim（常用）
:q!	若曾修改过文件，又不想存储，则使用"!"强制退出而不存储文件。注意，"!"在 vim 中常常具有强制的意思

续表

按　　键	说　　明
:wq	存储后退出，若为":wq!"，则表示强制存储后退出（常用）
ZZ	这是大写的 Z。若文件没有更改，则不存储退出；若文件已经被更改，则存储后退出
:w [filename]	将编辑的数据存储成 filename 文件（类似另存为新文件）
:r [filename]	在编辑的数据中，读入 filename 文件的数据，即将 filename 文件内容加到光标所在行的后面
:n1,n2 w [filename]	将 n1~n2 的内容存储成 filename 这个文件
:! command	暂时退出 vim 到命令模式下执行 command 的显示结果。例如，输入":! ls /home"即可在 vim 中查看/home 下以 ls 输出的文件信息
:set nu	显示行号，设定之后，会在每一行的行首显示该行的行号
:set nonu	与:set nu 相反，为取消显示行号

4. 完成案例练习

（1）本案例练习的要求（在 Server01 上实现）

① 在/tmp 目录下建立一个名为 mytest 的目录，进入 mytest 目录。

② 将/etc/man_db.conf 复制到上述目录下面，使用 vim 命令打开目录下的 man_db.conf 文件。

③ 在 vim 中设定行号，移动到第 58 行，向右移动 15 个字符，请问你看到的该行前面的 15 个字母组合是什么？

④ 移动到第一行，并向下查找"gzip"字符串，请问它在第几行？

⑤ 将第 50~100 行的"man"字符串改为大写"MAN"字符串，并且逐个询问是否需要修改，如何操作？如果在筛选过程中一直按"Y"键，结果会在最后一行出现改变了多少个"man"的说明，请回答一共替换了多少个"man"。

⑥ 修改完之后，突然后悔了，要全部复原，有哪些方法？

⑦ 需要复制第 65~73 行这 9 行的内容，并且粘贴到最后一行之后。

⑧ 删除第 23~28 行的开头为"#"的批注数据，如何操作？

⑨ 将这个文件另存成一个 man.test.config 的文件。

⑩ 找到第 27 行，并删除该行开头的 8 个字符，结果出现的第一个单词是什么？在第一行新增一行，在该行输入"I am a student..."；然后存储并退出。

（2）参考步骤

① 输入"mkdir　/tmp/mytest; cd　/tmp/mytest"。

② 输入"cp　/etc/man_db.conf　.; vim man_db.conf"。

③ 输入":set nu"，然后会在画面中看到左侧出现数字，即行号。先按"5+8+G"组合键再按"1+5+→"组合键，会看到"# on privileges."。

④ 先输入"1G"或"gg"后，再输入/gzip，应该是第 93 行。

⑤ 直接输入":50,100 s/man/MAN/gc"即可！若一直按"Y"键，则最终会出现"在 15 行内置换 26 个字符串"的说明。

⑥ 还有一种简单的方法：可以一直按"U"键恢复到原始状态；使用:q!命令强制不保存文件而

直接退出命令模式，再载入该文件。

⑦ 输入"65G"，然后输入"9yy"，最后一行会出现"复制 9 行"之类的说明字样。按"G"键使光标移动到最后一行，再按"p"键，会在最后一行之后粘贴上述 9 行内容。

⑧ 输入"23G→6dd"就能删除 6 行，此时你会发现光标所在的第 23 行的地方变成 MANPATH_MAP 开头了，批注的"#"那几行都被删除了。

⑨ 输入":w man.test.config"，你会发现最后一行出现"man.test.config"[New].."的字样。

⑩ 输入"27G"之后，再输入"8x"即可删除 8 个字符，出现 MAP 的字样；输入"1G"，移到第一行，然后按"O"键，便新增一行且位于输入模式；开始输入"I am a student..."后，按"Esc"键回到命令模式等待后续工作；最后输入":wq"。

如果你能顺利完成，那么 vim 的使用应该没有太大的问题了。请一定熟练应用，多练习几遍。

2.4 中国计算机的主奠基者

在我国计算机发展的历史"长河"中，有一位做出突出贡献的科学家，他也是中国计算机的主奠基者，你知道他是谁吗？

他就是华罗庚教授——我国计算技术的奠基人和最主要的开拓者之一。华罗庚教授在数学上的造诣和成就深受世界科学家的赞赏。在美国任访问研究员时，华罗庚教授的心里就已经开始勾画我国电子计算机事业的蓝图了！

华罗庚教授于 1950 年回国，1952 年在全国高等学校院系调整时，他从清华大学电机系物色了闵乃大、夏培肃和王传英三位科研人员，在他任所长的中国科学院应用数学研究所内建立了中国第一个电子计算机科研小组。1956 年筹建中国科学院计算技术研究所时，华罗庚教授担任筹备委员会主任。

2.5 项目实训：熟练使用 Linux 基本命令

1. 视频位置

实训前请扫描二维码，观看"项目实录 熟练使用 Linux 基本命令"慕课。

2-8 慕课

项目实录 熟练使用 Linux 基本命令

2. 项目实训目的

- 掌握 Linux 各类命令的使用方法。
- 熟悉 Linux 操作环境。

3. 项目背景

现在有一台已经安装了 Linux 操作系统的主机，并且已经配置了基本的 TCP/IP 参数，能够通过网络连接局域网或远程的主机。还有一台 Linux 服务器，能够提供 FTP、telnet 和 SSH 连接。

4. 项目要求

练习使用 Linux 常用命令，达到熟练应用的目的。

5. 做一做

根据项目实录视频进行项目实训，检查学习效果。

2.6 练习题

一、填空题

1. 在 Linux 操作系统中，命令_____大小写。在命令行中，可以使用_____键来自动补齐命令。

2. 如果要在一个命令行上输入和执行多条命令，可以使用_____来分隔命令。

3. 断开一个长命令行，可以使用_____，以将一个较长的命令分成多行表达，增强命令的可读性。执行后，shell 自动显示提示符_____，表示正在输入一个长命令。

4. 要使程序以后台方式执行，只需在要执行的命令后跟上一个_____符号。

二、选择题

1. （　　）命令能用来查找文件 TESTFILE 中包含 4 个字符的行。

A. grep '????' TESTFILE   B. grep '....' TESTFILE

C. grep '^????$' TESTFILE   D. grep '^....$' TESTFILE

2. （　　）命令用来显示/home 及其子目录下的文件名。

A. ls -a /home   B. ls -R /home   C. ls -l /home   D. ls -d /home

3. 如果忘记了 ls 命令的用法，可以采用（　　）命令获得帮助。

A. ? ls   B. help ls   C. man ls   D. get ls

4. 查看系统当中所有进程的命令是（　　）。

A. ps all   B. ps aix   C. ps auf   D. ps aux

5. Linux 中有多个查看文件的命令，如果希望在查看文件内容过程中通过上下移动光标来查看文件内容，则下列符合要求的命令是（　　）。

A. cat   B. more   C. less   D. head

6. （　　）命令可以了解当前目录下还有多大空间。

A. df   B. du /   C. du .   D. df .

7. 假如需要找出 /etc/my.conf 文件属于哪个包，可以执行（　　）命令。

A. rpm -q /etc/my.conf   B. rpm -requires /etc/my.conf

C. rpm -qf /etc/my.conf   D. rpm -q | grep /etc/my.conf

8. 在应用程序启动时，（　　）命令用于设置进程的优先级。

A. priority   B. nice   C. top   D. setpri

9. （　　）命令可以把 f1.txt 复制为 f2.txt。

A. cp f1.txt | f2.txt   B. cat f1.txt | f2.txt

C. cat f1.txt > f2.txt   D. copy f1.txt | f2.txt

10. 使用（　　）命令可以查看 Linux 的启动信息。

A. mesg -d   B. dmesg

C. cat /etc/mesg   D. cat /var/mesg

三、简答题

1. more 和 less 命令有何区别？
2. Linux 操作系统下对磁盘的命名原则是什么？
3. 在网上下载一个 Linux 的应用软件，介绍其用途和基本使用方法。

2.7 实践习题

练习使用 Linux 常用命令和 vim 编辑器，达到熟练应用的目的。

学习情境二

系统管理与配置

故不积跬步，无以至千里；不积小流，无以成江海。

——《荀子·劝学》

项目3
管理Linux服务器的用户和组

03

项目导入：

Linux 是多用户多任务的操作系统。作为该操作系统的网络管理员，掌握用户和组的创建与管理至关重要。项目 3 主要介绍利用命令行对用户和组进行创建与管理。

职业能力目标和要求：

- 了解用户和组配置文件。
- 熟练掌握 Linux 中用户账户的创建与维护管理的方法。

- 熟练掌握 Linux 中组的创建与维护管理的方法。
- 熟悉用户账户管理命令。

3.1 项目知识准备

Linux 操作系统是多用户多任务的操作系统，允许多个用户同时登录系统，使用系统资源。

3.1.1 理解用户账户和组

用户账户是用户的身份标识。用户通过用户账户可以登录系统，并访问已经被授权的资源。系统依据账户来区分属于每个用户的文件、进程、任务，并给每个用户提供特定的工作环境（如用户的工作目录、shell 版本以及图形化的环境配置等），使每个用户都能各自不受干扰地独立工作。

3-1 微课

管理 Linux 服务器的用户和组

Linux 操作系统下的用户账户分为两种：普通用户账户和超级用户账户（root）。普通用户账户在系统中只能进行普通工作，只能访问他们拥有的或者有权限执行的文件。超级用户账户也叫管理员账户，它的任务是对普通用户和整个系统进行管理。超级用户账户对系统具有绝对的控制权，能够对系统进行一切操作，如操作不当很容易造成系统损坏。

因此即使系统只有一个用户使用，也应该在超级用户账户之外再建立一个普通用户账户，在用户进行普通工作时以普通用户账户登录系统。

在 Linux 操作系统中，为了方便管理员的管理和用户的工作，产生了组的概念。组是具有相同特性的用户的逻辑集合，使用组有利于系统管理员按照用户的特性组织和管理用户，提高工作效率。有了组，在进行资源授权时可以把权限赋予某个组，组中的成员即可自动获得这种权限。一个用户账户可以同时是多个组的成员，其中某个组是该用户的主组（私有组），其他组为该用户的附属组（标准组）。表 3-1 所示为用户和组的基本概念。

表 3-1　用户和组的基本概念

概　　念	描　　述
用户名	用于标识用户的名称，可以是字母、数字组成的字符串，区分大小写
密码	用于验证用户身份的特殊验证码
用户标识（User ID，UID）	用于表示用户的数字标识符
用户主目录	用户的私人目录，也是用户登录系统后默认所在的目录
登录 shell	用户登录后默认使用的 shell 程序，默认为/bin/bash
组	具有相同属性的用户属于同一个组
组标识（Group ID，GID）	用于表示组的数字标识符

root 用户的 UID 为 0；系统用户的 UID 从 1 到 999；普通用户的 UID 可以在创建时由管理员指定，如果不指定，则用户的 UID 默认从 1000 开始顺序编号。在 Linux 操作系统中，创建用户账户的同时也会创建一个与用户同名的组，该组是用户的主组。普通组的 GID 默认也从 1000 开始编号。

3.1.2　理解用户账户文件

用户账户信息和组信息分别存储在用户账户文件和组文件中。

1. /etc/passwd 文件

准备工作：新建用户 bobby、user1、user2，将 user1 和 user2 加入 bobby 组（后文有详细解释）。

```
[root@Server01 ~]# useradd bobby; useradd user1; useradd user2
[root@Server01 ~]# usermod -G bobby user1
[root@Server01 ~]# usermod -G bobby user2
```

在 Linux 操作系统中，创建的用户账户及其相关信息（密码除外）均放在/etc/passwd 配置文件中。用 vim 编辑器（或者使用 cat　/etc/passwd）打开 passwd 文件，如下。

```
root:x:0:0:root:/root:/bin/bash
bin:x:1:1:bin:/bin:/sbin/nologin
daemon:x:2:2:daemon:/sbin:/sbin/nologin
user1:x:1002:1002::/home/user1:/bin/bash
```

文件中的每一行代表一个用户账户的资料，可以看到第一个用户是 root，然后是一些标准账户，此类账户的 shell 为/sbin/nologin，代表无本地登录权限，最后一行是由系统管理员创建的普通账户：user1。

passwd 文件的每一行用"："分隔为 7 个字段，各个字段的内容如下。

```
用户名:加密口令:UID:GID:用户的描述信息:主目录:命令解释器（登录 shell）
```

passwd 文件字段说明如表 3-2 所示，其中少数字段的内容是可以为空的，但仍需使用"："进行占位来表示该字段。

表 3-2　passwd 文件字段说明

字　段	说　明
用户名	用户账户名称，用户登录时使用的用户名
加密口令	用户口令，考虑系统的安全性，现在已经不使用该字段保存口令，而用字母"x"来填充该字段，真正的密码保存在 shadow 文件中
UID	用户标识，唯一表示某用户的数字标识
GID	用户所属的组标识，对应 group 文件中的 GID
用户的描述信息	可选的关于用户名、用户电话号码等描述性信息
主目录	用户的宿主目录，用户成功登录后的默认目录
命令解释器	用户使用的 shell，默认为"/bin/bash"

2. /etc/shadow 文件

由于所有用户对/etc/passwd 文件均有读取权限，所以为了增强系统的安全性，用户经过加密之后的口令都存放在/etc/shadow 文件中。/etc/shadow 文件只对 root 用户可读，因而大大提高了系统的安全性。shadow 文件的内容形式如下（使用 **cat** /etc/shadow 命令可查看整个文件）。

```
root:$6$.ogTGgxg60WtMR/w$xNVm8hVU1YVSjkKhtqGAkWgsDIvCuDOFgNl.0jec.myzm9tlZ3igOXgy
X5UvGDvL8sptG8VNrKDsv8t0Qb0Pi/:18495:0:99999:7:::
bin:*:18199:0:99999:7:::
daemon:*:18199:0:99999:7:::
bobby:!!:18495:0:99999:7:::
user1:!!!:18495:0:99999:7:::
```

shadow 文件保存投影加密之后的口令以及与口令相关的一系列信息，每个用户的信息在 shadow 文件中占一行，并且用"："分隔为 9 个字段，各字段的说明如表 3-3 所示。

表 3-3　shadow 文件字段说明

字　段	说　明
1	用户登录名
2	加密后的用户口令，"*"表示非登录用户，"！！"表示没设置密码
3	自 1970 年 1 月 1 日起，到用户最近一次口令被修改的天数
4	自 1970 年 1 月 1 日起，到用户可以更改密码的天数，即最短口令存活期
5	自 1970 年 1 月 1 日起，到用户必须更改密码的天数，即最长口令存活期
6	口令过期前几天提醒用户更改口令
7	口令过期后几天账户被禁用
8	口令被禁用的具体日期（相对日期，从 1970 年 1 月 1 日至禁用时的天数）
9	保留字段，用于功能扩展

3. /etc/login.defs 文件

建立用户账户时，会根据/etc/login.defs 文件的配置设置用户账户的某些选项。该配置文件的有效设置内容及中文注释如下。

```
MAIL_DIR        /var/spool/mail              //用户邮箱目录
MAIL_FILE       .mail
PASS_MAX_DAYS   99999                        //账户密码最长有效天数
PASS_MIN_DAYS   0                            //账户密码最短有效天数
PASS_MIN_LEN    5                            //账户密码的最小长度
PASS_WARN_AGE   7                            //账户密码过期前提前警告的天数
UID_MIN                1000                  //用 useradd 命令创建账户时自动产生的最小 UID 值
UID_MAX                60000                 //用 useradd 命令创建账户时自动产生的最大 UID 值
GID_MIN                1000                  //用 groupadd 命令创建组时自动产生的最小 GID 值
GID_MAX                60000                 //用 groupadd 命令创建组时自动产生的最大 GID 值
USERDEL_CMD     /usr/sbin/userdel_local
//如果定义,将在删除用户时执行,以删除相应用户的计划作业和输出作业等
CREATE_HOME     yes                          //创建用户账户时是否为用户创建主目录
```

3.1.3　理解组文件

组账户的信息存放在/etc/group 文件中,而关于组管理的信息(组口令、组管理员等)则存放在/etc/gshadow 文件中。

1. /etc/group 文件

group 文件位于/etc 目录,用于存放用户的组账户信息,对于该文件的内容,任何用户都可以读取。每个组账户在 group 文件中占一行,并且用 ":" 分隔为 4 个字段。每一行各字段的内容如下(使用 cat　/etc/group 命令可以查看整个文件内容)。

组名称:组口令(一般为空,用 x 占位):GID:组成员列表

group 文件的内容形式如下。

```
root:x:0:
bin:x:1:
daemon:x:2:
bobby:x:1001:user1,user2
user1:x:1002:
```

可以看出,root 的 GID 为 0,没有其他组成员。group 文件的组成员列表中如果有多个用户账户属于同一个组,则各成员之间以 "," 分隔。在/etc/group 文件中,用户的主组并不把该用户作为成员列出,只有用户的附属组才会把该用户作为成员列出。例如,用户 bobby 的主组是 bobby,但/etc/group 文件中组 bobby 的成员列表中并没有用户 bobby,只有用户 user1 和 user2。

2. /etc/gshadow 文件

/etc/gshadow 文件用于存放组的加密口令、组管理员等信息,该文件只有 root 用户可以读取。每个组账户在 gshadow 文件中占一行,并以 ":" 分隔为 4 个字段。每一行中各字段的内容如下。

组名称:加密后的组口令(没有就用!):组的管理员:组成员列表

gshadow 文件的内容形式如下。

```
root:::
bin:::
daemon:::
bobby:!::user1,user2
user1:!::
user2:!::
```

3.2 项目设计与准备

服务器安装完成后，需要对用户账户和组、文件权限等内容进行管理。

在进行本项目的教学与实验前，需要做好如下准备。

（1）已经安装好的 RHEL 8。

（2）ISO 映像文件。

（3）VMware 15.5 以上虚拟机软件。

（4）设计教学或实验用的用户及权限列表。

本项目的所有实例都在服务器 Server01 上完成。

3-2 慕课

管理 Linux 服务
器的用户和组

3.3 项目实施

用户账户管理包括新建用户、设置用户账户口令和维护用户账户等内容。

任务 3-1　新建用户

在系统新建用户可以使用 useradd 或者 adduser 命令。useradd 命令的格式为：

```
useradd [选项] <username>
```

useradd 命令有很多选项，如表 3-4 所示。

表 3-4　useradd 命令选项

选　项	说　明
-c	用户的注释性信息
-d	指定用户的主目录
-e	禁用账户的日期，格式为 YYYY-MM-DD
-f	设置账户过期多少天后用户账户被禁用。如果为 0，账户过期后将立即被禁用；如果为-1，账户过期后，将不被禁用，即永不过期
-g	用户所属主组的组名称或者 GID
-G	用户所属的附属组列表，多个组之间用 "," 分隔
-m	若用户主目录不存在则创建它
-M	不要创建用户主目录
-n	不要创建用户私人组
-p	加密的口令
-r	创建 UID 小于 1000 的不带主目录的系统账号
-s	指定用户的登录 shell，默认为/bin/bash
-u	指定用户的 UID，它必须是唯一的，且大于 999

【例 3-1】新建用户 user3，UID 为 1010，指定其所属的私有组为 group1（group1 的标识符为 1010），用户的主目录为/home/user3，用户的 shell 为/bin/bash，用户的密码为 12345678，

账户永不过期。

```
[root@Server01 ~]# groupadd -g 1010  group1      //新建组 group1，其 GID 为 1010
[root@Server01 ~]# useradd -u 1010 -g 1010  -d /home/user3 -s /bin/bash -p 12345678
-f -1 user3
[root@Server01 ~]# tail -1 /etc/passwd
user3:x:1010:1010::/home/user3:/bin/bash
[root@Server01 ~]# grep user3 /etc/shadow          //grep 用于查找符合条件的字符串
user3:12345678:18495:0:99999:7:::                  //这种方式下生成的密码是明文，即 12345678
```

如果新建用户已经存在，那么在执行 useradd 命令时，系统会提示该用户已经存在。

```
[root@Server01 ~]# useradd user3
useradd: 用户"user3"已存在
```

任务 3-2 设置用户账户口令

1. passwd 命令

设置用户账户口令的命令是 passwd。超级用户可以为自己和其他用户设置口令，而普通用户只能为自己设置口令。passwd 命令的格式为：

```
passwd  [选项]  [username]
```

passwd 命令的常用选项如表 3-5 所示。

表 3-5 passwd 命令的常用选项

选　项	说　明
-l	锁定（停用）用户账户
-u	口令解锁
-d	将用户口令设置为空，这与未设置口令的账户不同。未设置口令的账户无法登录系统，而口令为空的账户可以
-f	强迫用户下次登录时必须修改口令
-n	指定口令的最短存活期
-x	指定口令的最长存活期
-w	口令要到期前提前警告的天数
-i	口令过期后多少天停用账户
-S	显示账户口令的简短状态信息

【例 3-2】假设当前用户为 root，则下面的两个命令分别为 root 用户修改自己的口令和 root 用户修改 user1 用户的口令。

```
[root@Server01 ~]# passwd            //root 用户修改自己的口令，直接输入 passwd 命令
[root@Server01 ~]# passwd user1      //root 用户修改 user1 用户的口令
```

需要注意的是，普通用户修改口令时，passwd 命令会首先询问原来的口令，只有验证通过才可以修改。而 root 用户为用户指定口令时，不需要知道原来的口令。为了系统安全，用户应选择包含字母、数字和特殊符号组合的复杂口令，且口令长度应至少为 8 个字符。

如果密码复杂度不够，系统会提示"**无效的密码：密码未通过字典检查-它基于字典单词**"。这时有两种处理方法，一种方法是再次输入刚才输入的简单密码，系统也会接受；另一种方法是更改为符合要求的密码，例如，P@ssw02d 包含大小写字母、数字、特殊符号等 8 位字符组合。

2. chage 命令

chage 命令用于更改用户密码过期信息。chage 命令的常用选项如表 3-6 所示。

表 3-6 chage 命令的常用选项

选　项	说　明
-l	列出账户口令属性的各个数值
-m	指定口令最短存活期
-M	指定口令最长存活期
-W	口令要到期前提前警告的天数
-I	口令过期后多少天停用账户
-E	用户账户到期作废的日期
-d	设置口令上一次修改的日期

【例 3-3】设置 user1 用户的最短口令存活期为 6 天，最长口令存活期为 60 天，口令到期前 5 天提醒用户修改口令。设置完成后查看各属性值。

```
[root@Server01 ~]# chage -m 6 -M 60 -W 5 user1
[root@Server01 ~]# chage -l user1
最近一次密码修改时间                    : 8 月 21, 2020
密码过期时间                          : 10 月 20, 2020
密码失效时间                          : 从不
账户过期时间                          : 从不
两次改变密码之间相距的最小天数          : 6
两次改变密码之间相距的最大天数          : 60
在密码过期之前警告的天数                : 5
```

任务 3-3　维护用户账户

1. 修改用户账户

usermod 命令用于修改用户账户的属性，格式为：

```
usermod [选项] 用户名
```

前文曾反复强调，Linux 操作系统中的一切都是文件，因此在系统中创建用户的过程也就是修改配置文件的过程。用户的信息保存在/etc/passwd 文件中，可以直接用 vim 文本编辑器来修改其中的用户参数项，也可以用 usermod 命令修改已经创建的用户信息，诸如用户的 UID、基本/扩展用户组、默认终端等。usermod 命令的选项及作用如表 3-7 所示。

表 3-7　usermod 命令的选项及作用

选　项	作　用
-c	填写用户账户的备注信息
-d -m	选项-m 与选项-d 连用，可重新指定用户的家目录，并自动把旧的数据转移过去
-e	账户的到期时间，格式为 YYYY-MM-DD
-g	变更所属用户组

选 项	作 用
-G	变更扩展用户组
-L	锁定用户，禁止其登录系统
-U	解锁用户，允许其登录系统
-s	变更默认终端
-u	修改用户的 UID

大家不要被这么多选项难倒。我们先来看用户 user1 的默认信息。

```
[root@Server01 ~]# id user1
uid=1002(user1) gid=1002(user1) 组=1002(user1),1001(bobby)
```

将用户 user1 加入 root 用户组，这样扩展组列表中会出现 root 用户组的字样，而基本组不会受到影响。

```
[root@Server01 ~]# usermod -G root user1
[root@Server01 ~]# id user1
uid=1002(user1) gid=1002(user1) 组=1002(user1),0(root)
```

再来试试用-u 选项修改用户 user1 的 UID 值。除此之外，还可以用-g 选项修改用户的基本组 ID，用-G 选项修改用户扩展组 ID。

```
[root@Server01 ~]# usermod -u 8888 user1
[root@Server01 ~]# id user1
uid=8888(user1) gid=1002(user1) 组=1002(user1),0(root)
```

修改用户 user1 的主目录为/var/user1，把启动 shell 修改为/bin/tcsh，完成后恢复到初始状态。可以用如下操作。

```
[root@Server01 ~]# usermod -d /var/user1 -s /bin/tcsh user1
[root@Server01 ~]# tail -3 /etc/passwd
user1:x:8888:1002::/var/user1:/bin/tcsh
user2:x:1003:1003::/home/user2:/bin/bash
user3:x:1010:1010::/home/user3:/bin/bash
[root@Server01 ~]# usermod -d /var/user1 -s /bin/bash user1
```

2. 禁用和恢复用户账户

有时需要临时禁用一个账户而不删除它。禁用用户账户可以用 passwd 或 usermod 命令实现，也可以直接修改/etc/passwd 或/etc/shadow 文件。

例如，暂时禁用和恢复 user1 账户，可以使用以下 3 种方法实现。

（1）使用 passwd 命令（被锁定用户的密码必须是使用 passwd 命令生成的）

使用 passwd 命令锁定 user1 账户，利用 grep 命令查看，可以看到被锁定的账户密码字段前面会加上 "!!"。

```
[root@Server01 ~]# passwd user1                    //修改 user1 密码
更改用户 user1 的密码。
新的密码：
重新输入新的密码：
passwd：所有的身份验证令牌已经成功更新。
[root@Server01 ~]# grep user1 /etc/shadow          //查看用户 user1 的口令文件
user1:$6$OgsexIrQ01J5Gjkh$MIIyxgtA1nutGfbwXid6tVD8HlDBkjagaOqu7bEjQee/QAhpLPKq5v8
OMTI0xRkY3KMhzDJvvndOkaj2R3nn//:18495:6:60:5:::
```

```
[root@Server01 ~]# passwd -l user1                    //锁定用户 user1
锁定用户 user1 的密码。
passwd: 操作成功
[root@Server01 ~]# grep user1 /etc/shadow             //查看锁定用户的口令文件，注意 "!!"
user1:!!$6$OgsexIrQ01J5Gjkh$MIIyxgtA1nutGfbwXid6tVD8HlDBkjagaOqu7bEjQee/QAhpLPKq5
v8OMTI0xRkY3KMhzDJvvndOkaj2R3nn//:18495:6:60:5::::
 [root@Server01 ~]# passwd -u user1                    //解除 user1 账户锁定，重新启用 user1 账户
```

（2）使用 usermod 命令

使用 usermod 命令锁定 user1 账户，利用 grep 命令查看，可以看到被锁定的账户密码字段前面会加上 "!"。

```
[root@Server01 ~]# grep user1 /etc/shadow             //user1 账户锁定前的口令显示
user1:$6$OgsexIrQ01J5Gjkh$MIIyxgtA1nutGfbwXid6tVD8HlDBkjagaOqu7bEjQee/QAhpLPKq5v8
OMTI0xRkY3KMhzDJvvndOkaj2R3nn//:18495:6:60:5::::
[root@Server01 ~]# usermod -L user1                    //锁定 user1 账户
[root@Server01 ~]# grep user1 /etc/shadow             //user1 账户锁定后的口令显示
user1:!$6$OgsexIrQ01J5Gjkh$MIIyxgtA1nutGfbwXid6tVD8HlDBkjagaOqu7bEjQee/QAhpLPKq5v
8OMTI0xRkY3KMhzDJvvndOkaj2R3nn//:18495:6:60:5::::
[root@Server01 ~]# usermod -U user1                    //解除 user1 账户的锁定
```

（3）直接修改用户账户配置文件

可将/etc/passwd 文件或/etc/shadow 文件中关于 user1 账户的 passwd 字段的第一个字符前面加上一个 "*"，达到锁定账户的目的，在需要恢复的时候只要删除 "*" 即可。

如果只是禁止用户账户登录系统，可以将其启动 shell 设置为/bin/false 或者/dev/null。

3. 删除用户账户

要删除一个账户，可以直接删除/etc/passwd 和/etc/shadow 文件中要删除的用户对应的行，或者用 userdel 命令删除。userdel 命令的格式为：

```
userdel  [-r]  用户名
```

如果不加-r 选项，则 userdel 命令会在系统中所有与账户有关的文件中（如/etc/passwd、/etc/shadow、/etc/group）将用户的信息全部删除。

如果加-r 选项，则在删除用户账户的同时，还将用户主目录及其下的所有文件和目录全部删除。另外，如果用户使用 E-mail，则同时也将/var/spool/mail 目录下的用户文件删掉。

任务 3-4 管理组

管理组包括创建和删除组账户、为组添加用户等内容。

1. 创建和删除组

创建组和删除组的命令与创建、维护用户账户的命令相似。创建组可以使用命令 groupadd 或者 addgroup。

例如，创建一个新的组，组的名称为 testgroup，可用以下命令。

```
[root@Server01 ~]# groupadd  testgroup
```

删除一个组可以用 groupdel 命令，例如，删除刚创建的 testgroup 组可用以下命令。

```
[root@Server01 ~]# groupdel  testgroup
```

需要注意的是，如果要删除的组是某个用户的主组，则该组不能被删除。

修改组的命令是 groupmod，其命令格式为：

```
groupmod  [选项]  组名
```
groupmod 命令选项如表 3-8 所示。

表 3-8　groupmod 命令选项

选　　项	说　　明
-g gid	把组的 GID 改为 gid
-n group-name	把组的名称改为 group-name
-o	强制接受更改的组的 GID 为重复的号码

2. 为组添加用户

在 RHEL 8 中使用不带任何参数的 useradd 命令创建用户时，会同时创建一个和用户账户同名的组，称为主组。当一个组中必须包含多个用户时，需要使用附属组。在附属组中增加、删除用户都用 gpasswd 命令。gpasswd 命令的格式为：

```
gpasswd  [选项]  [用户]  [组]
```
只有 root 用户和组管理员才能够使用 gpasswd 命令，gpasswd 命令选项如表 3-9 所示。

表 3-9　gpasswd 命令选项

选　　项	说　　明
-a	把用户加入组
-d	把用户从组中删除
-r	取消组的密码
-A	给组指派管理员

例如，要把 user1 用户加入 testgroup 组，并指派 user1 为管理员，可以执行下列命令。

```
[root@Server01 ~]# groupadd  testgroup
[root@Server01 ~]# gpasswd -a user1 testgroup
[root@Server01 ~]# gpasswd -A user1 testgroup
```

任务 3-5　使用 su 命令

读者在实验环境中很少遇到安全问题，为了避免因权限因素导致配置服务失败，建议使用 root 管理员账户来学习本书，但是在生产环境中还是要对安全多一份敬畏之心，不要用 root 管理员账户去做所有事情。因为一旦执行了错误的命令，可能会直接导致系统崩溃。尽管 Linux 操作系统考虑到安全性，使得许多系统命令和服务只能由 root 管理员使用，但是这也让普通用户受到了更多的权限束缚，从而无法顺利完成特定的工作任务。

su 命令可以解决切换用户身份的问题，使得当前用户在不退出登录的情况下，顺畅地切换到其他用户，例如，从 root 管理员切换至普通用户，命令如下。

```
[root@Server01 ~]# id
uid=0(root) gid=0(root) 组=0(root) 环境=unconfined_u:unconfined_r:
unconfined_t:s0-s0:c0.c1023
[root@Server01 ~]# useradd -G testgroup  test
[root@Server01 ~]# su - test
[test@Server01 ~]$ id
```

```
uid=8889(test) gid=8889(test) 组=8889(test),1011(testgroup) 环境=unconfined_u:
unconfined_r:unconfined_t:s0-s0:c0.c1023
```

细心的读者一定会发现，上面的 su 命令与用户名之间有一个 "-"。这意味着完全切换到新的用户，即把环境变量信息也变更为新用户的相应信息，而不是保留原始的信息。强烈建议在切换用户身份时添加 "-"。

另外，从 root 管理员切换到普通用户是不需要密码验证的，而从普通用户切换成 root 管理员就需要进行密码验证了。这也是一个必要的安全检查。

```
[test@Server01 ~]$ su - root
密码：
[root@Server01 ~]# su - test
[test@Server01 ~]$ pwd                    //test 用户的家目录是/home/test
/home/test
[test@Server01 ~]$ exit
注销
[root@Server01 ~]# pwd                    //root 用户的家目录是/root
/root
```

任务 3-6　使用常用的账户管理命令

使用账户管理命令可以在非图形化操作中对账户进行有效的管理。

1. vipw 命令

vipw 命令用于直接对用户账户文件/etc/passwd 进行编辑，使用的默认编辑器是 vi。在用 vipw 命令对/etc/passwd 文件进行编辑时将自动锁定该文件，编辑结束后对该文件进行解锁，保证了文件的一致性。vipw 命令在功能上等同于 "vi /etc/passwd" 命令，但是比直接使用 vi 命令更安全。vipw 命令的格式为：

```
[root@Server01 ~]# vipw
```

2. vigr 命令

vigr 命令用于直接对组文件/etc/group 进行编辑。在用 vigr 命令对/etc/group 文件进行编辑时将自动锁定该文件，编辑结束后对该文件进行解锁，保证了文件的一致性。vigr 命令在功能上等同于 "vi /etc/group" 命令，但是比直接使用 vi 命令更安全。vigr 命令的格式为：

```
[root@Server01 ~]# vigr
```

3. pwck 命令

pwck 命令用于验证用户账户文件认证信息的完整性。该命令检测/etc/passwd 文件和/etc/shadow 文件每行中字段的格式和值是否正确。pwck 命令的格式为：

```
[root@Server01 ~]# pwck
```

4. grpck 命令

grpck 命令用于验证组文件认证信息的完整性。该命令可检测/etc/group 文件和/etc/gshadow 文件每行中字段的格式和值是否正确。grpck 命令的格式为：

```
[root@Server01 ~]# grpck
```

5. id 命令

id 命令用于显示一个用户的 UID 和 GID 以及用户所属的组列表。在命令行输入 "id" 并直接按 "Enter" 键将显示当前用户的 ID 信息。id 命令的格式为：

```
id  [选项] 用户名
```

例如，显示 user1 用户的 UID、GID 信息的实例如下所示。

```
[root@Server01 ~]# id user1
uid=8888(user1) gid=1002(user1) 组=1002(user1),1011(testgroup),0(root)
```

6. whoami 命令

whoami 命令用于显示当前用户的名称。whoami 命令与"id -un"命令的作用相同。

```
[root@Server01 ~]# su - user1
[user1@Server01 ~]$ whoami
User1
[root@Server01 ~]# exit
```

7. newgrp 命令

newgrp 命令用于转换用户的当前组到指定的主组，对于没有设置组口令的组账户，只有组的成员才可以使用 newgrp 命令改变主组身份到该组。如果组设置了口令，则其他组的用户只要拥有组口令就可以将主组身份改变到该组。应用实例如下。

```
[root@Server01 ~]# id                  //显示当前用户的 gid
uid=0(root) gid=0(root) 组=0(root) 环境
=unconfined_u:unconfined_r:unconfined_t:s0-s0:c0.c1023
[root@Server01 ~]# newgrp group1       //改变用户的主组
[root@Server01 ~]# id
uid=0(root) gid=1010(group1) 组=1010(group1) 环境=
unconfined_u:unconfined_r:unconfined_t:s0-s0:c0.c1023
[root@Server01 ~]# newgrp              //newgrp 命令不指定组时转换为用户的私有组
[root@Server01 ~]# id
uid=0(root) gid=0(root) 组=0(root),1010(group1) 环境=
unconfined_u:unconfined_r:unconfined_t:s0-s0:c0.c1023
```

使用 groups 命令可以列出指定用户的组。例如：

```
[root@Server01 ~]# whoami
root
[root@Server01 ~]# groups
root group1
```

3.4 企业实战与应用——账户管理实例

1. 情境

假设需要的账户数据如表 3-10 所示，你该如何操作？

表 3-10　账户数据

账户名称	账户全名	支持次要组	是否可登录主机	口　　令
myuser1	1st user	mygroup1	可以	password
myuser2	2nd user	mygroup1	可以	password
myuser3	3rd user	无额外支持	不可以	password

2. 解决方案

```
# 先处理账户相关属性的数据
[root@Server01 ~]# groupadd mygroup1
[root@Server01 ~]# useradd -G mygroup1 -c "1st user" myuser1
```

```
[root@Server01 ~]# useradd -G mygroup1 -c "2nd user" myuser2
[root@Server01 ~]# useradd -c "3rd user" -s /sbin/nologin myuser3

# 再处理账户的口令相关属性的数据
[root@Server01 ~]# echo "password" | passwd --stdin myuser1
[root@Server01 ~]# echo "password" | passwd --stdin myuser2
[root@Server01 ~]# echo "password" | passwd --stdin myuser3
```

特别注意 myuser1 与 myuser2 都支持次要组，但该组不见得存在，因此需要先手动创建。再者，myuser3 是"不可登录系统"的账户，因此需要使用/sbin/nologin 来设置，这样该账户就成为非登录账户了。

3.5 中国国家顶级域名"CN"

你知道我国是在哪一年真正拥有了互联网吗？中国国家顶级域名"CN"服务器是哪一年完成设置的呢？

1994 年 4 月 20 日，一条 64Kbit/s 的国际专线从中国科学院计算机网络信息中心通过美国 Sprint 公司连入 Internet，实现了中国与 Internet 的全功能连接。从此我国被国际上正式承认为真正拥有全功能互联网的国家。此事被我国新闻界评为 1994 年我国十大科技新闻之一，被国家统计公报列为我国 1994 年重大科技成就之一。

1994 年 5 月 21 日，在钱天白教授和德国卡尔斯鲁厄大学的教授的协助下，中国科学院计算机网络信息中心完成了中国国家顶级域名 CN 服务器的设置，改变了我国的顶级域名 CN 服务器一直放在国外的历史。钱天白、钱华林分别担任中国国家顶级域名 CN 的行政联络员和技术联络员。

3.6 项目实训：管理用户和组

1. 视频位置

实训前请扫描二维码，观看"项目实录 管理用户和组"慕课。

2. 项目实训目的

- 熟悉 Linux 用户的访问权限。
  - 掌握在 Linux 操作系统中增加、修改、删除用户或用户组的方法。
  - 掌握用户账户管理及安全管理。

3-3 慕课

项目实录 管理用户和组

3. 项目背景

某公司有 60 名员工，分别在 5 个部门工作，每个人的工作内容不同。需要在服务器上为每个人创建不同的账户，把相同部门的用户放在一个组中，每个用户都有自己的工作目录。另外，需要根据工作性质对每个部门和每个用户在服务器上的可用空间进行限制。

4. 项目要求

练习设置用户的访问权限，练习账户的创建、修改、删除。

5. 做一做

根据项目实录视频进行项目实训，检查学习效果。

3.7 练习题

一、填空题

1. Linux 操作系统是＿＿＿＿＿的操作系统，它允许多个用户同时登录到系统，使用系统资源。

2. Linux 操作系统下的用户账户分为两种：＿＿＿＿＿和＿＿＿＿＿。

3. root 用户的 UID 为＿＿＿＿＿，普通用户的 UID 可以在创建时由管理员指定，如果不指定，则用户的 UID 默认从＿＿＿＿＿开始顺序编号。

4. 在 Linux 操作系统中，创建用户账户的同时也会创建一个与用户同名的组，该组是用户的＿＿＿＿＿。普通组的 GID 默认也从＿＿＿＿＿开始编号。

5. 一个用户账户可以同时是多个组的成员，其中某个组是该用户的＿＿＿＿＿（私有组），其他组为该用户的＿＿＿＿＿（标准组）。

6. 在 Linux 操作系统中，所创建的用户账户及其相关信息（密码除外）均放在＿＿＿＿＿配置文件中。

7. 由于所有用户对/etc/passwd 文件均有＿＿＿＿＿权限，所以为了增强系统的安全性，用户经过加密之后的口令都存放在＿＿＿＿＿文件中。

8. 组账户的信息存放在＿＿＿＿＿文件中，而关于组管理的信息（组口令、组管理员等）则存放在＿＿＿＿＿文件中。

二、选择题

1. （　　　）目录存放用户密码信息。

A. /etc   B. /var   C. /dev   D. /boot

2. 创建用户 ID 是 1200、组 ID 是 1100、用户主目录为/home/user01 的正确命令为（　　　）。

A. useradd –u:1200 –g:1100 –h:/home/user01 user01

B. useradd –u=1200 –g=1100 –d=/home/user01 user01

C. useradd –u 1200 –g 1100 –d /home/user01 user01

D. useradd –u 1200 –g 1100 –h /home/user01 user01

3. 用户登录系统后首先进入（　　　）。

A. /home   B. /root 的主目录

C. /usr   D. 用户自己的家目录

4. 在使用了 shadow 口令的系统中，/etc/passwd 和/etc/shadow 两个文件的权限正确的是（　　　）。

A. –rw–r－－－－－ , –r－－－－－－－   B. –rw–r－－r－－ , –r－－r－－r—

C. –rw–r－－r－－ , –r－－－－－－－   D. –rw–r－－rw– , –r－－－－－r—

5. （　　　）可以删除一个用户并同时删除用户的主目录。

A. rmuser –r   B. deluser –r   C. userdel –r   D. usermgr –r

6. 系统管理员应该采用的安全措施有（　　　）。

A. 把 root 密码告诉每一位用户

B. 设置 telnet 服务来提供远程系统维护

C. 经常检测账户数量、内存信息和磁盘信息

D. 当员工辞职后，立即删除该用户账户

7. 在/etc/group 文件中有一行 students::600:z3,14,w5，这表示有（　　　）用户在 students 组里。

A. 3　　　　　　　　B. 4　　　　　　　　C. 5　　　　　　　　D. 不知道

8. 命令（　　　）可以用来检测用户 lisa 的信息。

A. finger lisa

B. grep lisa /etc/passwd

C. find lisa /etc/passwd

D. who lisa

项目4
配置与管理文件系统

04

项目导入：

Linux 操作系统的网络管理员需要学习 Linux 文件系统和磁盘管理。尤其对于初学者来说，文件的权限与属性是学习 Linux 的一个相当重要的"关卡"，如果没有这部分的知识储备，那么遇到"Permission deny"的错误提示时将会一筹莫展。

职业能力目标和要求：

- 理解 Linux 文件系统结构。
- 能够进行 Linux 操作系统的文件权限管理，熟悉磁盘和文件权限管理工具。

- 掌握 Linux 操作系统权限管理的应用。

4.1 项目知识准备

文件系统（File System）是磁盘上有特定格式的一片区域，操作系统可利用文件系统保存和管理文件。全面理解文件系统与目录，是对网络运维人员的基本要求。

4.1.1 认识文件系统

用户在硬件存储设备中执行的文件建立、写入、读取、修改、转存与控制等操作都是依靠文件系统来完成的。文件系统的作用是合理规划硬盘，以满足用户正常的使用需求。

1. 文件系统的类型

Linux 操作系统支持数十种文件系统，常见的文件系统如下。

（1）Ext4：Ext3 的改进版本，作为 RHEL 6 中默认的文件管理系统，它支持的存储容量高达 1EB（1EB=1 073 741 824GB），且有足够多的子目录。另外，Ext4 文件系统能够批量分配块（block），从而极大地提高了读/写效率。

（2）XFS：一种高性能的日志文件系统，而且是 RHEL 7/8 默认的文件管理

4-1 微课

Linux 的文件系统

系统。它的优势在发生意外宕机后尤其明显，可以快速恢复可能被破坏的文件，而且强大的日志功能只需花费极低的文件权限和属性的信息。它最大可支持的存储容量为 18EB，这几乎满足了所有需求。

2. 文件权限和属性的记录

日常在硬盘中需要保存的数据实在太多了，因此 Linux 操作系统中有一个名为 super block 的"硬盘地图"。Linux 并不是把文件内容直接写入这个"硬盘地图"中，而是在里面记录整个文件系统的信息。因为如果把所有的文件内容都写入其中，它的体积将变得非常大，而且文件内容的查询与写入速度会变得很慢。Linux 只是把每个文件的权限与属性记录在索引节点（inode）中，而且每个文件占用一个独立的 inode 表格。该表格的大小默认为 128B，里面记录着如下信息。

- 该文件的访问权限（read、write、execute）。
- 该文件的所有者与所属组（owner、group）。
- 该文件的大小（size）。
- 该文件的创建或内容修改时间（ctime）。
- 该文件的最后一次访问时间（atime）。
- 该文件的修改时间（mtime）。
- 该文件的特殊权限（SUID、SGID、SBIT）。
- 该文件的真实数据地址（point）。

3. 文件实际内容的记录

文件的实际内容则保存在 block 中（block 的大小可以是 1KB、2KB 或 4KB），一个 inode 的默认大小仅为 128B（Ext3），记录一个 block 则消耗 4B。当文件的 inode 被写满后，Linux 操作系统会自动分配出一个 block，专门用于像 inode 那样记录其他 block 的信息，这样把各个 block 的内容串到一起，就能够让用户读到完整的文件内容了。对于存储文件内容的 block，有下面两种常见情况（以 4KB 大小的 block 为例进行说明）。

- 情况 1：文件很小（如 1KB），但依然会占用一个 block，因此会潜在地浪费 3KB。
- 情况 2：文件较大（如 5KB），那么会占用两个 block（剩下的 1KB 也要占用一个 block）。

计算机系统在发展过程中产生了众多的文件系统，为了使用户在读取或写入文件时不用关心底层的硬盘结构，Linux 内核中的软件层为用户程序提供了一个虚拟文件系统（Virtual File System，VFS）接口，这样用户在操作文件时，实际上是统一对这个虚拟文件系统进行操作。图 4-1 所示为 VFS 的架构。从中可见，实际文件系统在 VFS 下隐藏了自己的特性和细节，这样用

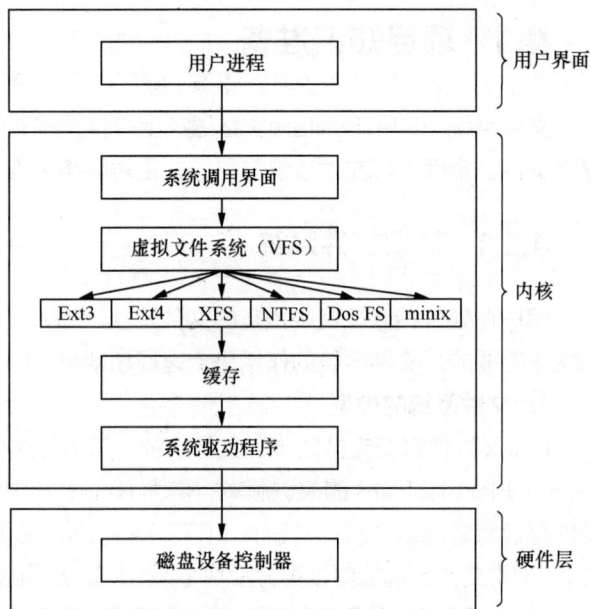

图 4-1　VFS 的架构

户在日常使用时会觉得"文件系统都是一样的",也就可以随意使用各种命令在任何文件系统中进行各种操作了(如使用 cp 命令来复制文件)。

4.1.2　理解 Linux 文件系统结构

在 Linux 操作系统中,目录、字符设备、块设备、套接字、打印机等都被抽象成了文件:在 Linux 操作系统中,一切都是文件。既然平时和我们"打交道"的都是文件,那么又应该如何找到它们呢?在 Windows 操作系统中,想要找到一个文件,我们要依次进入该文件所在的磁盘分区(假设这里是 D 盘),然后进入该分区下的具体目录,最终找到这个文件。但是在 Linux 操作系统中并不存在 C/D/E/F 等盘,Linux 操作系统中的一切文件都是从根目录(/)开始的,并按照文件系统层次化标准(Filesystem Hierarchy Standard,FHS)采用树形结构来存放文件,以及定义常见目录的用途。另外,Linux 操作系统中的文件和目录名称是严格区分大小写的。例如,root、rOOt、Root、rooT 均代表不同的目录,并且文件名称中不得包含"/"。Linux 操作系统中的文件存储结构如图 4-2 所示。

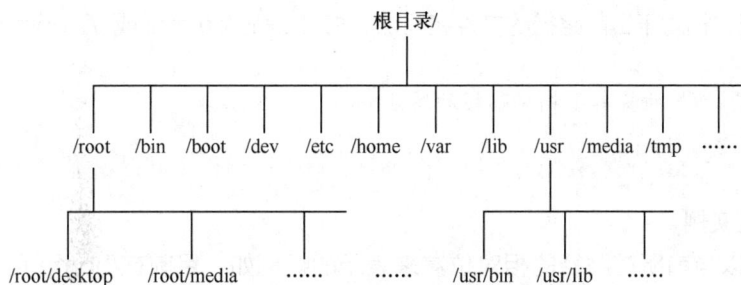

图 4-2　Linux 操作系统中的文件存储结构

Linux 操作系统中常见的目录名称以及相应的存放内容如表 4-1 所示。

表 4-1　Linux 操作系统中常见的目录名称以及相应的存放内容

目录名称	存放内容
/	Linux 文件的最上层根目录
/boot	开机所需文件——内核、开机菜单以及所需配置文件等
/dev	以文件形式存放任何设备与接口
/etc	配置文件
/home	用户家目录
/bin	Binary 的缩写,存放用户的可运行程序,如 ls、cp 等,也包含其他 shell,如 bash 和 cs 等
/lib	开机时用到的函数库,以及/bin 与/sbin 下面的命令要调用的函数
/sbin	开机过程中需要的命令
/media	用于挂载设备文件的目录
/opt	放置第三方的软件
/root	系统管理员的家目录
/srv	一些网络服务的数据文件目录
/tmp	任何人均可使用的"共享"临时目录

续表

目录名称	存放内容
/proc	虚拟文件系统，如系统内核、进程、外部设备及网络状态等
/usr/local	用户自行安装的软件
/usr/sbin	Linux 操作系统开机时不会使用到的软件/命令/脚本
/usr/share	帮助与说明文件，也可放置共享文件
/var	主要存放经常变化的文件，如日志
/lost+found	当文件系统发生错误时，将一些丢失的文件片段存放在这里

4.1.3 理解绝对路径与相对路径

1. 了解绝对路径与相对路径的概念

- 绝对路径：由根目录（/）开始写起的文件名或目录名称，如/home/dmtsai/basher。
- 相对路径：相对于目前路径的文件名写法，如./home/dmtsai 或../../home/dmtsai/等。

> **技巧**　开头不是"/"的就属于相对路径的写法。

2. 相对路径实例

相对路径是以当前所在路径的相对位置来表示的。例如，目前在/home 目录下，要想进入/var/log 目录，可以怎么写呢？有以下两种方法。

- cd　　/var/log：绝对路径。
- cd　　../var/log：相对路径。

3."."和".."特殊目录

因为目前在/home 下，所以要回到上一层（../）之后，才能进入/var/log 目录。特别注意两个特殊的目录。

- .：代表当前的目录，也可以用./来表示。
- ..：代表上一层目录，也可以用../来代表。

此处的.和..是很重要的，例如，常常看到的 cd ..或./command 之类的命令表达方式就是代表上一层与目前所在目录的工作状态。

4.2　项目设计与准备

在进行本项目的教学与实验前，需要做好如下准备。

（1）已经安装好的 RHEL 8。

（2）RHEL 8 安装光盘或 ISO 映像文件。

（3）设计教学或实验用的用户及权限列表。

本项目的所有实例都在服务器 Server01 上完成。

4.3 项目实施

4-2 慕课

配置与管理
文件系统

任务 4-1 管理 Linux 文件权限

管理 Linux 文件权限是网络运维人员的基本任务之一。

1. 理解文件和文件权限

文件是操作系统用来存储信息的基本结构，是一组信息的集合。文件可通过文件名来唯一地标识。Linux 中的文件名称最长可允许 255 个字符，这些字符可用 A~Z、0~9、.、_、-等符号来表示。与其他操作系统相比，Linux 最大的不同就是没有"扩展名"的概念，也就是说，文件的名称和该文件的种类并没有直接的关联。例如，sample.txt 可能是一个运行文件，而 sample.exe 也有可能是文本文件，甚至可以不使用扩展名。另一个特性是 Linux 文件名区分大小写。例如，sample.txt、Sample.txt、SAMPLE.txt、samplE.txt 在 Linux 操作系统中都代表不同的文件，但在 DOS 和 Windows 操作系统中却是指同一个文件。在 Linux 操作系统中，如果文件名以"."开始，则表示该文件为隐藏文件，需要使用"ls -a"命令才能显示。

Linux 中的每一个文件或目录都包含访问权限，访问权限决定了谁能访问以及如何访问文件和目录。可以通过以下 3 种访问方式限制访问权限。

- 只允许用户自己访问。
- 允许一个预先指定的用户组中的用户访问。
- 允许系统中的任何用户访问。

同时，用户能够控制一个给定的文件或目录的访问程度。一个文件或目录可能有读、写及执行权限。当创建一个文件时，系统会自动赋予文件所有者读和写的权限，这样可以允许所有者显示文件内容和修改文件。文件所有者可以将这些权限改变为任何想指定的权限。一个文件也许只有读权限，禁止任何修改。一个文件也可能只有执行权限，允许它像一个程序一样执行。

根据赋予权限的不同，3 种不同的用户（所有者、用户组或其他用户）能够访问不同的目录或者文件。所有者是创建文件的用户，文件的所有者能够授予所在用户组的其他成员以及系统中除所属组之外的其他用户的文件访问权限。

每一个用户针对系统中的所有文件都有它自身的读、写和执行权限。第 1 套权限控制访问自己的文件权限，即所有者权限。第 2 套权限控制用户组访问其中一个用户文件的权限。第 3 套权限控制其他所有用户访问一个用户文件的权限。这 3 套权限赋予用户不同类型（所有者、用户组和其他用户）的读、写及执行权限，就构成了一个有 9 个字符的权限组。

我们可以用"ls -l"或者"ll"命令显示文件的详细信息，其中包括权限，如下所示。

```
[root@Server01 ~]# ll
总用量 1147580
drwxr-xr-x   2 root root  4096 Aug  9 15:03 Desktop
-rw-r--r--   1 root root  1421 Aug  9 14:15 anaconda-ks.cfg
drwxr-xr-x   2 root root  4096 Sep  1 13:54 webmin
```

上面列出了部分文件的详细信息，共分为 7 组。文件属性的含义如图 4-3 所示。

文件类型权限　　连接数　　文件所属群组　　文件最后被修改时间

⇧　　　　⇧　　　　⇧　　　　　　⇧

-rwxr-xr-x　　2　root　　root　　4096　　Aug 9 15:03　　file1.sh

⇩　　　　⇩　　　　　　　⇩

文件拥有者　　文件容量　　　　　文件名

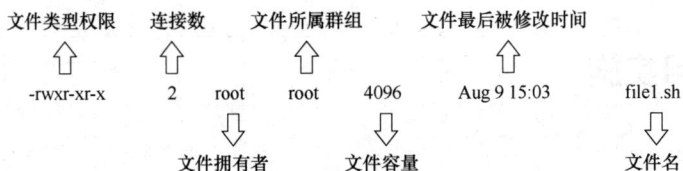

图 4-3　文件属性的含义

2. 详解文件的各种属性信息

（1）第 1 组为文件类型权限

① 文件类型。

每一行的第一个字符一般用来区分文件的类型，一般取值为 d、-、l、b、c、s、p。具体含义如下。

- d：表示是一个目录，在 ext 文件系统中，目录也是一种特殊的文件。
- -：表示该文件是一个普通的文件。
- l：表示该文件是一个符号链接文件，实际上它指向另一个文件。
- b、c：分别表示该文件为区块设备和其他外围设备，是特殊类型的文件。
- s、p：表示这些文件关系到系统的数据结构和管道，通常很少见到。

② 文件的访问权限。

每一行的第 2~10 个字符表示文件的访问权限。这 9 个字符每 3 个为一组，左边 3 个字符表示所有者权限，中间 3 个字符表示与所有者同一组的用户权限，右边 3 个字符表示其他用户权限。具体含义如下。

- 字符 2、3、4 表示该文件所有者的权限，有时也简称为 u（User）的权限。
- 字符 5、6、7 表示该文件所有者所属组的组成员的权限。例如，此文件拥有者属于"user"组群，该组群中有 6 个成员，表示这 6 个成员都有此处指定的权限，简称为 g（Group）的权限。
- 字符 8、9、10 表示该文件所有者所属组群以外的权限，简称为 o（Other）的权限。

③ 3 种文件权限。

根据权限种类的不同，这 9 个字符也分为 3 种类型。

- r（Read）：对文件而言，具有读取文件内容的权限；对目录来说，具有浏览目录的权限。
- w（Write）：对文件而言，具有新增、修改文件内容的权限；对目录来说，具有删除、移动目录内文件的权限。
- x（Execute）：对文件而言，具有执行文件的权限；对目录来说，具有进入目录的权限。

若显示-，则表示不具有该项权限。

④ 举例说明。

- brwxr--r--：该文件是块设备文件，文件所有者具有读、写与执行的权限，其他用户则具有读取的权限。
- -rw-rw-r-x：该文件是普通文件，文件所有者与同组用户对文件具有读、写的权限，而其他用户仅具有读取和执行的权限。
- drwx--x--x：该文件是目录文件，文件所有者具有读、写与执行的权限，其他用户能进入该目录，但无法读取任何数据。
- lrwxrwxrwx：该文件是符号链接文件，文件所有者、同组用户和其他用户对该文件都具有读、写和执行的权限。

每个用户都拥有自己的主目录，通常在/home 目录下，这些主目录的默认权限为 rwx------：执行 mkdir 命令创建的目录，其默认权限为 rwxr-xr-x。用户可以根据需要修改目录的权限。

此外，默认的权限可用 umask 命令修改，方法非常简单，只需执行"umask 777"命令，便代表屏蔽所有权限，因而之后建立的文件或目录，其权限都变成 000，以此类推。通常 root 账号搭配 umask 命令的数值为 022、027 和 077，普通用户则采用 002，这样产生的默认权限依次为 755、750、700、775。有关权限的数字表示法，后面将会详细说明。

用户登录系统时，用户环境会自动执行 umask 命令来决定文件、目录的默认权限。

（2）第 2 组表示有多少文件名连接到此节点

每个文件都会将其权限与属性记录到文件系统的节点中，不过，我们使用的目录树是使用文件来记录的，因此每个文件名会连接到一个节点。这个属性记录的就是有多少不同的文件名连接到相同的一个节点。

（3）第 3 组表示这个文件（或目录）的拥有者账号

（4）第 4 组表示这个文件的所属组

在 Linux 操作系统中，你的账号会附属于一个或多个组中。例如，class1、class2、class3 均属于 projecta 这个组，假设某个文件所属的组为 projecta，且该文件的权限为-rwxrwx---，则 class1、class2、class3 对于该文件都具有可读、可写、可执行的权限（看组权限）。但如果是不属于 projecta 的其他账号，对于此文件就不具有任何权限了。

（5）第 5 组表示这个文件的容量大小，默认单位为 B

（6）第 6 组表示这个文件的创建日期或者最近的修改日期

这一栏的内容分别为日期（月/日）及时间。如果这个文件被修改的时间距离现在太久了，那么时间部分仅显示年份而已。如果想要显示完整的时间格式，则可以利用 ls 的选项，即使用 ls -l --full-time。

（7）第 7 组表示这个文件的文件名

比较特殊的是：如果文件名之前多一个"."，则代表这个文件为隐藏文件。请读者使用 ls 及 ls -a 这两个命令体验一下什么是隐藏文件。

3. 使用数字表示法修改权限

在建立文件时系统会自动设置权限，如果这些默认权限无法满足需要，则可以使用 chmod 命令来修改权限。通常在权限修改时可以用两种方法来表示权限类型：数字表示法和文字表示法。

chmod 命令的格式为：

```
chmod    [选项]    文件
```

所谓数字表示法，是指将读取（r）、写入（w）和执行（x）分别以数字 4、2、1 来表示，没有授予的部分表示为 0，然后把授予的权限相加。表 4-2 所示为以数字表示法修改权限的例子。

表 4-2 以数字表示法修改权限的例子

原始权限	转换为数字	数字表示法
rwxrwxr-x	（421）（421）（401）	775
rwxr-xr-x	（421）（401）（401）	755

续表

原始权限	转换为数字	数字表示法
rw-rw-r--	（420）（420）（400）	664
rw-r--r--	（420）（400）（400）	644

例如，为文件/etc/file 设置权限：赋予所有者和组群成员读取和写入的权限，而其他用户只有读取权限。应该将权限设为"rw-rw-r--"，而该权限的数字表示法为 664，因此可以输入下面的命令来设置权限。

```
[root@Server01 ~]# touch /etc/file ; chmod 664 /etc/file
[root@Server01 ~]# ll /etc/file
-rw-rw-r--. 1 root root 0 5月 20 23:15 /etc/file
```

再如，将.bashrc 这个文件的所有权限都设定启用，可以使用如下命令。

```
[root@Server01 ~]# ls -al .bashrc
-rw-r--r--. 1 root root 176 12月 29 2013 .bashrc
[root@Server01 ~]# chmod 777 .bashrc
[root@Server01 ~]# ls -al .bashrc
-rwxrwxrwx. 1 root root 176 12月 29 2013 .bashrc
```

如果要将权限变成-rwxr-xr--呢？权限的数字就成为[4+2+1][4+0+1][4+0+0]=754，所以需要使用 chmod 754 filename 命令。另外，在实际的系统运行中常出现的一个问题是，我们以 vim 编辑一个 shell 的文本批处理文件 test.sh 后，它的权限通常是-rw-rw-r--，也就是 664。如果要将该文件变成可执行文件，并且不要让其他用户修改此文件，那么需要-rwxr-xr-x 这样的权限。此时要执行 chmod 755 test.sh 命令。

技巧 如果有些文件不希望被其他用户看到，则可以将文件的权限设定为-rwxr-----，执行 chmod 740 filename 命令。

4. 使用文字表示法修改权限

（1）文字表示法

① 使用权限的文字表示法时，系统用 4 种字符来表示不同的用户。

- u: user，表示所有者。
- g: group，表示所属组。
- o: others，表示其他用户。
- a: all，表示以上 3 种用户。

② 使用下面 3 种字符的组合来设置操作权限。

- r: read，读。
- w: write，写。
- x: execute，执行。

③ 操作符包括以下 3 种。

- ＋：添加某种权限。
- －：减去某种权限。
- ＝：赋予给定权限并取消原来的权限。

④ 以文字表示法修改文件权限时，上例中的权限设置命令应该为：

```
[root@Server01 ~]# chmod u=rw,g=rw,o=r /etc/file
```

⑤ 修改目录权限和修改文件权限相同，都是使用 chmod 命令，但不同的是，要使用通配符"*"来表示目录中的所有文件。

例如，要同时将/etc/test 目录中的所有文件权限设置为所有人都可读取及写入，应该使用下面的命令。

```
[root@Server01 ~]# mkdir /etc/test; touch /etc/test/f1.doc
[root@Server01 ~]# chmod a=rw /etc/test/*
```

或者：

```
[root@Server01 ~]# chmod 666 /etc/test/*
```

⑥ 如果目录中包含其他子目录，则必须使用-R（Recursive）选项来同时设置所有文件及子目录的权限。

（2）使用 chmod 命令也可以修改文件的特殊权限

例如，设置/etc/file 文件的 SUID 权限的方法如下（先了解，后面会详细介绍）。

```
[root@Server01 ~]# ll /etc/file
-rw-rw-r--. 1 root root 0 5月  20 23:15 /etc/file
[root@Server01 ~]# chmod u+s /etc/file
[root@Server01 ~]# ll /etc/file
-rwSrw-rw-. 1 root root 0 5月  20 23:15 /etc/file
```

特殊权限也可以采用数字表示法。SUID、SGID 和 SBIT 权限分别为 4、2 和 1。使用 chmod 命令设置文件权限时，可以在普通权限的数字前面加上一位数字来表示特殊权限。例如：

```
[root@Server01 ~]# chmod 6664 /etc/file
[root@Server01 ~]# ll  /etc/file
-rwSrwSr-- 1 root root 22 11-27 11:42 file
```

（3）使用文字表示法的有趣实例

【例 4-1】假如我们要"设定"一个文件的权限为-rwxr-xr-x，所表述的含义如下。

- u（user）：具有读、写、执行的权限。
- g/o（group 与 others）：具有读与执行的权限。

命令及执行结果如下。

```
[root@Server01 ~]# chmod u=rwx,go=rx .bashrc
# 注意: u=rwx,go=rx 是连在一起的，中间并没有任何空格
[root@Server01 ~]# ls -al .bashrc
-rwxr-xr-x 1 root root 395 Jul 4 11:45.bashrc
```

【例 4-2】假如设置-rwxr-xr--这样的权限又该如何操作呢？可以使用"chmod u=rwx, g=rx, o=r filename"来设定。此外，如果不知道原先的文件属性，而想增加.bashrc 文件的所有人均有写入的权限，那么可以使用如下命令。

```
[root@Server01 ~]# ls  -al  .bashrc
-rwxr-xr-x 1 root root 395 Jul 4 11:45.bashrc
[root@Server01 ~]# chmod a+w .bashrc
[root@Server01 ~]# ls  -al  .bashrc
-rwxrwxrwx 1 root root 395 Jul 4 11:45.bashrc
```

【例 4-3】如果要将权限去掉而不改动其他已存在的权限呢？例如，要去掉所有用户的执行权限，则可以使用如下命令。

```
[root@Server01 ~]# chmod a-x  .bashrc
[root@Server01 ~]# ls  -al .bashrc
-rw-rw-rw- 1 root root 395 Jul 4 11:45.bashrc
```

特别
提示
在+与−的状态下，只要不是指定的项目，权限就不会变动。例如，在上面的例子中，由于仅去掉 x 权限，所以其他权限保持不变。想让用户拥有执行的权限，但又不知道该文件原来的权限，使用 chmod a+x filename 就可以让该程序拥有执行的权限。

4-3 拓展阅读

理解权限与指令间的关系

5. 理解权限与指令间的关系

权限对于用户来说非常重要，因为权限可以限制用户能不能读取/建立/删除/修改文件或目录。

任务 4-2　修改文件与目录的默认权限与隐藏权限

文件权限包括读（r）、写（w）、执行（x）等基本权限，决定文件类型的属性包括目录（d）、文件（–）、连接符等。修改权限的方法（chmod）在前面已经提过。在 Linux 的 ext2/ext3/ext4 文件系统下，除基本的 r、w、x 权限外，还可以设定系统隐藏属性。设置系统隐藏属性使用 chattr 命令，使用 lsattr 命令可以查看隐藏属性。

另外，基于安全（security）机制方面的考虑，设定文件不可修改的特性，即使是文件的拥有者也不能修改，非常重要。

1. 理解文件预设权限：umask

你可能会问：建立文件或目录时，默认权限是什么呢？默认权限与 umask 有密切关系，umask 指定的就是用户在建立文件或目录时的默认权限值。那么如何得知或设定 umask 值呢？请看下面的命令及运行结果。

```
[root@Server01 ~]# umask
0022        <==与一般权限有关的是后面 3 个数字
[root@Server01 ~]# umask  -S
u=rwx,g=rx,o=rx
```

查阅默认权限的方式有两种：一是直接输入 umask，可以看到数字形态的权限设定；二是加入-S（Symbolism，符号）选项，以符号类型的方式显示权限。

但是，umask 会有 4 组数字，而不是只有 3 组。第一组是特殊权限用的，请参考电子资料。现在先看后面的 3 组。

目录与文件的默认权限是不一样的。我们知道，x 权限对于目录是非常重要的，但是一般文件不应该有执行的权限。因为一般文件通常是用于数据的记录，当然不需要执行的权限。因此，预设的情况如下。

- 若用户建立文件，则预设没有 x 权限，即只有 r、w 这两个权限，也就是最大为 666，预设权限为-rw-rw-rw-。
- 若用户建立目录，则由于 x 与是否可以进入此目录有关，因此默认所有权限均开放，即 777，预设权限为 drwxrwxrwx。

umask 值指的是该默认值需要减掉的权限（r、w、x 分别对应 4、2、1），具体如下。

- 去掉写入的权限时，umask 值输入 2。
- 去掉读取的权限时，umask 值输入 4。
- 去掉读取和写入的权限时，umask 值输入 6。
- 去掉执行和写入的权限时，umask 值输入 3。

思考 5 是什么意思？就是读取（4）与执行（1）的权限。

在上面的例子中，因为 umask 值为 022，所以 user（对应 umask 的 0）并没有被去掉任何权限，不过 group（对应 umask 的 2）与 others（对应 umask 最后面的 2）的权限被去掉了 2（也就是 w 这个权限），那么用户的权限如下。

- 建立文件时：(-rw-rw-rw-) - (-----w--w-) =-rw-r--r--。
- 建立目录时：(drwxrwxrwx) - (d----w--w-) =drwxr-xr-x。

是这样吗？请看测试结果。

```
[root@Server01 ~]# umask
0022
[root@Server01 ~]# touch test1
[root@Server01 ~]# mkdir test2
[root@Server01 ~]# ll test*
-rw-r--r-- 1 root root    0 Sep 27 00:25 test1
drwxr-xr-x 2 root root 4096 Sep 27 00:25 test2
```

2. 利用 umask

假如你与同学在同一个项目组，你们的账号属于相同的组，并且/home/class/目录是你们的公共目录。想象一下，有没有可能你所制作的文件你的同学无法编辑？如果要让你的同学能够编辑你的文件，该怎么办呢？

这种情况可能经常发生。以上面的案例来说，test1 的权限是 644。也就是说，如果 umask 的值为 022，那新建的数据只有用户自己具有 w 权限，同组的用户只有 r 权限，肯定无法修改。这样怎么能共同编辑项目文件呢？

因此，当我们需要新建文件给同组的用户共同编辑时，umask 的组就不能去掉 2 这个 w 权限。这时 umask 的值应该是 002，这样才能使新建文件的权限是-rw-rw-r--。那么如何设定 umask 值呢？直接在 umask 后面输入 002 就可以了。命令运行情况如下。

```
[root@Server01 ~]# umask 002 ;touch test3 ;mkdir test4
[root@Server01 ~]# ll
-rw-rw-r-- 1 root root    0 Sep 27 00:36 test3
drwxrwxr-x 2 root root 4096 Sep 27 00:36 test4
```

umask 与新建文件及目录的默认权限有很大关系。这个属性可以用在服务器上，尤其是文件服务器（file server）上。例如，在创建 Samba 服务器或者 FTP 服务器时，显得尤为重要。

思考 假设 umask 值为 003，在此情况下建立的文件与目录的权限又是怎样的呢？

umask 为 003，所以去掉的权限为- - - - - - - -wx。因此相关权限如下。

- 文件：(-rw-rw-rw-) – (--------wx)=-rw-rw-r--。
- 目录：(drwxrwxrwx) – (d-------wx)=drwxrwxr--。

在关于 umask 与权限的计算方式中，有的教材喜欢使用二进制的方式来进行 AND 与 NOT 的计算。不过，本书认为上面这种计算方式比较容易。

> **提示** 在有的书籍或者论坛上，喜欢使用文件默认属性 666 及目录默认属性 777 与 umask 值相减来计算文件属性，这是不对的。以上面的思考来看，如果使用默认属性相减，则文件属性变成：666-003=663，即-rw-rw--wx，这是完全不对的。想想看，原本文件就已经去除了 x 的默认属性，怎么可能突然间出现呢？所以，这个地方一定要特别小心。

root 的 umask 值默认是 022，这是基于安全的考虑。对于一般用户，通常 umask 值为 002，即保留同组的写入权限。关于预设 umask 可以参考/etc/bashrc 这个文件的内容。

3. 设置文件隐藏属性

（1）chattr 命令

功能说明：改变文件属性。

命令格式：

```
chattr [-RV][-v<版本编号>][+/-/=<属性>][文件或目录...]
```

这项命令可改变存放在 ext4 文件系统上的文件或目录属性，这些属性共有以下 8 种。

- a：系统只允许在这个文件之后追加数据，不允许任何进程覆盖或截断这个文件。如果目录具有这个属性，则系统将只允许在这个目录下建立和修改文件，而不允许删除任何文件。
- b：不更新文件或目录的最后存取时间。
- c：将文件或目录压缩后存放。
- d：将文件或目录排除在操作之外。
- i：不得任意改动文件或目录。
- s：保密性地删除文件或目录，即硬盘空间被全部收回。
- S：即时更新文件或目录。
- u：预防意外删除。

chattr 的相关参数如下。其中，最重要的是+i 与+a 这两个属性。由于以上 8 种属性是隐藏的，所以需要使用 lsattr 命令。

- -R：递归处理，将指定目录下的所有文件及子目录一并处理。
- -v<版本编号>：设置文件或目录版本。
- -V：显示命令执行过程。
- +<属性>：开启文件或目录的该项属性。
- -<属性>：关闭文件或目录的该项属性。
- =<属性>：指定文件或目录的该项属性。

【例 4-4】请尝试在/tmp 目录下建立文件，加入 i 属性，并尝试删除。

```
[root@Server01 ~]# cd /tmp
[root@Server01 tmp]# touch attrtest    <==建立一个空文件
```

```
[root@Server01 tmp]# chattr +i attrtest      <==加入 i 属性
[root@Server01 tmp]# rm attrtest             <==尝试删除，查看结果
rm: 是否删除普通空文件 'attrtest'？y
rm: 无法删除'attrtest'：不允许的操作         <==操作不允许
# 看到了吗？连 root 管理员也没有办法将这个文件删除！赶紧解除设定吧
```

将该文件的 i 属性取消：

```
[root@Server01 tmp]# chattr -i attrtest
```

这个命令很重要，尤其是在保证系统的数据安全方面。

此外，如果是日志文件，就需要+a 属性，可增加但不能修改与删除旧有数据。

（2）lsattr 命令

功能说明：显示文件隐藏属性。

命令格式：

```
lsattr [-adR]文件或目录
```

该命令的选项如下。

-a：将隐藏文件的属性也显示出来。

-d：如果是目录，则仅列出目录本身的属性而非目录内的文件名。

-R：连同子目录的数据也一并列出来。

例如：

```
[root@Server01 tmp]# chattr +aiS attrtest
[root@Server01 tmp]# lsattr attrtest
--S-ia---------- attrtest
```

使用 chattr 命令后，可以使用 lsattr 命令来查阅隐藏的属性。不过，这两个命令在使用上必须要特别小心，否则会造成很大的困扰。例如，如果将/etc/shadow 密码文件设定为具有 i 属性，则在若干天后，会发现无法新增用户。

4-4 拓展阅读

设置文件特殊权限：SUID、SGID、SBIT

4. 设置文件特殊权限：SUID、SGID、SBIT

在复杂多变的生产环境中，单纯设置文件的 r、w、x 权限无法满足我们对安全和灵活性的需求，因此便有了 SUID、SGID 与 SBIT 的特殊权限位。这是一种对文件权限进行设置的特殊功能，可以与一般权限同时使用，以弥补一般权限不能实现的功能。

任务 4-3　使用文件访问控制列表

不知道大家是否发现，前文讲解的一般权限、特殊权限、隐藏权限其实有一个共性——权限是针对某一类用户设置的。如果希望对某个指定的用户进行单独的权限控制，就需要用到文件的访问控制列表（Access Control List，ACL）了。通俗来讲，基于普通文件或目录设置 ACL 其实就是针对指定的用户或用户组设置文件或目录的操作权限。另外，如果针对某个目录设置了 ACL，则目录中的文件会继承其 ACL；若针对文件设置了 ACL，则文件不再继承其所在目录的 ACL。

为了更直观地看到 ACL 对文件权限控制的强大效果，可以先切换到普通用户，然后尝试进入 root 管理员的家目录。在没有针对普通用户对 root 管理员的家目录设置 ACL 之前，其执行结果如下所示。

```
[root@Server01 tmp]# su - yangyun
[yangyun@Server01 ~]$ cd /root
-bash: cd: /root: 权限不够
[yangyun@Server01 ~]$ exit
[root@Server01 tmp]# cd
```

下面使用文件 ACL 来解决这个问题。

1. 使用 setfacl 命令

setfacl 命令用于管理文件的 ACL 规则，其格式为：

```
setfacl [选项] 文件名称
```

文件的 ACL 提供的是在所有者、所属组、其他用户的读/写/执行权限之外的特殊权限控制，使用 setfacl 命令可以针对单一用户或用户组、单一文件或目录来进行读/写/执行权限的控制。其中，针对目录文件需要使用-R 递归选项；针对普通文件可以使用-m 选项；如果想要删除某个文件的 ACL，则可以使用-b 选项。下面设置用户在/root 目录上的权限。

```
[root@Server01 ~]# setfacl -Rm u:yangyun:rwx /root
[root@Server01 ~]# su - yangyun
[yangyun@Server01 ~]$ cd /root
[yangyun@Server01 root]$ ls
anaconda-ks.cfg Downloads Pictures Public
[yangyun@Server01 root]$ cat anaconda-ks.cfg
[yangyun@Server01 root]$ exit
```

那么，怎样查看文件上有哪些 ACL 呢？常用的 ls 命令看不到 ACL 信息，却可以看到文件权限的最后一个点"."变成了"+"，这就意味着该文件已经设置了 ACL。

```
[root@Server01 ~]# ls -ld /root
dr-xrwx---+ 14 root root 4096 May 4 2017 /root
```

2. 使用 getfacl 命令

getfacl 命令用于显示文件上设置的 ACL 信息，其格式为：

```
getfacl 文件名称
```

想要设置 ACL，用 setfacl 命令；想要查看 ACL，则用 getfacl 命令。下面使用 getfacl 命令显示在 root 管理员家目录上设置的所有 ACL 信息。

```
[root@Server01 ~]# getfacl /root
etfacl: Removing leading '/' from absolute path names
# file: root
# owner: root
# group: root
user::r-x
user:yangyun:rwx
group::r-x
mask::rwx
other::---
```

4.4 企业实战与应用

1. 情境及需求

情境： 假设系统中有两个用户账号，分别是 alex 与 arod，这两个账号除了支持自己的组，还共同支持一个名为 project 的组。如果这两个账号需要共同拥有/srv/ahome/目录的开发权，且该目录不允许其他账号进入查阅，请问该目录的权限应如何设定？请先以传统权限说明，再以 SGID 的功能解析。

目标：了解为何项目开发时，目录最好设定 SGID 的权限。

前提：多个账号支持同一组，且共同拥有目录的使用权。

需求：需要使用 root 管理员的身份运行 chmod、chgrp 等命令，帮用户设定好他们的开发环境。这也是管理员的重要任务之一。

2. 解决方案

（1）制作这两个用户账号的相关数据，如下所示。

```
[root@Server01 ~]# groupadd project              <==增加新的组
[root@Server01 ~]# useradd -G project alex       <==建立 alex 账号，且支持 project
[root@Server01 ~]# useradd -G project arod       <==建立 arod 账号，且支持 project
[root@Server01 ~]# id alex                       <==查阅 alex 账号的属性
uid=1008(alex) gid=1012(alex) 组=1012(alex),1011(project) <==确定有支持!
[root@Server01 ~]# id arod
uid=1009(arod) gid=1013(arod) 组=1013(arod),1011(project)
```

（2）建立所需要开发的项目目录。

```
[root@Server01 ~]# mkdir      /srv/ahome
[root@Server01 ~]# ll -d  /srv/ahome
drwxr-xr-x 2 root root 4096 Sep 29 22:36/srv/ahome
```

（3）从上面的输出结果可以发现，alex 与 arod 都不能在该目录内建立文件，因此需要修改权限与属性。由于其他用户均不可进入此目录，所以该目录的组应为 project，权限应为 770 才合理。

```
[root@Server01 ~]# chgrp project  /srv/ahome
[root@Server01 ~]# chmod 770  /srv/ahome
[root@Server01 ~]# ll -d /srv/ahome
drwxrwx--- 2 root project 4096 Sep 29 22:36/srv/ahome
# 从上面的权限来看，由于 alex/arod 均支持 project，所以似乎没问题了
```

（4）分别以两个用户来测试，情况会如何呢？先用 alex 建立文件，再用 arod 去处理。

```
[root@Server01 ~]# su - alex                     <==先切换身份成 alex 来处理
[alex@Server01~]$ cd /srv/ahome                  <==切换到组的工作目录
[alex@Server01 ahome]$ touch abcd                <==建立一个空的文件
[alex@Server01 ahome]$ exit                      <==离开 alex 的身份
[root@Server01 ~]# su - arod
[arod@Server01 ~]$ cd  /srv/ahome
[arod@Server01 ahome]$ ll abcd
-rw-rw-r-- 1 alex alex 0 Sep 29 22:46 abcd
# 仔细看上面的文件，组是 alex，而组 arod 并不支持
# 因此对于 abcd 这个文件来说，arod 应该只是其他用户，只有 r 权限
[arod@Server01 ahome]$ exit
```

由上面的结果可以知道，若单纯使用传统的 rwx，则对于 alex 建立的 abcd 这个文件来说，arod 可以删除它，但不能编辑它。若要实现目标，就需要用到特殊权限。

（5）加入 SGID 的权限，并进行测试。

```
[root@Server01 ~]# chmod 2770  /srv/ahome
[root@Server01 ~]# ll -d  /srv/ahome
drwxrws--- 2 root project 4096 Sep 29 22:46/srv/ahome
```

（6）测试：使用 alex 建立一个文件，并查阅文件权限。

```
[root@Server01 ~]# su - alex
[alex@Server01~]$ cd /srv/ahome
[alex@Server01 ahome]$ touch 1234
[alex@Server01 ahome]$ ll 1234
-rw-rw-r-- 1 alex project 0 Sep 29 22:53 1234
# 没错！这才是我们要的！现在 alex、arod 建立的新文件所属组都是 project
# 由于两个账号均属于此组，加上 umask 值都是 002，这样两个账号才可以互相修改对方的文件
```

最终的结果显示，此目录的权限最好是 2770，所属文件拥有者属于 root 管理员即可，至于组，则必须为两个账号共同支持的 project 才可以。

4.5 图灵奖

你知道图灵奖吗？你知道哪位华人科学家获得过此殊荣吗？

图灵奖（Turing Award）全称 A.M. 图灵奖（A.M. Turing Award），是由美国计算机协会（Association for Computing Machinery，ACM）于 1966 年设立的计算机奖项，名称取自艾伦·马西森·图灵（Alan Mathison Turing），旨在奖励对计算机事业做出重要贡献的个人。图灵奖对获奖条件要求极高，评奖程序极严，一般每年仅授予一名计算机科学家。图灵奖是计算机领域的国际最高奖项，被誉为"计算机界的诺贝尔奖"。

2000 年，华人科学家姚期智获图灵奖。

4.6 项目实训：管理文件权限

1. 视频位置
实训前请扫描二维码，观看"项目实录　管理文件权限"慕课。

2. 项目实训目的
- 掌握利用 chmod 及 chgrp 等命令实现 Linux 文件权限管理的方法。

4-5 慕课

项目实录　管理文件权限

- 掌握磁盘限额的实现方法（项目 5 会详细讲解）。

3. 项目背景
某公司有 60 名员工，分别在 5 个部门工作，每个人的工作内容不同。需要在服务器上为每个人创建不同的用户账号，把相同部门的用户放在一个组中，每个用户都有自己的工作目录。另外，需要根据每个人的工作性质对每个部门和每个用户在服务器上的可用空间进行限制。

假设有用户 user1，请设置 user1 对/dev/sdb1 分区的磁盘限额，将 user1 对 blocks 的 soft 设置为 5000，hard 设置为 10 000；inodes 的 soft 设置为 5000，hard 设置为 10 000。

4. 项目要求
练习 chmod、chgrp 等命令，练习在 Linux 下实现磁盘限额的方法。

5. 做一做
根据项目实录视频进行项目实训，检查学习效果。

4.7 练习题

一、填空题

1. 文件系统（File System）是磁盘上有特定格式的一片区域，操作系统利用文件系统
_____和_____文件。

2. ext 文件系统在 1992 年 4 月完成，称为_____，是第一个专门针对 Linux 操作系统的文件系统。Linux 操作系统使用_____文件系统。

3. ext 文件系统结构的核心组成部分是_____、_____和_____。

4. Linux 的文件系统是采用阶层式的_____结构，在该结构中的最上层是_____。

5. 默认的权限可用_____命令修改，方法非常简单，只需执行_____命令，便可屏蔽所有权限，因而之后建立的文件或目录，其权限都变成_____。

6. _____代表当前的目录，也可以使用./来表示。_____代表上一层目录，也可以用../来表示。

7. 若文件名前多一个 "."，则代表该文件为_____。可以使用_____命令查看隐藏文件。

8. 想要让用户拥有文件 filename 的执行权限，但又不知道该文件原来的权限是什么，应该执行_____命令。

二、选择题

1. 存放 Linux 基本命令的目录是（　　）。
A. /bin   B. /tmp   C. /lib   D. /root

2. 对于普通用户创建的新目录，（　　）是默认的访问权限。
A. rwxr-xr-x   B. rw-rwxrw-   C. rwxrwxrwx-x   D. rwxrwxrw-

3. 如果当前目录是/home/sea/china，那么 "china" 的父目录是（　　）目录。
A. /home/sea   B. /home/   C. /   D. /sea

4. 系统中有用户 user1 和 user2 同属于 users 组。在 user1 用户目录下有一文件 file1，它拥有 644 的权限，如果 user2 想修改 user1 用户目录下的 file1 文件，则应拥有（　　）权限。
A. 744   B. 664   C. 646   D. 746

5. 用 ls -al 命令列出下面的文件列表，则（　　）是符号连接文件。
A. -rw------- 2 hel-s users 56 Sep 09 11:05 hello
B. -rw------- 2 hel-s users 56 Sep 09 11:05 goodbey
C. drwx----- 1 hel users 1024 Sep 10 08:10 zhang
D. lrwx----- 1 hel users 2024   Sep 12 08:12 cheng

6. 如果 umask 值设置为 022，则默认的新建文件的权限为（　　）。
A. ----w--w-   B. –rwxr-xr-x   C. -r-xr-x---   D. -rw-r--r--

项目5
配置与管理硬盘

05

项目导入：

Linux 操作系统的管理员应掌握配置和管理硬盘的技巧。如果 Linux 服务器有多个用户经常存取数据，为了维护所有用户对硬盘容量的公平使用，硬盘配额（Disk Quota）就是一项非常有用的工具。另外，独立硬盘冗余阵列（Redundant Arrays of Independent Disks，RAID）及逻辑卷管理器（Logical Volume Manager，LVM）这些工具都可以帮助管理与维护用户可用的硬盘容量。

职业能力目标和要求：

- 掌握 Linux 中的硬盘管理工具的使用方法。
- 掌握 Linux 中的软 RAID 和 LVM 的使用方法。

- 掌握设置硬盘限额的方法。

5.1 项目知识准备

掌握硬盘和分区的基础知识是完成本次学习任务的基础。

5.1.1 MBR 硬盘与 GPT 硬盘

硬盘按分区表的格式可以分为主引导记录（Master Boot Record，MBR）硬盘与全局唯一标识磁盘分区表（GUID Partition Table，GPT）硬盘这两种硬盘格式（style）。

5-1 微课

配置与管理
硬盘

- MBR 硬盘：使用的是旧的传统硬盘分区表格式，其硬盘分区表存储在 MBR 内（见图 5-1 左侧）。MBR 位于硬盘最前端，计算机启动时，使用传统的 BIOS（固化在计算机主板 ROM 芯片上的程序），BIOS 会先读取 MBR，并将控制权交给 MBR 内的程序代码，然后由此程序代码来继续完成后续的启动工作。MBR 硬盘支持的硬盘最大容量为 2.2 TB（1TB=1024GB）。
- GPT 硬盘：一种新的硬盘分区表格式，其硬盘分区表存储在 GPT 内（见图 5-1 右侧）。GPT 位于硬盘的前端，而且它有主分区表与备份分区表，可提供容错功能。使用新式 UEFI

BIOS 的计算机，其 BIOS 会先读取 GPT，并将控制权交给 GPT 内的程序代码，然后由此程序代码来继续完成后续的启动工作。GPT 硬盘支持的硬盘容量可以超过 2.2 TB。

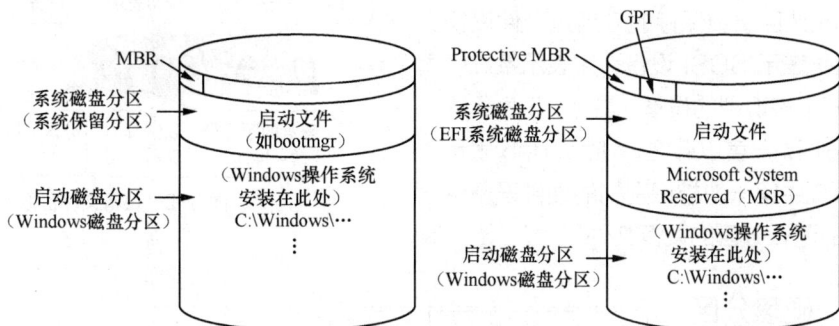

图 5-1　MBR 硬盘与 GPT 硬盘

5.1.2　物理设备的命名规则

Linux 操作系统中的一切都是文件，硬件设备也不例外。既然是文件，就必须有文件名称。系统内核中的 udev 设备管理器会自动规范硬件名称，目的是让用户通过设备文件的名字可以猜出设备大致的属性以及分区信息等。这对于陌生的设备来说特别方便。另外，udev 设备管理器的服务会一直以守护进程的形式运行并侦听内核发出的信号来管理/dev 目录下的设备文件。Linux 操作系统中常见的硬件设备及其文件名称如表 5-1 所示。

表 5-1　常见的硬件设备及其文件名称

硬件设备	文件名称
IDE 设备	/dev/hd[a-d]
SCSI/SATA/U 盘	/dev/sd[a-p]
非易失性存储器标准（Non-Volatile Memory Express，NVMe）硬盘	/dev/nvme0n[1-m]，例如，/dev/nvme0n1 就是第一个 NVMe 硬盘
软驱	/dev/fd[0-1]
打印机	/dev/lp[0-15]
光驱	/dev/cdrom
鼠标	/dev/mouse

由于现在的电子集成驱动器（Integrated Drive Electronics，IDE）已经很少见了，所以一般的硬盘设备都是以"/dev/sd"开头的。而一台主机上可以有多块硬盘，因此系统采用 a~p 来代表 16 块不同的硬盘（默认从 a 开始分配），而且硬盘的分区编号也有如下规定。

- 主分区或扩展分区的编号从 1 开始，到 4 结束。
- 逻辑分区从编号 5 开始。

> **注意**　/dev 目录中的 sda 设备之所以是 a，并不是由插槽决定的，而是由系统内核的识别顺序决定的。读者以后在使用互联网小型计算机系统接口（Internet Small Computer System Interface，iSCSI）时会发现，明明主板上第二个插槽是空着的，但系统却能识别到/dev/sdb 这个设备。sda3 表示编号为 3 的分区，而不能判断 sda 设备上已经存在 3 个分区。

那么/dev/sda5 这个设备文件名称包含哪些信息呢？答案如图 5-2 所示。

首先，/dev/目录中保存的应当是硬件设备文件；其次，sd 表示 SCSI 设备；a 表示系统中同类接口中第一个被识别的设备；最后，5 表示这个设备的逻辑分区。一言以蔽之，/dev/sda5 表示的就是"这是系统中第一块被识别到的硬件设备中分区编号为 5 的逻辑分区的设备文件"。

图 5-2　设备文件名称

5.1.3　硬盘分区

在数据存储到硬盘之前，该硬盘必须被分割成一个或数个硬盘分区（partition）。在硬盘内有一个称为硬盘分区表（partition table）的区域，用来存储硬盘分区的相关数据，如每一个硬盘分区的起始地址、结束地址、是否为活动（active）的硬盘分区等信息。

硬盘设备是由大量的扇区组成的，每个扇区的容量为 512B，其中第一个扇区最重要。第一个扇区里面保存着主引导记录与硬盘分区表信息。就第一个扇区来讲，主引导记录需要占用 446B，硬盘分区表为 64B，结束符占用 2B。其中硬盘分区表中每记录一个分区信息就需要 16B，这样一来，最多只有 4 个分区信息可以写到第一个扇区中，这 4 个分区就是 4 个主分区。第一个扇区中的数据信息如图 5-3 所示。

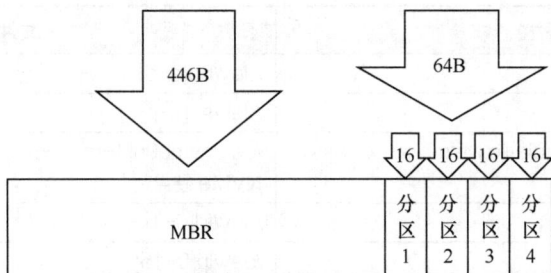

图 5-3　第一个扇区中的数据信息

第一个扇区最多只能创建出 4 个分区，为了解决分区数不够的问题，可以将第一个扇区分区表中 16B（原本要写入主分区信息）的空间拿出来指向另外一个分区（称之为扩展分区）。也就是说，扩展分区其实并不是一个真正的分区，而更像是一个占用 16B 分区表空间的指针——一个指向另外一个分区的指针。用户一般会选择使用 3 个主分区加 1 个扩展分区的方法，在扩展分区中创建出数个逻辑分区，从而满足多分区（大于 4 个）的需求。硬盘分区的规划如图 5-4 所示。

注意　扩展分区严格地讲不是一个实际意义的分区，它仅仅是指向下一个分区的指针，这种指针结构将形成一个单向链表。

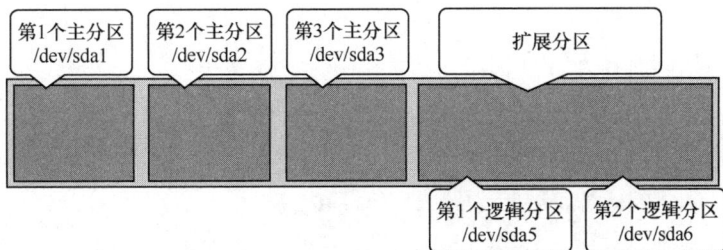

图 5-4　硬盘分区的规划

思考　/dev/sdb4 和/dev/sdb8 是什么意思？/dev/nvme0n1p7 是什么意思？

参考答案：/dev/sdb4 是第 2 个 SCSI 硬盘的扩展分区，/dev/sdb8 是第 2 个 SCSI 硬盘的扩展分区的第 4 个逻辑分区。/dev/nvme0n1p7 是第 1 个 NVMe 硬盘的扩展分区的第 3 个逻辑分区。

5.2　项目设计与准备

　　一般情况下，虚拟机默认安装在 SCSI 硬盘上。但是如果宿主机使用的是固态硬盘作为系统引导盘，则在安装 RHEL 8 时默认将系统安装在 NVMe 硬盘，而不是 SCSI 硬盘。所以，在使用硬盘工具进行硬盘管理时要特别注意。

小知识　硬盘和磁盘是一样的吗？当然不是。硬盘是计算机最主要的存储设备。硬盘（Hard Disk Drive，HDD）是由一个或者多个铝制或者玻璃制的碟片组成的。这些碟片外覆盖有铁磁性材料。

磁盘是计算机的外部存储器中类似磁带的装置。为了防止磁盘表面划伤而导致数据丢失，磁盘圆形的磁性盘片通常会封装在一个方形的密封盒子里。磁盘分为软磁盘和硬磁盘，一般情况下，硬磁盘就是指硬盘。

5.2.1　为虚拟机添加需要的硬盘

　　Server01 初始系统默认被安装到了 NVMe 硬盘上。为了完成后续的实训任务，需要再额外添加 4 块 SCSI 硬盘和 2 块 NVMe 硬盘（**注意：NVMe 硬盘只有在关闭计算机的情况下才能添加**），每块硬盘容量都为 20GB。

注意　① 如果启动硬盘是 NVMe 硬盘，而后添加了 SCSI 硬盘，则一定要调整 BIOS 的启动顺序，否则系统将无法正常启动。

② 添加硬盘的步骤：在虚拟机主界面中选中 Server01，单击"编辑虚拟机设置"命令，再单击"添加"→"下一步"按钮，选择磁盘类型后按向导完成硬盘的添加。

　　添加硬盘如图 5-5 所示，选择磁盘类型如图 5-6 所示，硬盘添加完成后的虚拟机情况如图 5-7 所示。

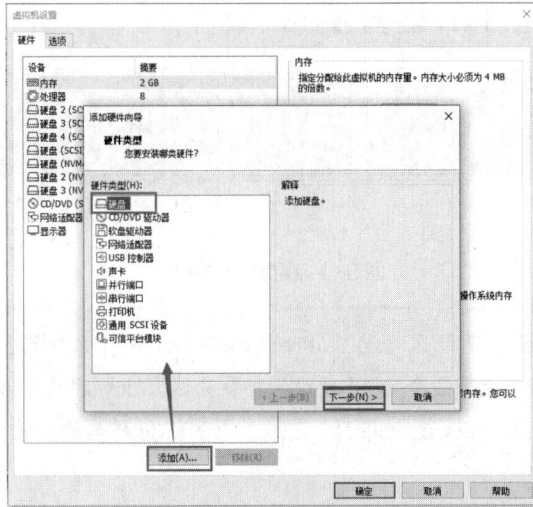

图 5-5　添加硬盘

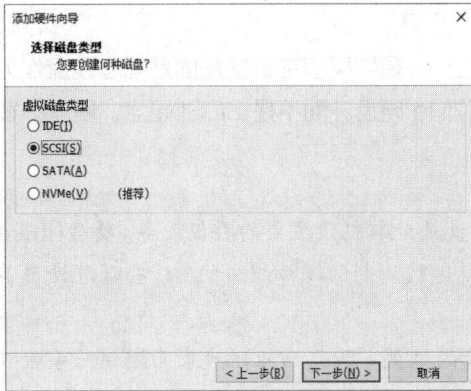

图 5-6　选择磁盘类型

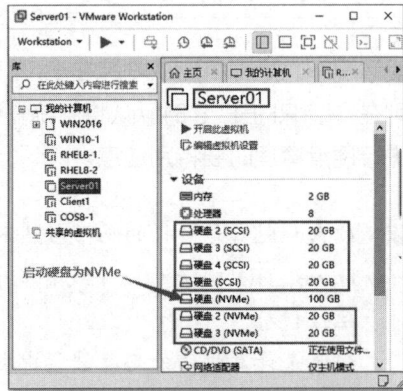

图 5-7　硬盘添加完成后的虚拟机情况

5.2.2　必要时更改启动顺序

必要时，可以更改启动顺序（一般不更改）。更改启动顺序的方法为：在关闭虚拟机的情况下，选择"虚拟机"→"电源"→"打开电源时进入固件"命令，如图 5-8 所示。

图 5-8　更改启动顺序

进入固件后的界面会因固件类型不同而不同。

1. 虚拟机的固件类型为 BIOS

将 BIOS 界面中"Boot"标签下的"Hard Drive"条目的"NVMe（B:0.0:1）"硬盘调为第一启动硬盘，如图 5-9 所示。

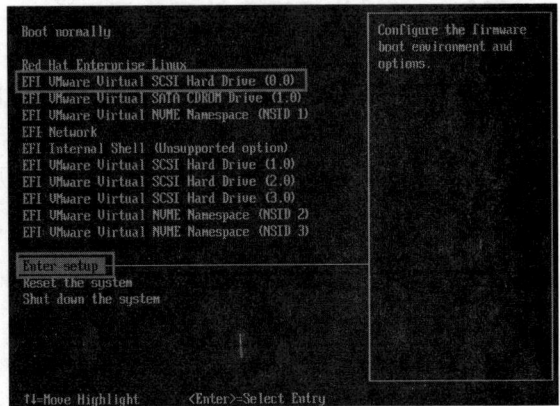

2. 虚拟机的固件类型为 UEFI

当虚拟机的固件类型为 UEFI 时，固件中启动硬盘的调整顺序界面如图 5-10 所示。

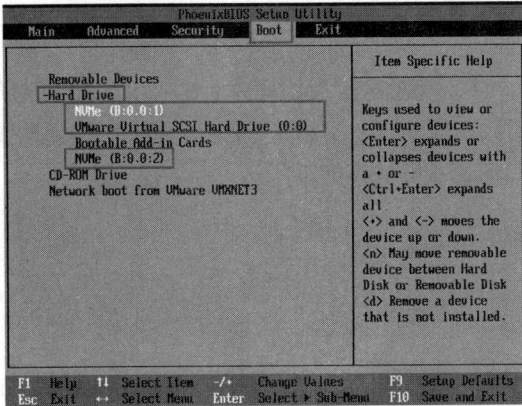

图 5-9　将"NVMe（B:0.0:1）"硬盘调为第一启动硬盘　　　　图 5-10　调整顺序界面

提示　调整顺序的命令为"Enter Setup"→"Configure boot options"→"Change boot order"，按"Enter"键选中，按"+""−"键调整条目的前后顺序，最后存盘并退出。

5.2.3　硬盘的使用规划

本项目的所有实例都在 Server01 上实现，添加的所有硬盘也是为后续的实例服务。

本章用到的硬盘和分区特别多，为了便于学习，对硬盘的使用进行规划设计，如表 5-2 所示。

表 5-2　硬盘的使用规划

任务（或命令）	使用硬盘	分区类型、分区、容量
fdisk、mkfs、mount	/dev/nvme0n1 /dev/sdb	主分区：/dev/sdb[1-3]，各 500MB 扩展分区：/dev/sdb4，18.5GB 逻辑分区：/dev/sdb5，500MB
软 RAID（分别使用硬盘和硬盘分区）	/dev/sd[c-d] /dev/nvme0n[2-3]	主分区：/dev/sdc1、/dev/sdd1、/dev/nvme0n2p1、/dev/nvme0n3p1，各 500MB
软 RAID 企业案例	/dev/sda	扩展分区：/dev/sda1，10240MB 逻辑分区：/dev/sda[5-9]，各 1024MB
lvm	/dev/sdc	主分区：/dev/sdc[1-4]

5.3　项目实施

安装 Linux 操作系统有一个步骤是进行硬盘分区，可以采用 Disk Druid、RAID 和 LVM 等方式进行分区。除此之外，在 Linux 操作系统中还有 fdisk、cfdisk、parted 等分区工具。

任务 5-1　常用硬盘管理工具 fdisk

fdisk 硬盘分区工具在 DOS、Windows 和 Linux 中都有相应的应用程序。在 Linux 操作系统中，fdisk 是基于菜单的命令。对硬盘进行分区时，可以在 fdisk 命令后面直接加上要分区的硬盘作为参数。例如，查看 RHEL 8-1 计算机上的硬盘及分区情况的操作如下所示（省略了部分内容）。

```
[root@Server01 ~]# fdisk -l

设备             启动      起点       末尾        扇区      大小  Id  类型
/dev/nvme0n1p1  *        2048      587775     585728    286M 83 Linux
……
/dev/nvme0n1p4           31836160  83886079  52049920  24.8G  5 扩展
……
Disk /dev/nvme0n2: 20 GiB, 21474836480 字节, 41943040 个扇区
Disk /dev/nvme0n3: 20 GiB, 21474836480 字节, 41943040 个扇区

Disk /dev/sda:     20 GiB, 21474836480 字节, 41943040 个扇区
Disk /dev/sdb:     20 GiB, 21474836480 字节, 41943040 个扇区
Disk /dev/sdc:     20 GiB, 21474836480 字节, 41943040 个扇区
Disk /dev/sdd:     20 GiB, 21474836480 字节, 41943040 个扇区
```

从上面的输出结果可以看出，3 块 NVMe 硬盘分别为/dev/nvme0n1、/dev/nvme0n2、/dev/nvme0n3，4 块 SCSI 硬盘为/dev/sda、/dev/sdb、/dev/sdc、/dev/sdd。

再如，对新增加的第 2 块 SCSI 硬盘进行分区的操作如下所示。

```
[root@Server01 ~]# fdisk /dev/sdb
命令(输入 m 获取帮助):
```

在命令提示后面输入相应的选项来选择需要的操作，例如，输入 m 选项是列出所有可用的命令。fdisk 命令的选项及功能如表 5-3 所示。

表 5-3　fdisk 命令的选项及功能

选　项	功　能	选　项	功　能
a	调整硬盘启动分区	q	不保存更改，退出 fdisk 命令
d	删除硬盘分区	t	更改分区类型
l	列出所有支持的分区类型	u	切换所显示的分区大小的单位
m	列出所有命令	w	把修改写入硬盘分区表，然后退出
n	创建新分区	x	列出高级选项
p	列出硬盘分区表		

下面以在/dev/sdb 硬盘上创建大小为 500MB、分区类型为"Linux"的/dev/sdb[1-3]主分区

及逻辑分区为例,讲解 fdisk 命令的用法。

1. 创建主分区

（1）利用如下所示命令,打开 fdisk 操作菜单。

```
[root@Server01 ~]# fdisk /dev/sdb
```

（2）输入"p",查看当前分区表。从命令执行结果可以看到,/dev/sdb 硬盘并无任何分区。

```
命令(输入 m 获取帮助): p
isk /dev/sdb: 20 GiB, 21474836480 字节, 41943040 个扇区
单元: 扇区 / 1 * 512 = 512 字节
扇区大小(逻辑/物理): 512 字节 / 512 字节
I/O 大小(最小/最佳): 512 字节 / 512 字节
硬盘标签类型: dos
硬盘标识符: 0x9449709f
```

（3）输入"n",创建一个新分区。输入"p",选择创建主分区（创建扩展分区输入"e",创建逻辑分区输入"l"）;输入数字"1",创建第一个主分区（主分区和扩展分区可选数字为 1~4,逻辑分区的数字标识从 5 开始）;输入此分区的起始、结束扇区,以确定当前分区的大小。也可以使用+sizeM 或者+sizeK 的方式指定分区大小。操作如下。

```
命令(输入 m 获取帮助): n                          //利用 n 命令创建新分区
分区类型
  p   主分区 (0 个主分区, 0 个扩展分区, 4 空闲)
  e   扩展分区 (逻辑分区容器)
选择 (默认 p): p                                 //输入"p",以创建主分区
分区号 (1-4, 默认 1): 1
第一个扇区 (2048-41943039, 默认 2048):
上个扇区, +sectors 或 +size{K,M,G,T,P} (2048-41943039, 默认 41943039): +500M
创建了一个新分区 1, 类型为"Linux", 大小为 500 MiB。
```

（4）输入"l"可以查看已知的分区类型及其 ID,其中列出 Linux 的 ID 为 83。输入"t",指定/dev/sdb1 的分区类型为 Linux。操作如下。

```
命令(输入 m 获取帮助): t
已选择分区 1
Hex 代码(输入 L 列出所有代码): 83
已将分区"Linux"的类型更改为"Linux"。
```

> **提示** 如果不知道分区类型的 ID 是多少,可以在"命令"提示符后面输入"L"查找。建立分区的默认类型就是"Linux",可以不用修改。

（5）分区结束后,输入 w,把分区信息写入硬盘分区表并退出。

（6）用同样的方法创建硬盘主分区/dev/sdb2、/dev/sdb3。

2. 创建逻辑分区

扩展分区只是一个概念,实际在硬盘中是看不到的,也无法直接使用扩展分区。除了主分区外,剩余的硬盘空间就是扩展分区了。下面创建 1 个 500MB 的逻辑分区。

```
命令(输入 m 获取帮助): n
分区类型
  p   主分区 (3 个主分区, 0 个扩展分区, 1 空闲)
  e   扩展分区 (逻辑分区容器)
选择 (默认 e): e            //创建扩展分区,连续按两次"Enter"键,余下空间全部为扩展分区
```

```
已选择分区 4

第一个扇区 (3074048-41943039, 默认 3074048):
上个扇区，+sectors 或 +size{K,M,G,T,P} (3074048-41943039, 默认 41943039):

创建了一个新分区 4，类型为 "Extended"，大小为 18.5 GiB。

命令(输入 m 获取帮助): n
所有主分区都在使用中。
添加逻辑分区 5
第一个扇区 (3076096-41943039, 默认 3076096):
上个扇区，+sectors 或 +size{K,M,G,T,P} (3076096-41943039, 默认 41943039): +500M

创建了一个新分区 5，类型为 "Linux"，大小为 500 MB。

命令(输入 m 获取帮助): p
设备          启动    起点      末尾        扇区       大小  Id  类型
/dev/sdb1           2048    1026047    1024000    500M  83  Linux
/dev/sdb2           1026048 2050047    1024000    500M  83  Linux
/dev/sdb3           2050048 3074047    1024000    500M  83  Linux
/dev/sdb4           3074048 41943039   38868992   18.5G  5  扩展
/dev/sdb5           3076096 4100095    1024000    500M  83  Linux
命令(输入 m 获取帮助): w
```

3. 使用 mkfs 命令建立文件系统

完成硬盘分区后，下一步的工作就是建立文件系统。类似于 Windows 操作系统的格式化硬盘，在硬盘分区上建立文件系统会冲掉分区上的数据，而且不可恢复，因此在建立文件系统之前要确认分区上的数据不再使用。建立文件系统的命令是 mkfs，其格式如下。

```
mkfs    [选项]    文件系统
```

mkfs 命令常用的选项如下。

- -t: 指定要创建的文件系统类型。
- -c: 建立文件系统前首先检查坏块。
- -l file: 从文件 file 中读硬盘坏块列表，file 文件一般是由硬盘坏块检查程序产生的。
- -V: 输出建立文件系统详细信息。

例如，在/dev/sdb1 上建立 xfs 类型的文件系统，建立时检查硬盘坏块并显示详细信息，代码如下所示。

```
[root@Server01 ~]# mkfs.xfs /dev/sdb1
```

完成了存储设备的分区和格式化操作，接下来就要挂载并使用存储设备了。与之相关的步骤也非常简单：首先创建一个用于挂载设备的挂载点目录；然后使用 mount 命令将存储设备与挂载点进行关联；最后使用 df -h 命令查看挂载状态和硬盘使用量信息。

```
[root@Server01 ~]# mkdir /newFS
[root@Server01 ~]# mount /dev/sdb1 /newFS/
[root@Server01 ~]# df -h
文件系统         容量      已用      可用      已用%      挂载点
......
/dev/nvme0n1p3   7.5G     4.0G     3.6G     53%        /usr
......
/dev/sdb1        495M     29M      466M     6%         /newFS
```

4. 使用 fsck 命令检查文件系统

fsck 命令主要用于检查文件系统的正确性，并对 Linux 硬盘进行修复。fsck 命令的格式如下。

```
fsck   [选项]   文件系统
```

fsck 命令的常用选项如下。

- –t：给定文件系统类型，在/etc/fstab 中已有定义或内核本身已支持的，不需添加此项。
- –s：一个一个地执行 fsck 命令进行检查。
- –A：对/etc/fstab 中所有列出来的分区进行检查。
- –C：显示完整的检查进度。
- –d：列出 fsck 的 debug 结果。
- –P：在有–A 选项时，多个 fsck 的检查一起执行。
- –a：如果检查中发现错误，则自动修复。
- –r：如果检查有错误，则询问是否修复。

例如，检查分区/dev/sdb1 上是否有错误，如果有错误，则自动修复（**必须先把硬盘卸载才能检查分区**）。

```
[root@Server01 ~]# umount /dev/sdb1
[root@Server01 ~]# fsck -a /dev/sdb1
fsck, 来自 util-linux 2.32.1
/usr/sbin/fsck.xfs: XFS file system.
```

5. 删除分区

如果要删除硬盘分区，则在 fdisk 菜单下输入"d"，并选择相应的硬盘分区即可。删除后输入"w"，保存并退出。以/删除/dev/sdb3 分区为例，操作如下。

```
命令(输入 m 获取帮助): d
分区号 (1-5，默认 5): 3
分区 3 已删除。
命令(输入 m 获取帮助): w
```

任务 5-2　使用其他硬盘管理工具

1. dd 命令

【例 5-1】使用 dd 命令建立和使用交换文件。

当系统的交换分区不能满足系统的要求而硬盘上又没有可用空间时，可以使用交换文件来提供虚拟内存。

① 下述命令的结果是在硬盘的根目录下建立一个块大小为 1024B、块数为 10 240 且名为 swap 的交换文件。该文件的大小为 1024B × 10 240=10MB。

```
[root@Server01 ~]# dd if=/dev/zero of=/swap bs=1024 count=10240
```

② 建立/swap 交换文件后，使用 mkswap 命令说明该文件用于交换空间。

```
[root@Server01 ~]# mkswap /swap
```

③ 利用 swapon 命令可以激活交换空间，也可利用 swapoff 命令卸载被激活的交换空间。

```
[root@Server01 ~]# swapon /swap
[root@Server01 ~]# swapoff /swap
```

2. df 命令

df 命令用来查看文件系统的硬盘空间占用情况。可以利用 df 命令获取硬盘被占用了多少空间，以及目前还有多少空间等信息，还可以利用该命令获得文件系统的挂载位置。

df 命令的格式如下。

```
df  [选项]
```

df 命令的常用选项如下。

- -a：显示所有文件系统硬盘使用情况，包括 0 块的文件系统，如/proc 文件系统。
- -k：以 k 字节为单位显示。
- -i：显示 i 节点信息。
- -t：显示各指定类型的文件系统的硬盘空间使用情况。
- -x：列出不是某一指定类型文件系统的硬盘空间使用情况（与-t 选项相反）。
- -T：显示文件系统类型。

例如，列出各文件系统的占用情况。

```
[root@Server01 ~]# df
文件系统              1K-块      已用      可用        已用%    挂载点
......
tmpfs              921916    18036    903880      2%      /run
/dev/nvme0n1p8     9754624   1299860  8454764     14%     /
```

列出各文件系统的 i 节点的使用情况。

```
[root@Server01 ~]# df -ia
Filesystem       Inodes    IUsed     IFree      IUse%     Mounted on
rootfs           -         -         -          -         /
sysfs            0         0         0          -         /sys
proc             0         0         0          -         /proc
devtmpfs         229616    411       229205     1%        /dev
......
```

列出文件系统类型。

```
[root@Server01 ~]# df -T
Filesystem       Type      1K-blocks    Used Available   Use%     Mounted on
/dev/sda2        ext4      10190100     98264 9551164     2% /
devtmpfs         devtmpfs  918464       0     918464      0% /dev
......
```

3. du 命令

du 命令用于显示硬盘空间的使用情况。该命令逐级显示指定目录的每一级子目录占用文件系统数据块的情况。du 命令的格式如下。

```
du  [选项]  [文件或目录名称]
```

du 命令的常用选项如下。

- -s：对每个 name 参数只给出占用的数据块总数。
- -a：递归显示指定目录中各文件及子目录中各文件占用的数据块数。
- -b：以字节为单位列出硬盘空间使用情况（Linux AS 4.0 中默认以 KB 为单位）。
- -k：以 1024 字节为单位列出硬盘空间使用情况。
- -c：在统计后加上一个总计（系统默认设置）。
- -l：计算所有文件大小，重复计算硬链接文件。
- -x：跳过在不同文件系统上的目录，不予统计。

例如，以字节为单位列出所有文件和目录的硬盘空间占用情况的命令如下。

```
[root@Server01 ~]# du -ab
```

4. mount 与 umount 命令

（1）mount 命令

在硬盘新建好文件系统之后，还需要把新建的文件系统挂载到系统上才能使用。把新建的文件系统挂载到系统的过程称为挂载。文件系统挂载到的目录称为挂载点（Mount Point）。Linux操作系统提供了/mnt 和/media 两个专门的挂载点。一般而言，挂载点应该是一个空目录，否则目录中原来的文件将被系统隐藏。通常将光盘和软盘挂载到/media/cdrom（或者/mnt/cdrom）和/media/floppy（或者/mnt/ floppy）中，其对应的设备文件名分别为/dev/cdrom 和/dev/fd0。

文件系统可以在系统引导过程中自动挂载，也可以手动挂载，手动挂载文件系统的挂载命令是mount。该命令的格式如下。

```
mount  选项  设备  挂载点
```

mount 命令的主要选项如下。

- -t：指定要挂载的文件系统的类型。
- -r：如果不想修改要挂载的文件系统，则可以使用该选项以只读方式挂载。
- -w：以可写的方式挂载文件系统。
- -a：挂载/etc/fstab 文件中记录的设备。

挂载光盘可以使用下列命令（/media 目录必须存在）。

```
[root@Server01 ~]# mount -t iso9660 /dev/cdrom  /media
```

（2）umount 命令

文件系统可以挂载也可以卸载。卸载文件系统的命令是 umount。umount 命令的格式为：

```
umount 设备:挂载点
```

例如，卸载光盘的命令如下。

```
[root@Server01 ~]# umount /media
[root@Server01 ~]# umount /dev/cdrom
```

5. 文件系统的自动挂载

要实现每次开机自动挂载文件系统，可以通过编辑/etc/fstab 文件来实现。在/etc/fstab 中列出了引导系统时需要挂载的文件系统以及文件系统的类型和挂载参数。系统在引导过程中会读取/etc/fstab 文件，并根据该文件的配置参数挂载相应的文件系统。以下是一个 fstab 文件的内容。

```
[root@Server01 ~]# cat /etc/fstab
UUID=c7f78d0f-6446-4d1a-97a7-30c1342f30c9 /        xfs    defaults  0 0
UUID=59c49c45-ba4d-43c7-a2c0-0f6fad081771 /boot    xfs    defaults  0 0
UUID=0a759e3a-bb79-4b28-9db3-7c413e64ad6c /home    xfs    defaults  0 0
......
```

可以看到系统默认分区是使用 UUID 挂载的，那么什么是 UUID？为什么使用 UUID 挂载呢？

通用唯一识别码（Universally Unique Identifier，UUID）为系统中的存储设备提供唯一的标识字符串，不管这个设备是什么类型的。如果在系统启动时使用盘符挂载，则可能因找不到设备而加载失败，而使用 UUID 挂载则不会有这样的问题。

自动分配的设备名称并非总是一致的，它们依赖于启动时内核加载模块的顺序。如果在插入 USB 时启动了系统，下次启动时又把它拔掉了，就有可能导致设备名分配不一致。所以，使用 UUID 对于挂载各种设备非常有好处，它支持各种各样的卡，使用 UUID 通常可以使同一块卡挂载在同一个目录下。

使用 blkid 命令可以在 Linux 中查看设备的 UUID。

/etc/fstab 文件的每一行代表一个文件系统，每一行又包含 6 列，这 6 列的内容如下所示。

```
fs_spec  fs_file  fs_vfstype  fs_mntops  fs_freq  fs_passno
```

具体含义如下。

fs_spec：将要挂载的设备文件。

fs_file：文件系统的挂载点。

fs_vfstype：文件系统类型。

fs_mntops：挂载选项，传递给 mount 命令时决定如何挂载，各选项之间用“,”隔开。

fs_freq：由 dump 程序决定文件系统是否需要备份，0 表示不备份，1 表示备份。

fs_passno：由 fsck 程序决定引导时是否检查硬盘及检查次序，取值可以为 0、1、2。

例如，要实现每次开机自动将文件系统类型为 xfs 的分区/dev/sdb1 挂载到/sdb1 目录下，需要在/etc/fstab 文件中添加下面一行代码。重新启动计算机后，/dev/sdb1 就能自动挂载了（**提前创建/sdb1 目录**）。

```
/dev/sdb1    /sdb1    xfs    defaults    0  0
```

思考　如何使用 UUID 挂载/dev/sdb1？

```
[root@Server01 ~]# blkid /dev/sdb1
/dev/sdb1: UUID="541a3c6c-e870-4641-ac76-a6725d874deb" TYPE="xfs" PARTUUID="9449709f-01"
```

特别提示　为了不影响后续的实训，测试完文件系统自动挂载后，请将/etc/fstab 文件恢复到初始状态。另外，在操作 fstab 文件之前，请一定做好该文件的备份工作。

任务 5-3　在 Linux 中配置软 RAID

独立硬盘冗余阵列（Redundant Array of Independent Disks，RAID）用于将多个小型硬盘驱动器合并成一个硬盘阵列，以提高存储性能和容错功能。RAID 可分为软 RAID 和硬 RAID，其中，软 RAID 是通过软件实现多块硬盘冗余的，而硬 RAID 一般通过 RAID 卡来实现 RAID。软 RAID 配置简单，管理也比较灵活，对于中小企业来说不失为一种最佳选择。硬 RAID 在性能方面具有一定优势，但往往花费比较高。

作为高性能的存储系统，RAID 已经得到了越来越广泛的应用。RAID 的级别从 RAID 概念的提出到现在，已经发展了 6 个级别，分别是 0、1、2、3、4、5。常用的是 0、1、3、5 这 4 个。

（1）RAID0：将多个硬盘合并成一个大的硬盘，不具有冗余，并行 I/O，速度最快。RAID0 也称为带区集。在存放数据时，RAID0 将数据按硬盘的数量进行分段，然后同时将这些数据写进这些盘中，RAID0 技术如图 5-11 所示。

在所有级别中，RAID0 的速度是最快的。但是 RAID0 没有冗余功能，如果一个硬盘（物理）损坏，则所有的数据都无法使用。

（2）RAID1：把硬盘阵列中的硬盘分成相同的两组，互为镜像，当任意硬盘介质出现故障时，可以利用其镜像上的数据恢复，从而提高系统的容错能力。对数据的操作仍采用分块后并行传输方式。RAID1 不仅提高了读写速度，还加强了系统的可靠性，其缺点是硬盘的利用率低，只有 50%，RAID1 技术如图 5-12 所示。

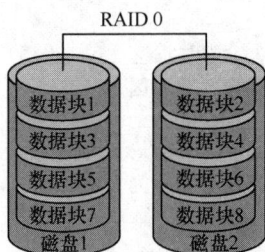

图 5-11　RAID0 技术　　　　　　图 5-12　RAID1 技术

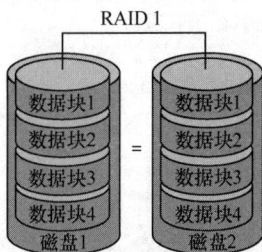

（3）RAID3：RAID3 存放数据的原理和 RAID0、RAID1 不同，RAID3 用一个硬盘来存放数据的奇偶校验位，数据则分段存储于其余硬盘中。它像 RAID0 一样，以并行的方式来存放数据，但速度没有 RAID0 快。如果数据盘（物理）损坏，则只要将坏的硬盘换掉，RAID 控制系统会根据校验盘的数据校验位在新盘中重建坏盘上的数据。不过，如果校验盘（物理）损坏，则全部数据都无法使用。利用单独的校验盘来保护数据虽然没有镜像的安全性高，但是硬盘利用率得到了很大的提高，为 $n-1$。其中 n 为使用 RAID3 的硬盘总数量。

（4）RAID5：向阵列中的硬盘写数据，奇偶校验数据存放在阵列中的各个盘上，允许单个硬盘出错。RAID5 也是以数据的校验位来保证数据的安全，但它不是以单独硬盘来存放数据的校验位，而是将数据段的校验位交互存放于各个硬盘上。这样任何一个硬盘损坏，都可以根据其他硬盘上的校验位来重建损坏的数据。硬盘的利用率为 $n-1$，RAID5 技术如图 5-13 所示。

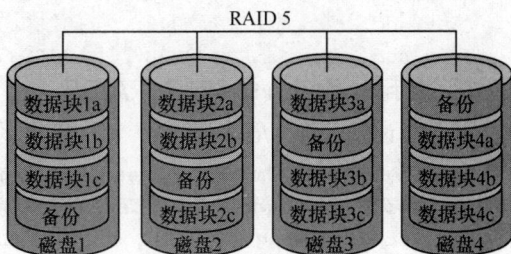

图 5-13　RAID5 技术

RHEL 提供了对软 RAID 技术的支持。在 Linux 操作系统中建立软 RAID 可以使用 mdadm 工具，方便建立和管理 RAID 设备。

1. 实现软 RAID 的环境

下面以 4 块硬盘/dev/sdc、/dev/sdd、/dev/nvme0n2、/dev/nvme0n3 为例来讲解 RAID5 的创建方法。此处利用 VMware 虚拟机，事先安装 4 块硬盘。

2. 创建 4 个硬盘分区

使用 fdisk 命令重新创建 4 个硬盘分区/dev/sdc1、/dev/sdd1、/dev/nvme0n2p1、/dev/nvme0n3p1，容量大小一致，都为 500MB，并设置分区类型 ID 为 fd（Linux raid autodetect）。

（1）以创建/dev/nvme0n2p1 硬盘分区为例（先删除原来的分区，若是新硬盘则直接分区）。

```
[root@Server01 ~]# fdisk /dev/nvme0n2
更改将停留在内存中，直到您决定将更改写入硬盘。
使用写入命令前请三思。

设备不包含可识别的分区表。
创建了一个硬盘标识符为 0x6440bb1c 的新 DOS 硬盘标签。

命令(输入 m 获取帮助): n                          //创建分区
分区类型
   p   主分区 (0 个主分区，0 个扩展分区，4 空闲)
   e   扩展分区 (逻辑分区容器)
选择 (默认 p): p                                 //创建主分区 1
分区号 (1-4，默认 1): 1                           //创建主分区 1
第一个扇区 (2048-41943039，默认 2048):
上个扇区，+sectors 或 +size{K,M,G,T,P} (2048-41943039，默认 41943039): +500M
                                                //分区容量为 500MB

创建了一个新分区 1，类型为"Linux"，大小为 500 MiB。

命令(输入 m 获取帮助): t                          //设置文件系统
已选择分区 1
Hex 代码(输入 L 列出所有代码): fd                  //设置文件系统为 fd
已将分区"Linux"的类型更改为"Linux raid autodetect"。

命令(输入 m 获取帮助): w                          //存盘并退出
```

（2）用同样的方法创建其他 3 个硬盘分区，最后的分区结果如下所示（已去掉无用信息）。

```
[root@Server01 ~]# fdisk -l
设备                 起点      末尾       扇区       大小    Id 类型
/dev/nvme0n2p1      2048     1026047   1024000   500M    fd Linux raid 自动检测
/dev/nvme0n3p1      2048     1026047   1024000   500M    fd Linux raid 自动检测
/dev/sdc1           2048     1026047   1024000   500M    fd Linux raid 自动检测
/dev/sdd1           2048     1026047   1024000   500M    fd Linux raid 自动检测
```

3. 使用 mdadm 命令创建 RAID5

RAID 设备名称为/dev/md$X$，其中 X 为设备编号，该编号从 0 开始。

```
[root@Server01~]#mdadm --create /dev/md0 --level=5 --raid-devices=3 --spare-devices=1
/dev/sd[c-d]1 /dev/nvme0n2p1 /dev/nvme0n3p1
  mdadm: Defaulting to version 1.2 metadata
  mdadm: array /dev/md0 started.
```

上述命令中指定 RAID 设备名为/dev/md0，级别为 5，使用 3 个设备建立 RAID，空余一个作为备用。在上面的命令中，最后是装置文件名，这些装置文件名可以是整个硬盘，如/dev/sdc，也可以是硬盘上的分区，如/dev/sdc1 之类。不过，这些装置文件名的总数必须等于--raid-devices 与--spare-devices 的个数总和。在此例中，/dev/sd[c-d]1 是一种简写形式，表示/dev/sdc1、/dev/sdd1（**不使用简写形式时，各硬盘或分区间用空格隔开**），其中/dev/nvme0n3p1 为备用。

4. 为新建立的/dev/md0 建立类型为 xfs 的文件系统

```
[root@Server01 ~]mkfs.xfs /dev/md0
```

5. 查看建立的 RAID5 的具体情况（注意哪个是备用！）

```
[root@Server01 ~]mdadm --detail /dev/md0
/dev/md0:
           Version : 1.2
     Creation Time : Mon May 28 05:45:21 2018
        Raid Level : raid5
     ......
     Active Devices : 3
    Working Devices : 4
     Failed Devices : 0
      Spare Devices : 1

     ......

     Number   Major   Minor   RaidDevice       State
        0       8       33        0          active sync      /dev/sdc1
        1       8       49        1          active sync      /dev/sdd1
        4      259      12        2          active sync      /dev/nvme0n2p1

        3      259      13        -             spare         /dev/nvme0n3p1
```

6. 将 RAID 设备挂载

（1）将 RAID 设备/dev/md0 挂载到指定的目录/media/md0 中，并显示该设备中的内容。

```
[root@Server01 ~]# umount /media
[root@Server01 ~]# mkdir /media/md0
[root@Server01 ~]# mount /dev/md0 /media/md0 ; ls /media/md0
[root@Server01 ~]# cd /media/md0
```

（2）写入一个 50MB 的文件 50_file 供数据恢复时测试用。

```
[root@Server01 md0]# dd if=/dev/zero of=50_file count=1 bs=50M; ll
记录了 1+0 的读入
记录了 1+0 的写出
52428800 bytes (52 MB, 50 MiB) copied, 0.356753 s, 147 MB/s
总用量 51200
-rw-r--r--. 1 root root 52428800 8月  30 09:33 50_file
[root@Server01 ~]# cd
```

7. RAID 设备的数据恢复

如果 RAID 设备中的某个硬盘损坏，则系统会自动停止这块硬盘的工作，让备用硬盘代替损坏的硬盘继续工作。例如，假设/dev/sdc1 损坏，则更换损坏的 RAID 设备中成员的方法如下。

（1）将损坏的 RAID 成员标记为失效。

```
[root@Server01 ~]# mdadm /dev/md0 --fail /dev/sdc1
mdadm: set /dev/sdc1 faulty in /dev/md0
```

（2）移除失效的 RAID 成员。

```
[root@Server01 ~]# mdadm /dev/md0 --remove /dev/sdc1
mdadm: hot removed /dev/sdc1 from /dev/md0
```

（3）更换硬盘设备，添加一个新的 RAID 成员（注意查看 RAID5 的情况）。备份硬盘一般会自动替换，如果没自动替换，则手动设置。

```
[root@Server01 ~]# mdadm  /dev/md0  --add  /dev/nvme0n3p1
mdadm: Cannot open /dev/nvme0n3p1: Device or resource busy //说明已自动替换
```

（4）查看 RAID5 下的文件是否损坏，同时再次查看 RAID5 的情况。命令如下。

```
[root@Server01 ~]#ll  /media/md0
总用量 51200
-rw-r--r--. 1 root root 52428800 8月  30 09:33 50_file        //文件未受损失
[root@Server01 ~]# mdadm --detail /dev/md0
/dev/md0:
    ......
    Number   Major   Minor   Raid   Device      State
       3      259      13      0     active sync  /dev/nvme0n3p1
       1        8      49      1     active sync  /dev/sdd1
       4      259      12      2     active sync  /dev/nvme0n2p1
```

RAID5 中的失效硬盘已被成功替换。

> **说明**　mdadm 命令中凡是以 "--" 引出的选项，均与 "-" 加单词首字母的方式等价。例如，
> "--remove" 等价于 "-r"，"--add" 等价于 "-a"。

8. 停止 RAID

不再使用 RAID 设备时，可以使用命令"mdadm　-S　/dev/md*X*"的方式停止 RAID 设备。需要注意的是，应先卸载再停止。

```
[root@Server01 ~]# umount /dev/md0
[root@Server01 ~]# mdadm  -S  /dev/md0        //停止 RAID
mdadm: stopped /dev/md0
[root@Server01 ~]#mdadm --misc --zero-superblock /dev/sd[c-d]1 /dev/nvme0n[2-3]p1
//删除 RAID 信息
```

任务 5-4　配置软 RAID 的企业实例

1. 环境需求

5-3　拓展阅读

配置软 RAID 的
企业案例

- 利用 5 个分区组成 RAID5，其中一个分区为备用分区。
- 每个分区约为 1GB，每个分区容量相同较佳。
- 1 个分区设定为 spare disk，这个 spare disk 的大小与其他 RAID 所需分区一样。
- 将此 RAID5 装置挂载到/mnt/raid 目录下。

我们使用硬盘/dev/sda 的扩展分区中的逻辑分区/dev/sda[5-9]来完成该项任务。

2. 解决方案

本案例的解决方案与任务 5-3 极为相似，不再赘述。若需要详细解决方案，请扫描二维码学习。

任务 5-5　使用逻辑卷管理器

前面学习的硬盘设备管理技术虽然能够有效地提高硬盘设备的读写速度，确保数据的安全性，但是在硬盘分好区或者部署为 RAID 之后，再想修改硬盘分区大小就不容易了。换句话说，当用户想要随着

实际需求的变化调整硬盘分区的大小时，会受到硬盘"灵活性"的限制。这时就需要用到另一项非常普及的硬盘设备资源管理技术——逻辑卷管理器（Logical Volume Manager，LVM）。LVM 允许用户对硬盘资源进行动态调整。

LVM 是 Linux 操作系统对硬盘分区进行管理的一种机制，理论性较强，其创建初衷是解决硬盘设备在创建分区后不易修改分区大小的问题。尽管对传统的硬盘分区进行强制扩容或缩容从理论上来讲是可行的，但是可能造成数据丢失。LVM 技术是在硬盘分区和文件系统之间添加了一个逻辑层，它提供了一个抽象的卷组，可以把多块硬盘进行卷组合并。这样一来，用户无须关心物理硬盘设备的底层架构和布局，就可以实现对硬盘分区的动态调整。LVM 的技术结构如图 5-14 所示。

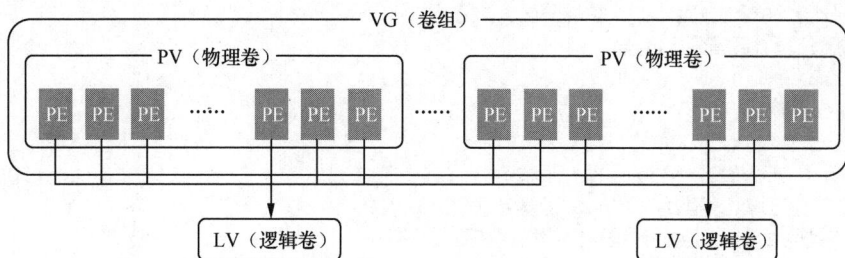

图 5-14　LVM 的技术结构

物理卷处于 LVM 的最底层，可以将其理解为物理硬盘、硬盘分区或者 RAID 硬盘阵列。卷组建立在物理卷之上，一个卷组可以包含多个物理卷，而且在卷组创建之后，也可以继续向其中添加新的物理卷。逻辑卷是用卷组中空闲的资源建立的，并且逻辑卷在建立后，可以动态扩展或缩小空间。这就是 LVM 的核心理念。

一般而言，在生产环境中无法精确地预估每个硬盘分区在日后的使用情况，因此会导致原先分配的硬盘分区不够用。例如，随着业务量的增加，用于存放交易记录的数据库目录的体积也随之增加；分析并记录用户的行为使日志目录的体积不断变大，这些都会导致原有的硬盘分区"捉襟见肘"。另外，还存在对较大的硬盘分区进行精简、缩容的情况。

可以通过部署 LVM 来解决上述问题。部署 LVM 时，需要逐个配置物理卷、卷组和逻辑卷。常用的部署命令如表 5-4 所示。

表 5-4　常用的部署命令

功　能	物理卷管理命令	卷组管理命令	逻辑卷管理命令
扫描	pvscan	vgscan	lvscan
建立	pvcreate	vgcreate	lvcreate
显示	pvdisplay	vgdisplay	lvdisplay
删除	pvremove	vgremove	lvremove
扩展	—	vgextend	lvextend
缩小	—	vgreduce	lvreduce

接下来使用前面新增加的 SCSI 硬盘/dev/sdc，/dev/sdc1 已经建立。

1. 物理卷、卷组和逻辑卷的建立

物理卷可以建立在整个物理硬盘上，也可以建立在硬盘分区中。如果在整个硬盘上建立物理卷，

则不要在该硬盘上建立任何分区；如果使用硬盘分区建立物理卷，则需事先对硬盘进行分区并设置
该分区为 LVM 类型，其类型 ID 为 0x8e。

（1）建立 LVM 类型的分区

利用 fdisk 命令在/dev/sdc 上建立 LVM 类型的分区。

```
[root@Server01 ~]# fdisk /dev/sdc
```

① /dev/sdc1 已经建立，使用 n 命令创建另外 3 个主分区，大小各为 500MB，具体过程不再
赘述，结果如下。

```
命令(输入 m 获取帮助)：n
分区类型
   p   主分区 (0 个主分区，0 个扩展分区，4 空闲)
   e   扩展分区 (逻辑分区容器)
选择 (默认 p)：p
分区号 (1-4，默认 2)：2
第一个扇区 (2048-41943039，默认 2048)：
上个扇区，+sectors 或 +size{K,M,G,T,P} (2048-41943039，默认 41943039)：+500M
创建了一个新分区 1，类型为"Linux"，大小为 100 MiB。
……//省略其他 2 个分区创建过程，最终结果如下
命令(输入 m 获取帮助)：P
设备        启动      起点      末尾      扇区      大小    Id 类型
设备        启动      起点      末尾      扇区      大小    Id 类型
/dev/sdc1          2048 1026047 1024000    500M    fd     Linux raid 自动检测
/dev/sdc2       1026048 2050047 1024000    500M    83     Linux
/dev/sdc3       2050048 3074047 1024000    500M    83     Linux
/dev/sdc4       3074048 4098047 1024000    500M    83     Linux
```

② 使用 t 命令将第 1 个分区的类型修改为 LVM。

```
命令(输入 m 获取帮助)：t
分区号 (1-4，默认 4)：1
Hex 代码(输入 L 列出所有代码)：8e      //设置分区类型为 LVM 类型
已将分区"Linux"的类型更改为"Linux LVM"。
```

③ 使用同样的方法将/dev/sdc2、/dev/sdc3 和/dev/sdc4 的分区类型修改为 LVM，最后使
用 w 命令保存对分区的修改，并退出。

```
命令(输入 m 获取帮助)：P
设备        启动      起点      末尾      扇区      大小    Id 类型
/dev/sdc1          2048 1026047 1024000    500M    8e     Linux LVM
/dev/sdc2       1026048 2050047 1024000    500M    8e     Linux LVM
/dev/sdc3       2050048 3074047 1024000    500M    8e     Linux LVM
/dev/sdc4       3074048 4098047 1024000    500M    8e     Linux LVM
命令(输入 m 获取帮助)：w
```

（2）建立物理卷

利用 pvcreate 命令可以在已经创建好的分区上建立物理卷。因为物理卷直接建立在物理硬盘
或者硬盘分区上，所以物理卷的设备文件使用系统中现有的硬盘分区设备文件的名称。

```
//使用 pvcreate 命令建立物理卷
[root@Server01 ~]# pvcreate /dev/sdc1
Physical volume "/dev/sdc1" successfully created
//使用 pvdisplay 命令显示指定物理卷的属性
[root@Server01 ~]# pvdisplay /dev/sdc1
```

使用同样的方法建立/dev/sdc2、/dev/sdc3 和/dev/sdc4 的物理卷。

> **提示** 也可以使用 pvs 和 pvscan 命令显示当前系统中的物理卷。

（3）建立卷组

在建立好物理卷后，使用 vgcreate 命令建立卷组。卷组设备文件使用/dev 目录下与卷组同名的目录表示，该卷组中的所有逻辑设备文件都将建立在该目录下，卷组目录是在使用 vgcreate 命令建立卷组时建立的。卷组中可以包含多个物理卷，也可以只有一个物理卷。

```
//使用 vgcreate 命令建立卷组 vg0
[root@Server01 ~]# vgcreate vg0 /dev/sdc1  /dev/sdc2
  Volume group "vg0" successfully created
//使用 vgs、vgscan 和 vgdisplay 命令查看 vg0 信息
[root@Server01 ~]# vgs vg0
 VG  #PV #LV #SN Attr   VSize   VFree
 vg0   2   0   0 wz--n- 192.00m 192.00m
[root@Server01 ~]# vgscan
Found volume group "vg0" using metadata type lvm2
[root@Server01 ~]# vgdisplay vg0
```

其中，vg0 为要建立的卷组名称。这里的 PE 值使用默认的 4MB，如果需要增大，则可以使用 −L 选项，但是一旦设定以后不可更改 PE 的值。使用同样的方法创建 vg1。

```
[root@Server01 ~]# vgcreate vg1 /dev/sdc3
```

（4）建立逻辑卷

建立好卷组后，可以使用 lvcreate 命令在已有卷组上建立逻辑卷。逻辑卷设备文件位于其所在的卷组的卷组目录中，该文件是在使用 lvcreate 命令建立逻辑卷时建立的。

```
//使用 lvcreate 命令在 vg0 卷组上建立逻辑卷
[root@Server01 ~]# lvcreate -L 20M -n lv0 vg0
Logical volume "lv0" created
//使用 lvdisplay 命令显示创建的 lv0 的信息
[root@Server01 ~]# lvdisplay /dev/vg0/lv0
```

其中，−L 选项用于设置逻辑卷大小，−n 选项用于指定逻辑卷的名称和卷组的名称。逻辑卷的查看命令还有 lvs 和 lvscan。

2. 逻辑卷的管理

（1）增加新的物理卷到卷组

当卷组中没有足够的空间分配给逻辑卷时，可以用给卷组增加物理卷的方法来增加卷组的空间。需要注意的是，下述命令中的/dev/sdc4 必须为 LVM 类型，而且必须为 PV。

```
[root@Server01 ~]# vgextend vg0 /dev/sdc4
Volume group "vg0" successfully extended
```

（2）逻辑卷容量的动态调整

当逻辑卷的空间不能满足要求时，可以利用 lvextend 命令把卷组中的空闲空间分配到该逻辑卷以扩展逻辑卷的容量。当逻辑卷的空闲空间太大时，可以使用 lvreduce 命令减少逻辑卷的容量。

```
//使用 lvextend 命令增加逻辑卷容量
[root@Server01 ~]# lvextend -L +10M /dev/vg0/lv0
```

```
Rounding size to boundary between physical extents: 12.00 MiB.
  Size of logical volume vg0/lv0 changed from 20.00 MiB (5 extents) to 32.00 MiB (8
extents).
  Logical volume vg0/lv0 successfully resized.
//使用 lvreduce 命令减少逻辑卷容量，但轻易不要使用此操作
[root@Server01 ~]# lvreduce -L -10M /dev/vg0/lv0
 Rounding size to boundary between physical extents: 8.00 MiB.
 WARNING: Reducing active logical volume to 24.00 MiB.
 THIS MAY DESTROY YOUR DATA (filesystem etc.)
Do you really want to reduce vg0/lv0? [y/n]: y
  Size of logical volume vg0/lv0 changed from 32.00 MiB (8 extents) to 24.00 MiB (6 extents).
  Logical volume vg0/lv0 successfully resized.
```

3. 物理卷、卷组和逻辑卷的检查

（1）物理卷的检查。

```
[root@Server01 ~]# pvscan
  PV /dev/sdc3      VG vg1      lvm2 [496.00 MiB / 496.00 MiB free]
  PV /dev/sdc1      VG vg0      lvm2 [496.00 MiB / 472.00 MiB free]
  PV /dev/sdc2      VG vg0      lvm2 [496.00 MiB / 496.00 MiB free]
  PV /dev/sdc4      VG vg0      lvm2 [496.00 MiB / 496.00 MiB free]
  PV /dev/nvme0n1p6 VG rhel     lvm2 [3.73 GiB / 4.00 MiB free]
  Total: 5 [<5.67 GiB] / in use: 5 [<5.67 GiB] / in no VG: 0 [0    ]
```

（2）卷组的检查。

```
[root@Server01 ~]# vgscan
 Found volume group "vg1" using metadata type lvm2
 Found volume group "vg0" using metadata type lvm2
```

（3）逻辑卷的检查。

```
[root@Server01 ~]# lvscan
 ACTIVE            '/dev/vg0/lv0' [24.00 MiB] inherit
```

4. 为逻辑卷创建文件系统并加载使用

（1）创建文件系统，使用 xfs 文件系统格式化逻辑卷。

```
[root@Server01 ~]# mkfs.xfs /dev/vg0/lv0
meta-data=/dev/vg0/lv0           isize=512     agcount=1, agsize=6144 blks
    ......
```

（2）创建文件系统以后，就能加载并使用。

```
[root@Server01 ~]# mkdir /mnt/test
[root@Server01 ~]# mount /dev/vg0/lv0 /mnt/test
[root@Server01 ~]# cd /mnt/test
[root@Server01 test]# cp /etc/h*.conf /mnt/test
[root@Server01 test]# ls
host.conf
```

5. 删除逻辑卷—卷组—物理卷（必须按照逻辑卷—卷组—物理卷的顺序删除）

```
[root@Server01 test]# cd
[root@Server01 ~]# umount /dev/vg0/lv0          //卸载逻辑卷
//使用 lvremove 命令删除逻辑卷
[root@Server01 ~]# lvremove /dev/vg0/lv0
Do you really want to remove active logical volume "lv0"? [y/n]: y
  Logical volume "lv0" successfully removed
```

```
//使用 vgremove 命令删除卷组
[root@Server01 ~]# vgremove vg0 vg1
 Volume group "vg0" successfully removed
Volume group "vg1" successfully removed
//使用 pvremove 命令删除物理卷
[root@Server01 ~]# pvremove /dev/sdc1  /dev/sdc2 /dev/sdc4
Labels on physical volume "/dev/sdc1" successfully wiped
Labels on physical volume "/dev/sdc2" successfully wiped
Labels on physical volume "/dev/sdc3" successfully wiped.
Labels on physical volume "/dev/sdc4" successfully wiped.
```

任务 5-6　硬盘配额配置企业实例（xfs 文件系统）

Linux 是一个多用户的操作系统，为了防止某个用户或组群占用过多的硬盘空间，可以通过硬盘配额（Disk Quota）功能限制用户和组群对硬盘空间的使用。在 Linux 操作系统中，可以通过索引结点数和硬盘块区数来限制用户和组群对硬盘空间的使用。

① 限制用户和组的索引结点数是指限制用户和组可以创建的文件数量。

② 限制用户和组的硬盘块区数是指限制用户和组可以使用的硬盘容量。

1. 环境需求

- 目的账号：5 名员工的账号分别是 myquotal、myquota2、myquota3、myquota4 和 myquota5，5 个账号的密码都是 password，而且这 5 个账号所属的初始组都是 myquotagrp。其他账号属性则使用默认值。

- 账号的硬盘容量限制值：5 个用户都能够取得 300MB 的硬盘使用量（hard），文件数量则不予限制。此外，只要容量使用超过 250MB，就予以警告（soft）。

- 组的配额：由于系统中还有其他用户存在，因此限制 myquotagrp 组最多能使用 1GB 的容量。也就是说，如果 myquotal、myquota2 和 myquota3 都用了 280MB 的容量，那么其他两人最多只能使用 1000MB – 280MB × 3=160MB 的硬盘容量。这就是用户与组同时设定时会产生的效果。

- 宽限时间的限制：最后，希望每个用户在超过 soft 限制值之后，都还能有 14 天的宽限时间。

> **注意**　本例中的/home 必须是独立分区，文件系统是 xfs。在项目 1 中的配置分区时已详细介绍。使用命令 "**df -T /home**" 可以查看/home 的独立分区的名称。

2. 使用 script 建立 quota 实训所需的环境

制作账号环境时，由于有 5 个账号，因此使用 script 创建环境。

```
[root@Server01 ~]# vim addaccount.sh
#!/bin/bash
# 使用 script 来建立实验 quota 所需的环境
groupadd myquotagrp
for username in myquota1 myquota2 myquota3 myquota4 myquota5
do
        useradd  -g  myquotagrp $username
        echo  "password"|passwd --stdin $username
```

```
done

[root@Server01 ~]# sh addaccount.sh
```

3. 查看文件系统支持

要使用 Quota（配额）必须有文件系统的支持。假设已经使用了预设支持 Quota 的核心，那么接下来要启动文件系统的支持。不过，由于 Quota 仅针对整个文件系统进行规划，所以要先检查/home 是否是独立的文件系统。这需要使用 df 命令。

```
[root@Server01 ~]# df -h /home
文件系统              容量   已用   可用    已用%        挂载点
/dev/nvme0n1p2   7.5G   86M   7.4G   2%   /home   <==/home 是独立分区/dev/nvme0n1p2
[root@Server01 ~]# mount |grep home
/dev/nvme0n1p2 on /home type xfs
(rw,relatime,seclabel,attr2,inode64,noquota) //noquota 表示未启用配额
```

从上面的数据来看，这部主机的/home 确实是独立的文件系统，因此可以直接限制/dev/nvme0n1p2。如果你的系统的/home 并非独立的文件系统，那么可能得针对根目录（/）来规范。不过，不建议在根目录下设定 quota。此外，由于 VFAT 文件系统并不支持 Linux Quota 功能，所以要使用 mount 命令查询/home 的文件系统是什么。如果是 ext3/ext4/xfs，则支持 Quota。

> **特别注意**
>
> ① /home 的独立分区号可能有所不同，这与项目 1 中分区规划和分区划分的顺序有关，可通过命令"df-h /home"查看/home 是否为独立分区。在本例中，/home/的独立分区是/dev/nvme0n1p2。
>
> ② xfs 文件系统的配额设置不同于 ext4 文件系统的配额设置。若希望了解 ext4 的配额设置方法，请向作者索要有关资料。

4. 编辑配置文件 fstab 启用硬盘配额

① 编辑配置文件 fstab，在/home 目录项下加"uquota,grpquota"参数，存盘并退出后重启系统。

```
[root@Server01 ~]# vim /etc/fstab
     ......
UUID=0a759e3a-bb79-4b28-9db3-7c413e64ad6c /home                    xfs
defaults,uquota,grpquota         0 0
[root@Server01 ~]# reboot
```

② 在重启系统后使用 mount 命令查看，即可发现/home 目录已经支持硬盘配额技术了。

```
[root@Server01 ~]# mount | grep home
/dev/nvme0n1p2 on /home type xfs
(rw,relatime,seclabel,attr2,inode64,usrquota,grpquota)
//usrquota 表示对/home 启用了用户硬盘配额，grpquota 表示对/home 启用了组硬盘配额
```

③ 接下来针对/home 目录增加其他用户的写入权限，保证用户能够正常写入数据。

```
[root@Server01 ~]# chmod -Rf o+w /home
```

5. 使用 xfs_quota 命令设置硬盘配额

接下来使用 xfs_quota 命令设置用户 myquota1 对/home 目录的硬盘配额。

具体的配额控制包括硬盘使用量的软限制和硬限制，分别为 250MB 和 300MB，文件数量的软限制和硬限制无要求。

① 下面配置硬限制和软限制，并输出/home 的配额报告。

```
[root@Server01 ~]# xfs_quota -x -c 'limit bsoft=250m bhard=300m isoft=0 ihard=0
myquota1' /home
    [root@Server01 ~]# xfs_quota -x -c report /home
    User quota on /home (/dev/nvme0n1p2)
                                    Blocks
    User ID        Used       Soft       Hard      Warn/Grace
    ----------   --------  ----------  ----------  -------------------
    root            0          0           0        00 [--------]
    yangyun        3904        0           0        00 [--------]
    myquota1        12       256000      307200     00 [--------]
    ......
                                    Blocks
    Group ID       Used       Soft       Hard      Warn/Grace
    ----------   --------  ----------  ----------  -------------------
    root            0          0           0        00 [--------]
    ......
```

② 其他 4 个用户的设定可以使用 quota 复制。

```
#将 myquota1 的限制值复制给其他 4 个账号
[root@Server01 ~]# edquota -p myquota1 -u myquota2
[root@Server01 ~]# edquota -p myquota1 -u myquota3
[root@Server01 ~]# edquota -p myquota1 -u myquota4
[root@Server01 ~]# edquota -p myquota1 -u myquota5
[root@Server01 ~]# xfs_quota -x -c report /home
User quota on /home (/dev/nvme0n1p2)
                                Blocks
User ID        Used       Soft       Hard      Warn/Grace
----------   --------  ----------  ----------  -------------------
root            0          0           0        00 [--------]
yangyun        3904        0           0        00 [--------]
user1          20          0           0        00 [--------]
myquota1        12       256000      307200     00 [--------]
myquota2        12       256000      307200     00 [--------]
myquota3        12       256000      307200     00 [--------]
myquota4        12       256000      307200     00 [--------]
myquota5        12       256000      307200     00 [--------]
......
```

③ 更改组的配额。

配额的单位是 B，1GB=1 048 576B，这就是硬限制数，软限制设为 900 000B，如下所示。配置完成后存盘并退出。

```
[root@Server01 ~]# edquota -g myquotagrp
Disk quotas for group myquotagrp(gid 1007)
  Filesystem        blocks     soft          hard           inodes    soft    hard
  /dev/nvme0n1p2      0       900000       1048576           35        0       0
```

这样配置表示 myquota1、myquota2、myquota3、myquota4、myquota5 用户最多使用 300MB 的硬盘空间，超过 250MB 就发出警告，并进入倒计时，而 myquota 组最多使用 1GB 的硬盘空间。也就是说，虽然 myquota1 等用户都有 300MB 的最大硬盘空间使用权限，但他们都属于 myquota 组，他们能使用的硬盘空间总量不得超过 1000MB。

④ 将宽限时间改成 14 天。配置完成后存盘并退出。

```
[root@Server01 ~]# edquota -t
Grace period before enforcing soft limits for users:
Time units may be:days,hours,minutes,or seconds
 Filesystem          Block grace period   Inode grace period
 /dev/nvme0n1p2          14days                7days
#原本是 7 天，改为 14 天
```

6. 使用 repquota 命令查看文件系统的配额报表

```
[root@Server01 ~]# repquota /dev/nvme0n1p2
** Report for user quotas on device /dev/nvme0n1p2
Block grace time: 14days; Inode grace time: 7days
                      Block limits              File  limits
User           used    soft    hard   grace   used  soft  hard  grace
----------------------------------------------------------------------
root      --    0       0       0               3     0     0
yangyun   --    48      0       0               16    0     0
myquota1  --    12    256000  307200            7     0     0
myquota2  --    12    256000  307200            7     0     0
myquota3  --    12    256000  307200            7     0     0
myquota4  --    12    256000  307200            7     0     0
myquota5  --    12    256000  307200            7     0     0
```

7. 测试与管理

硬盘配额的测试过程如下（以 myquota1 用户为例）。

```
[root@Server01 ~]# su - myquota1
Last login: Mon May 28 04:41:39 CST 2018 on pts/0
//写入一个 200MB 的文件 file1，dd 命令的应用可以复习项目 2 相关知识
[myquota1@Server01 ~]$ dd if=/dev/zero of=file1 count=1 bs=200M
1+0 records in
1+0 records out
209715200 bytes (210MB) copied, 0.276878 s, 757 MB/s
//再写入一个 200MB 的文件 file2
[myquota1@Server01 ~]$ dd if=/dev/zero of=file2 count=1 bs=200M
dd: 写入'file2' 出错: 超出硬盘限额          //警告
记录了 1+0 的读入
记录了 0+0 的写出
104792064 bytes (105 MB, 100 MiB) copied, 0.177332 s, 591 MB/s  //超 300MB 部分无法写入
```

> **特别注意** 本次实训结束，请将自动挂载文件**/etc/fstab**恢复到最初状态，以免后续实训中对**/dev/nvme0n1p2**等设备的操作影响到挂载，而使系统无法启动。

5.4 国家最高科学技术奖

国家最高科学技术奖于 2000 年由中华人民共和国国务院设立，由国家科学技术奖励工作办公室负责，是中国 5 个国家科学技术奖中最高等级的奖项，授予在当代科学技术前沿取得重大突破、在科学技术发展中卓有建树，或者在科学技术创新、科学技术成果转化和高技术产业化中创造巨大

社会效益或经济效益的科学技术工作者。

根据国家科学技术奖励工作办公室官网显示，国家最高科学技术奖每年评选一次，授予人每次不超过两名，由国家主席亲自签署、颁发荣誉证书、奖章和奖金。截至 2020 年 1 月，共有 33 位杰出科学工作者获得该奖。其中，计算机科学家王选院士获此殊荣。

5.5 项目实训

5.5.1 项目实训 1：管理文件系统

1. 视频位置

实训前请扫描二维码观看"项目实录 管理文件系统"慕课。

2. 项目实训目的

- 掌握 Linux 下文件系统创建、挂载与卸载的方法。
- 掌握文件系统自动挂载的方法。

3. 项目背景

某企业的 Linux 服务器中新增了一块硬盘/dev/sdb，请使用 fdisk 命令新建/dev/sdb1 主分区和/dev/sdb2 扩展分区，并在扩展分区中新建逻辑分区/dev/sdb5，使用 mkfs 命令分别创建 vfat 和 ext3 文件系统。然后使用 fsck 命令检查这两个文件系统。最后，把这两个文件系统挂载到系统上。

5-4 慕课

项目实录 管理
文件系统

4. 项目实训内容

练习 Linux 操作系统下文件系统的创建、挂载、卸载及自动挂载。

5. 做一做

根据项目实录视频进行项目实训，检查学习效果。

5.5.2 项目实训 2：管理 LVM 逻辑卷

1. 视频位置

实训前请扫描二维码观看"项目实录 管理 LVM 逻辑卷"慕课。

2. 项目实训目的

- 掌握创建 LVM 分区类型的方法。
- 掌握管理 LVM 逻辑卷的基本方法。

3. 项目背景

某企业在 Linux 服务器中新增了一块硬盘/dev/sdb，要求 Linux 操作系统的分区能自动调整硬盘容量。请使用 fdisk 命令新建/dev/sdb1、/dev/sdb2、/dev/sdb3 和/dev/sdb4 LVM 类型的分区，并在这 4 个分区上创建物理卷、卷组和逻辑卷，最后将逻辑卷挂载。

5-5 慕课

项目实录 管理
LVM 逻辑卷

4. 项目实训内容

物理卷、卷组、逻辑卷的创建及管理。

5. 做一做

根据项目实录视频进行项目实训，检查学习效果。

5.5.3 项目实训 3：管理动态磁盘

1. 视频位置

实训前请扫描二维码观看"项目实录 管理动态磁盘"慕课。

5-6 慕课

项目实录 管理
动态磁盘

2. 项目实训目的

掌握在 Linux 操作系统中利用 RAID 技术实现磁盘阵列的方法。

3. 项目背景

某企业为了保护重要数据，购买了 4 块同一厂家的 SCSI 磁盘。要求在这 4 块磁盘上创建 RAID5，以实现磁盘容错。

4. 项目实训内容

利用 mdadm 命令创建并管理 RAID。

5. 做一做

根据项目实录视频进行项目实训，检查学习效果。

5.6 练习题

一、填空题

1. _____是光盘使用的标准文件系统。

2. RAID（Redundant Array of Inexpensive Disks）的中文全称是_____，用于将多个小型硬盘驱动器合并成一个_____，以提高存储性能和_____功能。RAID 可分为_____和_____，软 RAID 通过软件实现多块硬盘_____。

3. LVM（Logical Volume Manager）的中文全称是_____，最早应用在 IBM AIX 系统上。它的主要作用是_____及调整硬盘分区大小，并且可以让多个分区或者物理硬盘作为_____来使用。

4. 可以通过_____和_____来限制用户和组群对硬盘空间的使用。

二、选择题

1. 假定内核支持 vfat 分区，则（　　　）可将/dev/hda1 这个 Windows 分区加载到/win 目录。

A. mount －t windows /win /dev/hda1　　B. mount －fs=msdos /dev/hda1　/win

C. mount －s win /dev/hda1 /win　　　D. mount －t vfat /dev/hda1　/win

2. 下列关于/etc/fstab 的描述正确的是（　　　）。

A. 启动系统后，由系统自动产生

B. 用于管理文件系统信息

C. 用于设置命名规则，是否可以使用"Tab"键来命名一个文件

D. 保存硬件信息

3. 若想在一个新分区上建立文件系统，则应该使用命令（　　）。

A. fdisk B. makefs C. mkfs D. format

4. Linux 文件系统的目录结构是一棵倒置的树，文件都按其作用分门别类地放在相关的目录中。现有一个外部设备文件，我们应该将其放在（　　）目录中。

A. /bin B. /etc C. /dev D. lib

三、简答题

1. RAID 技术主要是为了解决什么问题？

2. RAID0 和 RAID5 哪个更安全？

3. 位于 LVM 最底层的是物理卷还是卷组？

4. LVM 对逻辑卷的扩容和缩容操作有何异同点？

5. LVM 的删除顺序是怎样的？

项目6
配置网络和firewall防火墙
（含NAT）

06

项目导入：

作为 Linux 操作系统的管理员，学习 Linux 服务器的网络配置是至关重要的，同时管理远程主机也是管理员必须熟练掌握的。这些是后续配置网络服务的基础，必须学好。

本项目讲解如何使用 nmtui 命令配置网络参数，以及通过 nmcli 命令查看网络信息并管理网络会话服务，从而让读者能够在不同工作场景中快速切换网络运行参数。本项目还深入介绍了 firewall 防火墙的使用，以及如何配置 SNAT 和 DNAT。

职业能力目标和要求：

* 掌握常见网络服务的配置方法。
* 掌握 SNAT 和 DNAT 的配置方法。

6.1 项目知识准备

Linux 主机要与网络中的其他主机通信，首先要正确配置网络。网络配置通常包括主机名、IP地址、子网掩码、默认网关、DNS 服务器等的设置。设置主机名是首要任务。

6.1.1 修改主机名

1. 主机名的形式

6-1 微课

配置网络和使用
ssh 服务

RHEL 8 有以下 3 种形式的主机名。

（1）静态（static）主机名：静态主机名也称为内核主机名，是系统在启动时从/etc/hostname 自动初始化的主机名。

（2）瞬态（transient）主机名：瞬态主机名是在系统运行时临时分配的主机名，由内核管理。例如，通过 DHCP 或 DNS 服务器分配的 localhost 就是瞬态主机名。

（3）灵活（pretty）主机名：灵活主机名是 UTF8 格式的自由主机名，以展示给终端用户。

与之前的版本不同，RHEL 8 中的主机名配置文件为/etc/hostname，可以在配置文件中直接更改主机名。请读者使用 vim /etc/hostname 命令试一试。

2. 修改主机名的方式

（1）使用 nmtui 修改主机名

```
[root@Server01 ~]# nmtui
```

在图 6-1、图 6-2 所示的界面中进行配置。

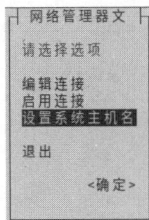

图 6-1　配置 hostname　　　　图 6-2　修改主机名为 Server01

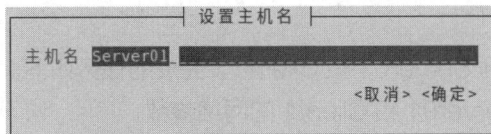

使用 NetworkManager 的 nmtui 接口修改静态主机名后（/etc/hostname 文件），不会通知 hostnamectl。要想强制让 hostnamectl 知道静态主机名已经被修改，需要重启 hostnamed 服务。

```
[root@Server01 ~]# systemctl restart systemd-hostnamed
```

（2）使用 hostnamectl 修改主机名

① 查看主机名。

```
[root@Server01 ~]# hostnamectl status
   Static hostname: Server01
   ......
```

② 设置新的主机名。

```
[root@Server01 ~]# hostnamectl set-hostname my.smile60.cn
```

③ 再次查看主机名。

```
[root@Server01 ~]# hostnamectl status
   Static hostname: my.smile60.cn
   ......
```

（3）使用 NetworkManager 的命令行接口 nmcli 修改主机名

① nmcli 可以修改/etc/hostname 中的静态主机名。

```
//查看主机名
[root@Server01 ~]# nmcli general hostname
my.smile60.cn
//设置新的主机名
[root@Server01 ~]# nmcli general hostname Server01
[root@Server01 ~]# nmcli general hostname
Server01
```

② 重启 hostnamed 服务，让 hostnamectl 知道静态主机名已经被修改。

```
[root@Server01 ~]# systemctl restart systemd-hostnamed
```

6.1.2　防火墙概述

防火墙的本义是指一种防护建筑物，古代建造木制结构房屋时，为防止火灾发生和蔓延，人们在房屋周围将石块堆砌成石墙，这种防护建筑物就称为"防火墙"。

通常所说的网络防火墙是套用了古代防火墙的喻义，它指的是隔离在本地网络与外界网络之间的一道防御系统。防火墙可以使内部网络与互联网之间或者与其他外部网络间互相隔离、限制网络互访，以此来保护内部网络。

防火墙的分类方法多种多样，不过从传统意义上讲，防火墙大致可以分为三大类，分别是"包过滤""应用代理""状态检测"。无论防火墙的功能多么强大，性能多么完善，归根结底都是在这 3 种技术的基础之上扩展功能的。

6.2 项目设计与准备

本项目要用到 Server01 和 Client1，完成的任务如下。

（1）配置 Server01 和 Client1 的网络参数。

（2）创建会话。

（3）配置远程服务。

其中 Server01 的 IP 地址为 192.168.10.1/24，Client1 的 IP 地址为 192.168.10.20/24，两台计算机的网络连接方式都是**桥接模式**。

6.3 项目实施

6-2 慕课

配置网络和
firewall 防火墙

任务 6-1 使用系统菜单配置网络

后续我们将学习如何在 Linux 操作系统上配置服务。在此之前，必须先保证主机之间能够顺畅地通信。如果网络不通，即便服务部署得再正确，用户也无法顺利访问，所以，配置网络并确保网络的连通是学习部署 Linux 服务之前的最后一个重要知识点。

（1）以 Server01 为例。在 Server01 的桌面上依次单击"活动"→"显示应用程序"→"设置"→"网络"命令，打开网络配置界面，打开连接，单击齿轮按钮，一步步完成网络信息查询和网络配置。具体过程如图 6-3～图 6-5 所示。

图 6-3 打开连接，单击齿轮按钮进行配置

（2）设置完成后，单击"应用"按钮应用配置，回到图 6-3 所示的界面。注意网络连接应该设置在"打开"状态，如果在"关闭"状态，则修改。

（3）再次单击齿轮按钮，显示图 6-5 所示的网络配置界面，一定**勾选"自动连接"选项**，否则计算机启动后不能自动连接网络，切记！最后单击"应用"按钮。注意，有时需要重启系统配置才能生效。

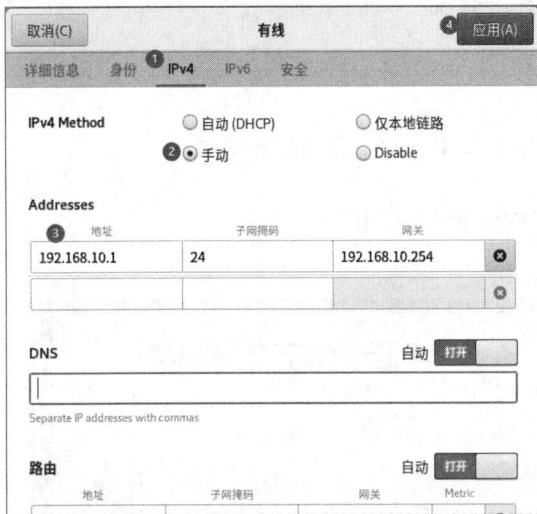

图 6-4　配置有线连接

图 6-5　网络配置界面

建议 ① 首选使用系统菜单配置网络。因为从 RHEL 8 开始，图形界面已经非常完善了。

② 如果网络正常工作，则会在桌面的右上角显示网络连接图标 🖧，直接单击该图标也可以进行网络配置，如图 6-6 所示。

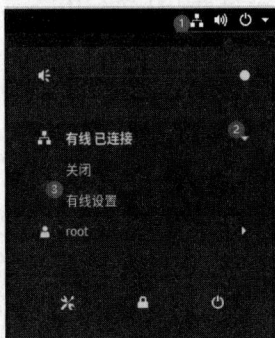

图 6-6　单击网络连接图标 🖧 配置网络

（4）按同样方法配置 Client1 的网络参数：IP 地址为 192.168.10.20/24，默认网关为 192.168.10.254。

（5）在 Server01 上测试与 Client1 的连通性，测试成功。

```
[root@Server01 ~]# ping 192.168.10.20 -c 4
PING 192.168.10.20 (192.168.10.20) 56(84) bytes of data.
```

```
64 bytes from 192.168.10.20: icmp_seq=1 ttl=64 time=0.904 ms
64 bytes from 192.168.10.20: icmp_seq=2 ttl=64 time=0.961 ms
64 bytes from 192.168.10.20: icmp_seq=3 ttl=64 time=1.12 ms
64 bytes from 192.168.10.20: icmp_seq=4 ttl=64 time=0.607 ms

--- 192.168.10.20 ping statistics ---
4 packets transmitted, 4 received, 0% packet loss, time 34ms
rtt min/avg/max/mdev = 0.607/0.898/1.120/0.185 ms
```

任务 6-2　使用图形界面配置网络

（1）前文我们使用系统菜单配置网络服务，接下来使用 nmtui 命令配置网络。

```
[root@Server01 ~]# nmtui
```

（2）显示图 6-7 所示的图形配置界面。配置过程如图 6-8、图 6-9 所示。

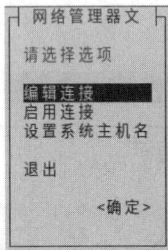

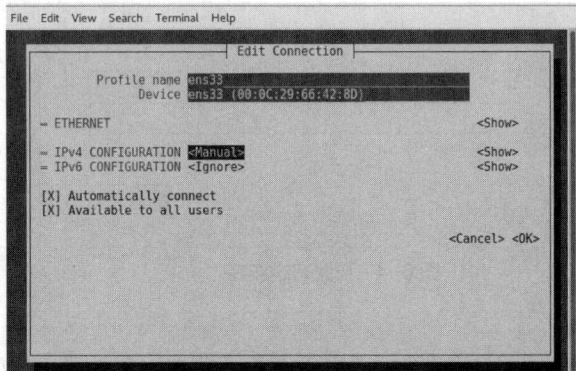

图 6-7　选中"编辑连接"　　图 6-8　选中要编辑　　图 6-9　把网络 IPv4 的配置方式改成 Manual（手动）
的网卡名称

> **注意**　本书中所有服务器主机 IP 地址均为 192.168.10.1，而客户端主机一般设为 192.168.10.20 及 192.168.10.30。这样做是为了方便后面服务器配置。

（3）单击"显示"按钮，显示信息配置界面，如图 6-10 所示。在服务器主机的网络配置信息中填写 IP 地址为 192.168.10.1/24 等信息，单击"确定"按钮保存配置，如图 6-11 所示。

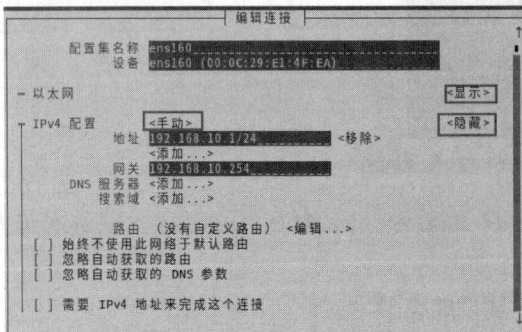

图 6-10　填写 IP 地址等信息　　　　　　　图 6-11　单击"确定"按钮保存配置

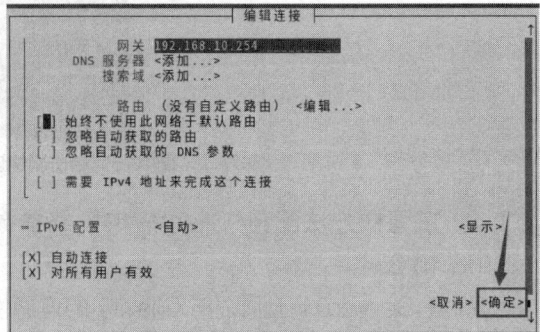

（4）单击"返回"按钮，回到 nmtui 图形界面初始状态，选中"启用连接"选项，激活 ens160 网卡。网卡前面有"*"表示激活，如图 6-12、图 6-13 所示。

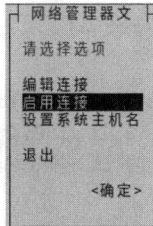

图 6-12　选中"启用连接"选项

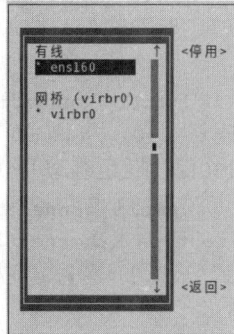

图 6-13　激活连接

（5）至此，在 Linux 操作系统中配置网络的步骤就结束了，使用 ifconfig 命令测试配置情况。

```
[root@Server01 ~]# ifconfig
ens160: flags=4163<UP,BROADCAST,RUNNING,MULTICAST>  mtu 1500
        inet 192.168.10.1  netmask 255.255.255.0  broadcast 192.168.10.255
        inet6 fe80::c0ae:d7f4:8f5:e135  prefixlen 64  scopeid 0x20<link>
        ......
```

任务 6-3　使用 nmcli 命令配置网络

NetworkManager 是管理和监控网络设置的守护进程，设备即网络接口，连接是对网络接口的配置。一个网络接口可以有多个连接配置，但同时只有一个连接配置生效。以下实例仍在 Server01 上实现。

1. 常用命令

常用的 nmcli 命令如下。

- nmcli connection show：显示所有连接。
- nmcli connection show --active：显示所有活动的连接状态。
- nmcli connection show "ens160"：显示网络连接配置。
- nmcli device status：显示设备状态。
- nmcli device show ens160：显示网络接口属性。
- nmcli connection add help：查看帮助。
- nmcli connection reload：重新加载配置。
- nmcli connection down test2：禁用 test2 的配置，注意，一个网卡可以有多个配置（test2 连接要提前创建）。
- nmcli connection up test2：启用 test2 的配置。
- nmcli device disconnect ens160：禁用 ens160 网卡。
- nmcli device connect ens160：启用 ens160 网卡。

2. 创建新连接

（1）创建新连接 default，IP 地址通过 DHCP 自动获取。

```
[root@Server01 ~]# nmcli connection show
NAME      UUID                                     TYPE        DEVICE
```

```
ens160  25982f0e-69c7-4987-986c-6994e7f34762  ethernet    ens160
virbr0  ea1235ae-ebb4-4750-ba67-bbb4de7b4b1d  bridge      virbr0
[root@Server01 ~]# nmcli connection add con-name default type Ethernet ifname ens160
连接 "default" (01178d20-ffc4-4fda-a15a-0da2547f8545) 已成功添加。
```

（2）删除连接。

```
[root@Server01 ~]# nmcli connection delete default
成功删除连接 "default" (01178d20-ffc4-4fda-a15a-0da2547f8545)。
```

（3）创建新连接 test2，指定静态 IP 地址，不自动连接。

```
[root@Server01 ~]# nmcli connection add con-name test2 ipv4.method manual ifname
ens160 autoconnect no type Ethernet ipv4.addresses 192.168.10.100/24 gw4 192.168.10.1
Connection 'test2' (7b0ae802-1bb7-41a3-92ad-5a1587eb367f) successfully added.
```

（4）参数说明如下。

- con-name：指定连接名字，没有特殊要求。
- ipv4.method：指定获取 IP 地址的方式。
- ifname：指定网卡设备名，也就是这次配置所生效的网卡。
- autoconnect：指定是否自动启动。
- ipv4.addresses：指定 IPv4 地址。
- gw4：指定网关。

3. 查看/etc/sysconfig/network-scripts/目录

```
[root@Server01 ~]# ls /etc/sysconfig/network-scripts/ifcfg-*
/etc/sysconfig/network-scripts/ifcfg-ens160
/etc/sysconfig/network-scripts/ifcfg-test2
```

多出一个文件/etc/sysconfig/network-scripts/ifcfg-test2，说明添加确实生效了。

4. 启用 test2 连接配置

```
[root@Server01 ~]# nmcli connection up test2
连接已成功激活（D-Bus 活动路径:
/org/freedesktop/NetworkManager/ActiveConnection/11）
[root@Server01 ~]# nmcli  connection show
NAME    UUID                                  TYPE          DEVICE
test2   7b0ae802-1bb7-41a3-92ad-5a1587eb367f  802-3-ethernet ens160
virbr0  f30a1db5-d30b-47e6-a8b1-b57c614385aa  bridge        virbr0
ens160  9d5c53ac-93b5-41bb-af37-4908cce6dc31  802-3-ethernet --
```

5. 查看是否生效

```
[root@Server01 ~]# nmcli device show ens160
GENERAL.DEVICE:                    ens160
......
```

基本的 IP 地址配置成功。

6. 修改连接设置

（1）修改 test2 为自动启动。

```
[root@Server01 ~]#  nmcli connection modify test2 connection.autoconnect yes
```

（2）修改 DNS 为 192.168.10.1。

```
[root@Server01 ~]# nmcli connection modify test2 ipv4.dns 192.168.10.1
```

（3）添加 DNS：114.114.114.114。

```
[root@Server01 ~]# nmcli connection modify test2 +ipv4.dns 114.114.114.114
```

（4）看看配置是否成功。

```
[root@Server01 ~]# cat /etc/sysconfig/network-scripts/ifcfg-test2
TYPE=Ethernet
PROXY_METHOD=none
BROWSER_ONLY=no
BOOTPROTO=none
IPADDR=192.168.10.100
PREFIX=24
GATEWAY=192.168.10.1
DEFROUTE=yes
IPV4_FAILURE_FATAL=no
IPV6INIT=yes
IPV6_AUTOCONF=yes
IPV6_DEFROUTE=yes
IPV6_FAILURE_FATAL=no
IPV6_ADDR_GEN_MODE=stable-privacy
NAME=test2
UUID=7b0ae802-1bb7-41a3-92ad-5a1587eb367f
DEVICE=ens160
ONBOOT=yes
DNS1=192.168.10.1
DNS2=114.114.114.114
```

可以看到配置均已生效。

（5）删除 DNS。

```
[root@Server01 ~]# nmcli connection modify test2 -ipv4.dns 114.114.114.114
```

（6）修改 IP 地址和默认网关。

```
[root@Server01 ~]# nmcli connection modify test2 ipv4.addresses 192.168.10.200/24 gw4
192.168.10.254
```

（7）还可以添加多个 IP 地址。

```
[root@Server01 ~]# nmcli connection modify test2 +ipv4.addresses 192.168.10.250/24
[root@Server01 ~]# nmcli  connection  show  "test2"
```

（8）为了不影响后面的实训，将 test2 连接删除。

```
[root@Server01 ~]# nmcli connection delete test2
成功删除连接 "test2" (9fe761ef-bd96-486b-ad89-66e5ea1531bc)。
[root@Server01 ~]# nmcli connection show
NAME     UUID                                   TYPE       DEVICE
ens160   25982f0e-69c7-4987-986c-6994e7f34762   ethernet   ens160
virbr0   ea1235ae-ebb4-4750-ba67-bbb4de7b4b1d   bridge     virbr0
```

7. nmcli 命令和/etc/sysconfig/network-scripts/ifcfg-*文件的对应关系

nmcli 命令和/etc/sysconfig/network-scripts/ifcfg-*文件的对应关系如表 6-1 所示。

表 6-1 nmcli 命令和/etc/sysconfig/network-scripts/ifcfg-*文件的对应关系

nmcli 命令	/etc/sysconfig/network-scripts/ifcfg-*文件
ipv4.method manual	BOOTPROTO=none
ipv4.method auto	BOOTPROTO=dhcp
ipv4.addresses 192.0.2.1/24	IPADDR=192.0.2.1 PREFIX=24

Linux 网络操作系统项目教程（RHEL 8/CentOS 8）
（微课版）（第4版）

续表

nmcli 命令	/etc/sysconfig/network-scripts/ifcfg-*文件
gw4 192.0.2.254	GATEWAY=192.0.2.254
ipv4.dns 8.8.8.8	DNS0=8.8.8.8
ipv4.dns-search example.com	DOMAIN=example.com
ipv4.ignore-auto-dns true	PEERDNS=no
connection.autoconnect yes	ONBOOT=yes
connection.id ens160	NAME=ens160
connection.interface-name ens160	DEVICE=ens160
802-3-ethernet.mac-address ...	HWADDR= ...

任务 6-4 　使用 firewalld 服务

RHEL 8 集成了多款防火墙管理工具，其中 firewalld 提供了支持在网络/防火墙区域（zone）定义网络连接以及接口安全等级的动态防火墙管理工具——Linux 操作系统的动态防火墙管理器（Dynamic Firewall Manager of Linux Systems）。Linux 操作系统的动态防火墙管理器拥有基于命令行界面（Command Line Interface，CLI）和基于图形用户界面（Graphical User Interface，GUI）的两种管理方式。

相较于传统的防火墙管理配置工具，firewalld 支持动态更新技术，并加入了区域的概念。简单来说，区域就是 firewalld 预先准备了几套防火墙策略集合（策略模板），用户可以根据生产场景的不同选择合适的策略集合，从而实现防火墙策略之间的快速切换。例如，我们有一台笔记本电脑，每天都要在办公室、咖啡厅和家里使用。按常理来讲，这三者的安全性按照由高到低的顺序排列，应该是家里、办公室、咖啡厅。当前，我们希望为这台笔记本电脑指定如下防火墙策略：在家中允许访问所有服务；在办公室内仅允许访问文件共享服务；在咖啡厅仅允许上网浏览。以往，我们需要频繁地手动设置防火墙策略，而现在只需要预设好区域集合，然后轻点鼠标就可以自动切换了，从而极大地提升了防火墙策略的应用效率。firewalld 中常见的区域名称（默认为 public）及默认策略如表 6-2 所示。

表 6-2 　firewalld 中常见的区域名称及默认策略

区域名称	默认策略
trusted	允许所有的数据包
home	拒绝流入的流量，除非与流出的流量相关；如果流量与 SSH、mdns、ipp-client、amba-client 和 dhcpv6-client 服务相关，则允许流量流入
internal	等同于 home 区域
work	拒绝流入的流量，除非与流出的流量数相关；如果流量与 SSH、ipp-client 和 dhcpv6-client 服务相关，则允许流量流入
public	拒绝流入的流量，除非与流出的流量相关；如果流量与 SSH、dhcpv6-client 服务相关，则允许流量流入
external	拒绝流入的流量，除非与流出的流量相关；如果流量与 SSH 服务相关，则允许流量流入
dmz	拒绝流入的流量，除非与流出的流量相关；如果流量与 SSH 服务相关，则允许流量流入
block	拒绝流入的流量，除非与流出的流量相关
drop	拒绝流入的流量，除非与流出的流量相关

1. 使用终端管理工具

命令行终端是一种极富效率的工作方式，firewall-cmd 命令是 firewalld 防火墙配置管理工具的 CLI 版本。它的参数一般都是以"长格式"来提供的，但幸运的是，RHEL 8 系统支持部分命令的参数补齐。现在除了能用"Tab"键自动补齐命令或文件名等内容之外，还可以用"Tab"键来补齐表 6-3 中的长格式参数。

表 6-3　firewall-cmd 命令中使用的参数以及作用

参　　数	作　　用
--get-default-zone	查询默认的区域名称
--set-default-zone=<区域名称>	设置默认的区域，使其永久生效
--get-zones	显示可用的区域
--get-services	显示预先定义的服务
--get-active-zones	显示当前正在使用的区域与网卡名称
--add-source=	将源自此 IP 地址或子网的流量导向指定的区域
--remove-source=	不再将源自此 IP 地址或子网的流量导向某个指定区域
--add-interface=<网卡名称>	将源自该网卡的所有流量都导向某个指定区域
--change-interface=<网卡名称>	将某个网卡与区域关联
--list-all	显示当前区域的网卡配置参数、资源、端口以及服务等信息
--list-all-zones	显示所有区域的网卡配置参数、资源、端口以及服务等信息
--add-service=<服务名>	设置默认区域允许该服务的流量
--add-port=<端口号/协议>	设置默认区域允许该端口的流量
--remove-service=<服务名>	设置默认区域不再允许该服务的流量
--remove-port=<端口号/协议>	设置默认区域不再允许该端口的流量
--reload	让"永久生效"的配置规则立即生效，并覆盖当前的配置规则
--panic-on	开启应急状况模式
--panic-off	关闭应急状况模式

与 Linux 操作系统中其他防火墙策略配置工具一样，使用 firewalld 配置的防火墙策略默认为运行时（Runtime）模式，又称为当前生效模式，而且系统重启后会失效。如果想让配置策略一直存在，就需要使用永久（Permanent）模式，方法是在用 firewall-cmd 命令正常设置防火墙策略时添加--permanent 参数，这样配置的防火墙策略就可以永久生效了。但是，永久生效模式有一个"不近人情"的特点，就是使用它设置的策略只有在系统重启之后才能自动生效。如果想让配置的策略立即生效，则需要手动执行 firewall-cmd --reload 命令。

接下来的实验都很简单，但是一定要仔细查看这里使用的是运行时模式还是永久模式。如果不关注这个细节，即使正确配置了防火墙策略，也可能无法达到预期的效果。

下面是使用终端管理工具的实例。

（1）查看 firewalld 服务当前状态和使用的区域。

```
[root@Server01 ~]# firewall-cmd --state          #查看防火墙状态
[root@Server01 ~]# systemctl restart firewalld
```

123

```
[root@Server01 ~]# firewall-cmd --get-default-zone          #查看默认区域
public
```

（2）查询防火墙生效 ens160 网卡在 firewalld 服务中的区域。

```
[root@Server01 ~]# firewall-cmd --get-active-zones          #查看当前防火墙中生效的区域
[root@Server01 ~]# firewall-cmd --set-default-zone=trusted #设定默认区域
```

（3）把 firewalld 服务中 ens160 网卡的默认区域修改为 external，并在系统重启后生效。分别查看当前生效模式与永久模式下的区域名称。

```
[root@Server01 ~]# firewall-cmd --list-all --zone=work          #查看指定区域的火墙策略
[root@Server01 ~]# firewall-cmd --permanent --zone=external --change-interfac
e=ens160
success
[root@Server01 ~]# firewall-cmd --get-zone-of-interface=ens160
trusted
[root@Server01 ~]# firewall-cmd --permanent --get-zone-of-interface=ens160
no zone
```

（4）把 firewalld 服务的当前默认区域设置为 public。

```
[root@Server01 ~]# firewall-cmd --set-default-zone=public
[root@Server01 ~]# firewall-cmd --get-default-zone
public
```

（5）启动/关闭 firewalld 服务的应急状况模式，阻断一切网络连接（当远程控制服务器时请慎用）。

```
[root@Server01 ~]# firewall-cmd --panic-on
success
[root@Server01 ~]# firewall-cmd --panic-off
success
```

（6）查询 public 区域是否允许请求 SSH 和 HTTPS 的服务。

```
[root@Server01 ~]# firewall-cmd --zone=public --query-service=ssh
yes
[root@Server01 ~]# firewall-cmd --zone=public --query-service=https
no
```

（7）把 firewalld 服务中请求 HTTPS 的流量设置为永久允许，并立即生效。

```
[root@Server01 ~]# firewall-cmd --get-services          #查看所有可以设定的服务
[root@Server01 ~]# firewall-cmd --zone=public --add-service=https
[root@Server01 ~]# firewall-cmd --permanent --zone=public --add-service=https
[root@Server01 ~]# firewall-cmd --reload
[root@Server01 ~]# firewall-cmd --list-all          #查看生效的防火墙策略
success
```

（8）把 firewalld 服务中请求 HTTPS 的流量设置为永久拒绝，并立即生效。

```
[root@Server01 ~]# firewall-cmd --permanent --zone=public --remove-service=https
success
[root@Server01 ~]# firewall-cmd --reload
[root@Server01 ~]# firewall-cmd --list-all          #查看生效的防火墙策略
```

（9）把在 firewalld 服务中访问 8088 和 8089 端口的流量策略设置为允许，但仅限当前生效。

```
[root@Server01 ~]# firewall-cmd --zone=public --add-port=8088-8089/tcp
success
[root@Server01 ~]# firewall-cmd --zone=public --list-ports
8088-8089/tcp
```

firewalld 中的"富规则"表示更细致、更详细的防火墙策略配置，它可以针对系统服务、端口号、源地址和目标地址等诸多信息进行更有针对性的策略配置。它的优先级在所有防火墙策略中也是最高的。

2. 使用图形管理工具

firewall-config 命令是 firewalld 防火墙配置管理工具的 GUI 版本，几乎可以实现所有以命令行来执行的操作。毫不夸张地说，即使读者没有扎实的 Linux 命令基础，也完全可以通过它来妥善配置 RHEL 8 中的防火墙策略。

firewall-config 默认没有安装。

（1）安装 firewall-config。

```
[root@Server01 ~]# mount /dev/cdrom /media
[root@Server01 ~]# vim /etc/yum.repos.d/dvd.repo
[root@Server01 ~]# dnf install firewall-config -y
```

（2）启动图形界面的 firewall。

安装完成后，计算机的"活动"菜单中会出现防火墙图标█，在终端中输入命令 firewall-config 或者单击"活动"→"防火墙"命令，打开图 6-14 所示的界面，其功能具体如下。

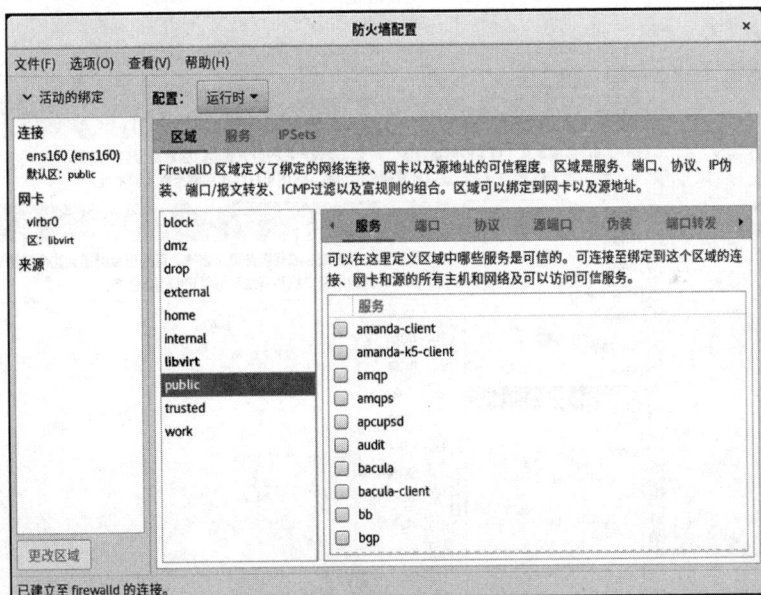

图 6-14 firewall-config 的界面

① 选择运行时模式或永久模式的配置。

② 可选的策略集合区域列表。

③ 常用的系统服务列表。

④ 当前正在使用的区域。

⑤ 管理当前被选中区域中的服务。

⑥ 管理当前被选中区域中的端口。

⑦ 开启或关闭源地址转换（Source Network Address Translation，SNAT）技术。

⑧ 设置端口转发策略。

⑨ 控制请求互联网控制报文协议（Internet Control Message Protocol，ICMP）服务的流量。

⑩ 管理防火墙的富规则。

⑪ 管理网卡设备。

⑫ 被选中区域的服务，若勾选了相应服务前面的复选框，则表示允许与之相关的流量。

⑬ firewall-config 工具的运行状态。

> **特别注意** 在使用 firewall-config 工具配置防火墙策略之后，无须进行二次确认，因为只要有修改的内容，它就自动保存。下面进入动手实践环节。

【例 6-1】将当前区域中请求 http 服务的流量设置为允许，但仅限当前生效。具体配置如图 6-15 所示。

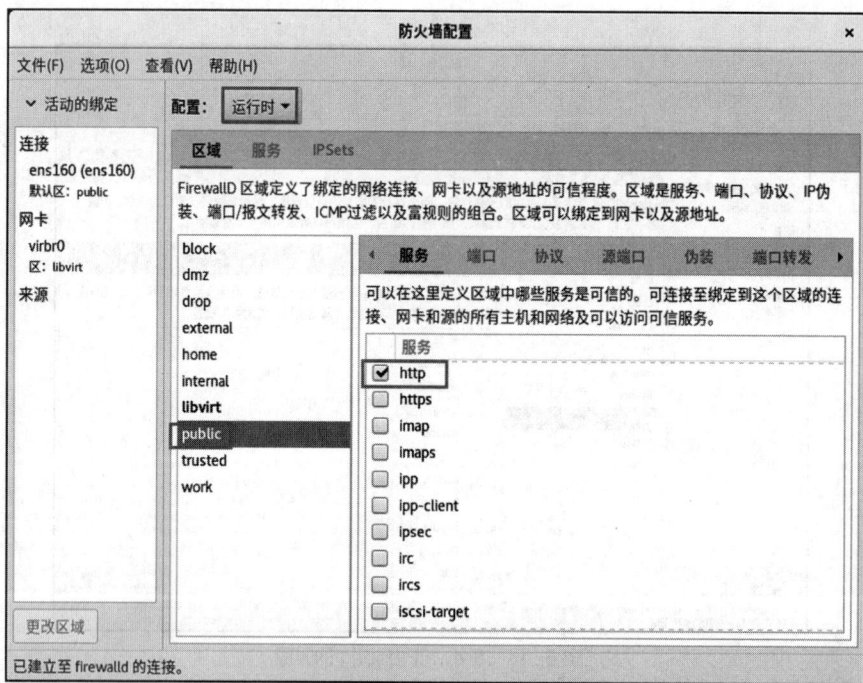

图 6-15　配置请求 http 服务的流量

【例 6-2】尝试添加一条防火墙策略，使其放行访问 8088~8089 端口（TCP）的流量，并将其设置为永久生效，以达到系统重启后防火墙策略依然生效的目的。

① 选择"端口"→"添加"命令，打开图 6-16 所示的界面。

② 配置完毕单击"确定"按钮。

③ 在"选项"菜单中单击"重载防火墙"命令，让配置的防火墙策略立即生效，如图 6-17 所示。这与在命令行中执行--reload 参数的效果一样。

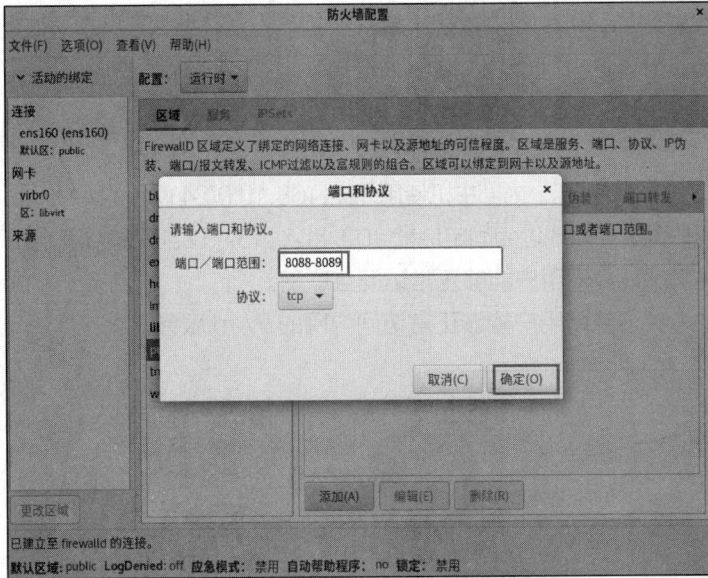

图 6-16　配置访问 8080~8088 端口的流量

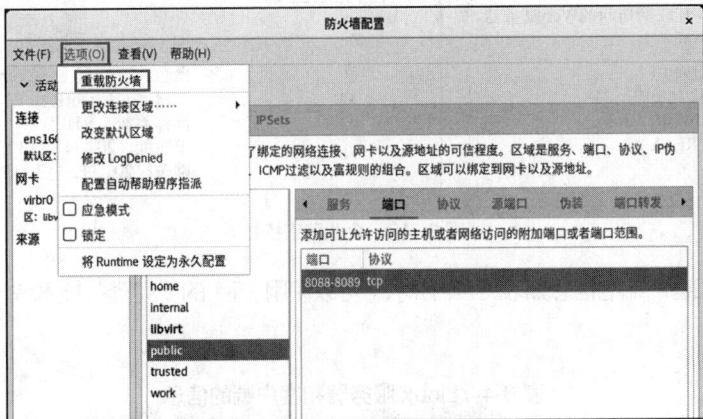

图 6-17　让配置的防火墙策略立即生效

任务 6-5　配置 NAT

RHEL 8 的防火墙（firewall）利用 nat 表能够实现 NAT 功能，将内网地址与外网地址进行转换，完成内、外网的通信。nat 表支持以下 3 种操作。

- SNAT：改变数据包的源地址。防火墙会使用外部地址替换数据包的本地网络地址。这样使网络内部主机能够与网络外部通信。
- DNAT：改变数据包的目的地址。防火墙接收到数据包后，会替换该包的目的地址，重新转发到网络内部主机。当应用服务器处于网络内部时，防火墙接收到外部请求，会按照规则设定，将访问重定向到指定的主机上，使外部主机能够正常访问网络内部主机。
- MASQUERADE：MASQUERADE 的作用与 SNAT 完全一样，改变数据包的源地址。因为对每个匹配的包，MASQUERADE 都要自动查找可用的 IP 地址，而不像 SNAT 用的

IP 地址是配置好的，所以会加重防火墙的负担。当然，如果接入外网的地址不是固定地址，而是 ISP 随机分配的，则使用 MASQUERADE 将会非常方便。

下面以一个具体的综合案例来说明如何在 RHEL 上配置 NAT 服务，使得内、外网主机互访。

1. 企业环境

企业网络拓扑如图 6-18 所示。内部主机使用 192.168.10.0/24 网段的 IP 地址，并且使用 Linux 主机作为服务器连接互联网，外网地址为固定地址 202.112.113.112。现需要满足如下要求。

（1）配置 SNAT 保证内网用户能够正常访问互联网。

（2）配置 DNAT 保证外网用户能够正常访问内网的 Web 服务器。

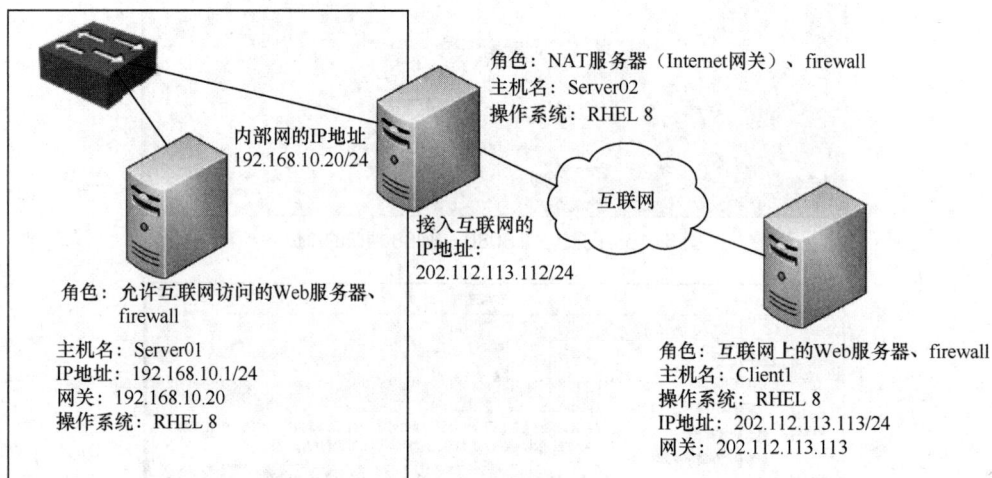

图 6-18　企业网络拓扑

Linux 服务器和客户端的信息如表 6-4 所示（可以使用 VM 的"克隆"技术快速安装需要的 Linux 客户端）。

表 6-4　Linux 服务器和客户端的信息

主 机 名	操作系统	IP 地址	角 色
内网 NAT 客户端：Server01	RHEL 8	IP：192.168.10.1（VMnet1） 默认网关：192.168.10.20	Web 服务器、firewall
防火墙：Server02	RHEL 8	IP1:192.168.10.20（VMnet1） IP2:202.112.113.112（VMnet8）	firewall、SNAT、DNAT
外网 NAT 客户端：Client1	RHEL 8	202.112.113.113（VMnet8）	Web 服务器、firewalld

2. 配置 SNAT 并测试

（1）在 Server02 上安装双网卡。

① 在 Server02 关机状态下，在虚拟机中添加两块网卡：第 1 块网卡连接到 VMnet1，第 2 块网卡连接到 VMnet8。

② 启动 Server02，以 root 用户身份登录。

③ 单击右上角的网络连接图标🖧，配置过程如图 6-19、图 6-20 所示。（计算机原来的网卡是 ens160，第 2 块网卡系统自动命名为了 ens224。）

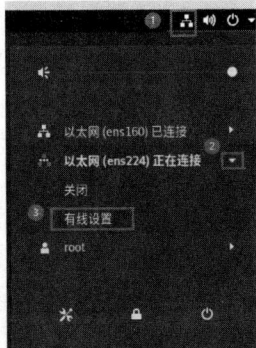

图 6-19　ens224 的有线设置

图 6-20　网络设置

④ 单击齿轮按钮可以设置网络接口 ens224 的 IPv4 的地址为 202.112.113.112/24。

⑤ 按照前述方法，设置 ens160 网卡的 IP 地址为 192.168.10.20/24。

在 Server02 上测试双网卡的 IP 地址设置是否成功。

```
[root@Server02 ~]# ifconfig
ens160: flags=4163<UP,BROADCAST,RUNNING,MULTICAST>  mtu 1500
       inet 192.168.10.2  netmask 255.255.255.0  broadcast 192.168.10.255
       ......

ens224: flags=4163<UP,BROADCAST,RUNNING,MULTICAST>  mtu 1500
        inet 202.112.113.112  netmask 255.255.255.0  broadcast 202.112.113.255
        ......
```

（2）测试环境。

① 根据图 6-18 和表 6-4 配置 Server01 和 Client1 的 IP 地址、子网掩码、网关等。Server02 要安装双网卡，同时一定要注意计算机的网络连接方式！

> **注意**　Client1 的网关不要设置，或者设置为自身的 IP 地址（202.112.113.113）。

② 在 Server01 上，测试与 Server02 和 Client1 的连通性。

```
[root@Server01 ~]# ping 192.168.10.20   -c 4            //通
[root@Server01 ~]# ping 202.112.113.112 -c 4            //通
[root@Server01 ~]# ping 202.112.113.113 -c 4            //不通
```

③ 在 Server02 上，测试与 Server01 和 Client1 的连通性。结果都是畅通的。

```
[root@Server02 ~]# ping -c 4 192.168.10.1
[root@Server02 ~]# ping -c 4 202.112.113.113
```

④ 在 Client1 上，测试与 Server01 和 Server02 的连通性。Client1 与 Server01 是不通的。

```
[root@Client1 ~]# ping -c 4 202.112.113.112            //通
[root@Client1 ~]# ping -c 4 192.168.10.1               //不通
connect: 网络不可达
```

（3）在 Server02 上开启转发功能。

```
[root@client1 ~]# cat /proc/sys/net/ipv4/ip_forward
1                        //确认开启路由存储转发，其值为1。若没有开启，则需要下面的操作

[root@Server02 ~]# echo 1 > /proc/sys/net/ipv4/ip_forward
```

（4）在 Server02 上将接口 ens224 加入外网区域。

由于内网的计算机无法在外网上路由，所以内网的计算机 Server01 是无法上网的。因此需要通过 NAT 将内网计算机的 IP 地址转换成 RHEL 主机接口 ens224 的 IP 地址。为了实现这个功能，首先需要将接口 ens224 加入外网区域。在 firewall 中，外网区域定义为一个直接与外网相连接的区域，来自此区域的主机连接将不被信任。

```
[root@Server02 ~]# firewall-cmd --get-zone-of-interface=ens224
public
[root@Server02 ~]# firewall-cmd --permanent --zone=external --change-interface=ens224
The interface is under control of NetworkManager, setting zone to 'external'.
success
[root@Server02 ~]# firewall-cmd --zone=external --list-all
external (active)
  target: default
  icmp-block-inversion: no
  interfaces: ens224
  sources:
  services: ssh
  ports:
  protocols:
  masquerade: no
  ......
```

（5）由于需要 NAT 上网，所以将外网区域的伪装打开（Server02）。

```
[root@Server02 ~]# firewall-cmd --permanent --zone=external --add-masquerade
[root@Server02 ~]# firewall-cmd --reload
success
[root@Server02 ~]# firewall-cmd --permanent --zone=external --query-masquerade
yes                          #查询伪装是否打开，下面的命令也可以
[root@Server02 ~]# firewall-cmd --zone=external --list-all
external (active)
  ......
  interfaces: ens224
  ......
  masquerade: yes
  ......
```

（6）在 Server02 上配置内部接口 ens160。

具体做法是将内部接口加入内网区域（internal）。

```
[root@Server02 ~]# firewall-cmd --get-zone-of-interface=ens160
public
[root@Server02 ~]# firewall-cmd --permanent --zone=internal --change-interface=ens160
The interface is under control of NetworkManager, setting zone to 'internal'.
success
[root@Server02 ~]# firewall-cmd --reload
[root@Server02 ~]# firewall-cmd --zone=internal --list-all
internal (active)
  target: default
  icmp-block-inversion: no
  interfaces: ens160
  ......
```

（7）在外网 Client1 上配置供测试的 Web。

```
[root@client2 ~]# mount /dev/cdrom   /media
[root@client2 ~]# dnf clean all
[root@client2 ~]# dnf install httpd -y
[root@client2 ~]# firewall-cmd --permanent --add-service=http
[root@client2 ~]# firewall-cmd --reload
[root@client2 ~]# firewall-cmd -list-all
[root@client2 ~]# systemctl restart httpd
[root@client2 ~]# netstat -an |grep :80                //查看 80 端口是否开放
[root@client2 ~]# firefox 127.0.0.1
```

（8）在内网 Server01 上测试 SNAT 配置是否成功。

```
[root@Server01 ~]# ping 202.112.113.113 -c 4
[root@Server01 ~]# firefox  202.112.113.113
```

网络应该是畅通的，且能访问到外网的默认网站。

> **思考** 请读者在 Client1 上查看/var/log/httpd/access_log 中是否包含源地址 192.168.10.1，为什么？包含 202.112.113.112 吗？

```
[root@Client1 ~]# cat /var/log/httpd/access_log |grep 192.168.10.1
[root@Client1 ~]# cat /var/log/httpd/access_log |grep 202.112.113.112
```

3. 配置 DNAT 并测试

（1）在 Server01 上配置内网 Web 及防火墙。

```
[root@Server01 ~]# mount /dev/cdrom /media
[root@Server01 ~]# dnf clean all
[root@Server01 ~]# dnf install httpd -y
[root@Server01 ~]# systemctl restart httpd
[root@Server01 ~]# netstat -an |grep :80                //查看 80 端口是否开放
[root@Server01 ~]# firefox 127.0.0.1
```

（2）在 Server02 上配置 DNAT。

要想让外网能访问到内网的 Web 服务器，需要进行端口映射，将外网的 Web 服务器访问映射到内部的 Server01 的 80 端口。

```
#外网区域的 80 端口的请求都转发到 192.168.10.1。加了"--permanent"需要重启防火墙才能生效
[root@Server02 ~]# firewall-cmd --permanent --zone=external --add-forward-port=port=80:
proto=tcp:toaddr=192.168.10.1
success
[root@Server02 ~]# firewall-cmd --reload
# 查询端口映射结果
[root@Server02 ~]# firewall-cmd --zone=external --query-forward-port=port=80:proto=
tcp:toaddr=192.168.10.1
yes
[root@Server02 ~]# firewall-cmd --zone=external --list-all #查询端口映射结果
external (active)
  ......
  masquerade: yes
  forward-ports: port=80:proto=tcp:toport=:toaddr=192.168.10.1
  ......
```

（3）在外网 Client1 上测试。

在外网上访问的是 202.112.113.112，NAT 服务器 Server02 会将该 IP 地址的 80 端口的请求转发到内网 Server01 的 80 端口。**注意，不是直接访问 192.168.10.1**。直接访问内网地址是访问不到的，如图 6-21 所示。

```
[root@client2 ~]# ping 192.168.10.1
connect: 网络不可达
[root@client2 ~]# firefox 202.112.113.112
```

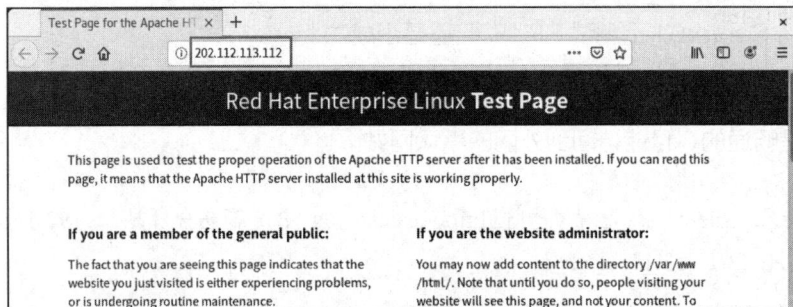

图 6-21　测试成功

4. 实训结束后删除 Server02 上的 NAT 端口映射信息

```
[root@Server02 ~]# firewall-cmd --permanent --zone=external --remove-forward-port=port=80:proto=tcp:toaddr=192.168.10.1
[root@Server02 ~]# firewall-cmd --permanent --zone=public --change-interface=ens224
[root@Server02 ~]# firewall-cmd --permanent --zone=public --change-interface=ens160
[root@Server02 ~]# firewall-cmd --reload
```

6.4 IPv4 和 IPv6

2019 年 11 月 26 日是全球互联网发展历程中值得铭记的一天，一封来自欧洲 RIPE NCC 的邮件宣布全球 43 亿个 IPv4 地址正式耗尽，人类互联网跨入了 IPv6 时代。

全球 IPv4 地址耗尽到底是怎么回事？全球 IPv4 地址耗尽对我国有什么影响？该如何应对？

IPv4 又称互联网通信协议第四版，是网际协议开发过程中的第四个修订版本，也是此协议第一个被广泛部署的版本。IPv4 是互联网的核心，也是使用最广泛的网际协议版本。IPv4 使用 32 位（4B）地址，地址空间中只有 4 294 967 296 个地址。全球 IPv4 地址耗尽，意思就是全球联网的设备越来越多，"这一串数字"不够用了。IP 地址是分配给每个联网设备的一系列号码，每个 IP 地址都是独一无二的。由于 IPv4 中规定 IP 地址长度为 32 位，现在互联网的快速发展，使得目前 IPv4 地址已经告罄。IPv4 地址耗尽应该意味着不能将任何新的 IPv4 设备添加到互联网，目前各国已经开始积极布局 IPv6。

对于我国而言，在接下来的 IPv6 时代，我国存在着巨大机遇，其中我国推出的"雪人计划"（详见本书 13.4 节）就是一个益国益民的大事，这一计划必将助力中华民族的伟大复兴，助力我国在互联网方面取得更多话语权和发展权。让我们拭目以待吧！

6.5 项目实训

6.5.1 项目实训 1：配置 TCP/IP 网络接口

1. 视频位置

实训前请扫描二维码观看"项目实录 配置 TCP/IP 网络接口"慕课。

2. 项目实训目的

- 掌握 TCP/IP 网络接口的配置方法。
- 学会使用命令检测网络配置。
- 学会启用和禁用系统服务。

3. 项目背景

（1）某企业新增了 Linux 服务器，但还没有配置 TCP/IP 参数，请设置好各项 TCP/IP 参数，并连通网络（使用不同的方法）。

（2）要求用户在多个配置文件中快速切换。在企业网络中使用笔记本电脑时，需要手动指定网络的 IP 地址，而回到家中则是使用 DHCP 自动分配 IP 地址。

4. 项目实训内容

在 Linux 操作系统中练习 TCP/IP 网络配置、网络检测方法、创建实用的网络会话。

5. 做一做

根据项目实录视频进行项目的实训，检查学习效果。

6-3 慕课

项目实录 配置 TCP/IP 网络接口

6.5.2 项目实训 2：配置与管理 firewall

1. 视频位置

实训前请扫描二维码观看"项目实录 配置与管理 firewall 防火墙"慕课。

2. 项目实训目的

- 掌握 firewall-cmd 常用命令。
- 掌握使用 firewall 架设企业 NAT 服务器。

3. 项目背景

（1）需要使用终端管理工具 firewall-cmd 对企业网络进行配置。

（2）也可以使用 firewall 的图形管理工具对网络进行安全配置。

（3）实现 NAT。

6-4 慕课

项目实录 配置与管理 firewall 防火墙

企业网络拓扑如图 6-18 所示。内部主机使用 192.168.10.0/24 网段的 IP 地址，并且使用 Linux 主机作为服务器连接互联网，外网地址为固定地址 202.112.113.112。现需要满足如下要求。

① 配置 SNAT 保证内网用户能够正常访问互联网。

② 配置 DNAT 保证外网用户能够正常访问内网的 Web 服务器。

Linux 服务器和客户端的信息如表 6-4 所示（可以使用 VM 的"克隆"技术快速安装需要的 Linux 客户端）。

4. 项目实训内容

（1）熟练使用 firewall-cmd 命令。

- 查看防火墙。
- 熟练使用区域相关的命令。
- 熟练使用接口相关的命令。
- 熟练使用端口控制的命令。
- 熟练使用服务的命令。

（2）熟练使用图形管理工具。

（3）实现 NAT（SNAT 和 DNAT）。

5. 做一做

根据项目实录视频进行项目的实训，检查学习效果。

6.6 练习题

一、填空题

1. _____文件主要用于设置基本的网络配置，包括主机名、网关等。

2. 一块网卡对应一个配置文件，配置文件位于目录_____中，文件名以_____开始。

3. 客户端的 DNS 服务器的 IP 地址由_____文件指定。

4. 查看系统的守护进程可以使用_____命令。

5. _____可以使企业内部网络与互联网之间或者与其他外部网络间互相隔离、限制网络互访，以此来保护_____。

6. 防火墙大致可以分为三大类，分别是_____、_____和_____。

二、选择题

1. （　　）命令能用来显示服务器当前正在监听的端口。

A. ifconfig   B. netlst   C. iptables   D. netstat

2. 文件（　　）存放机器名到 IP 地址的映射。

A. /etc/hosts   B. /etc/host   C. /etc/host.equiv   D. /etc/hdinit

3. 小明计划在他的局域网建立防火墙，防止直接进入局域网，反之防止直接接入互联网。在防火墙上，他不能用包过滤或 SOCKS 程序，而且他想要提供给局域网用户仅有的几个互联网服务和协议。小明应该使用的防火墙类型下面哪个描述是最好的？（　　）

A. 使用 squid 代理服务器   B. NAT

C. IP 转发   D. IP 伪装

4. 在 RHEL 8 的内核中，提供 TCP/IP 包过滤功能的服务叫什么？（　　）

A. firewall   B. iptables

C. firewalld   D. filter

三、补充表格

请将 nmcli 命令的含义在表 6-5 中补充完整。

表 6-5　nmcli 命令的含义

nmcli 命令	命令的含义
	显示所有连接
	显示所有活动的连接状态
nmcli connection show "ens160"	
nmcli device status	
nmcli device show ens160	
	查看帮助
	重新加载配置
nmcli connection down test2	
nmcli connection up test2	
	禁用 ens160 网卡
nmcli device connect ens160	

四、简答题

1. 在 Linux 操作系统中有多种方法可以配置网络参数，请列举几种。
2. 简述防火墙的概念、分类及作用。
3. 简述 firewalld 中区域的作用。
4. 如何在 firewalld 中把默认的区域设置为 dmz？
5. 如何让 firewalld 中以永久模式配置的防火墙策略立即生效？
6. 使用 SNAT 技术的目的是什么？

学习情境三

shell 编程与调试

工欲善其事，必先利其器。

——《论语·卫灵公》

项目7
shell基础

07

项目导入：

系统管理员有一项重要工作是利用 shell 编程来减小网络管理的难度和强度，而 shell 的文本处理工具、重定向和管道操作、正则表达式等是 shell 编程的基础，也是必须掌握的内容。

职业能力目标和要求：

- 了解 shell 的强大功能和 shell 的命令解释过程。
- 掌握 grep 的高级用法。

- 掌握正则表达式。
- 学会使用重定向和管道命令。

7.1 项目知识准备

shell 支持具有字符串值的变量。shell 变量不需要专门的说明语句，可通过赋值语句完成变量说明并予以赋值。在命令行或 shell 脚本文件中使用$name 的形式引用变量 name 的值。

7.1.1 变量的定义和引用

在 shell 中，为变量赋值的格式如下。

```
name=string
```

其中，name 是变量名，它的值是 string，"="是赋值符号。变量名由以字母或下画线开头的字母、数字和下画线字符序列组成。

通过在变量名（name）前加"$"字符（如$name）引用变量的值，引用的结果就是用字符串 string 代替 $name，此过程也称为变量替换。

在定义变量时，若 string 中包含空格、制表符和换行符，则 string 必须用 'string' 或 "string"的形式，即用单引号或双引号将其括注。双引号内允许变量替换，而单引号内则不可以。

下面给出一个定义和使用 shell 变量的例子。

7-1 微课

shell 程序的变量
和特殊字符

```
//显示字符常量
[root@Server01 ~]# echo who are you
who are you
[root@Server01 ~]# echo 'who are you'
who are you
[root@Server01 ~]# echo "who are you"
who are you
[root@Server01 ~]#
//由于要输出的字符串中没有特殊字符，所以' '和" "的效果是一样的，不用""但相当于使用了""
[root@Server01 ~]# echo Je t'aime
>
//由于要使用特殊字符"'"
//"'"不匹配，shell 认为命令行没有结束，按"Enter"键后会出现系统第二提示符
//让用户继续输入命令行，按"Ctrl+C"组合键结束
[root@Server01 ~]#
//为了解决这个问题，可以使用下面的两种方法
[root@Server01 ~]# echo "Je t'aime"
Je t'aime
[root@Server01 ~]# echo Je t\'aime
```

7.1.2　shell 变量的作用域

与程序设计语言中的变量一样，shell 变量有其规定的作用范围。shell 变量分为局部变量和全局变量。

- 局部变量的作用范围仅限制在其命令行所在的 shell 或 shell 脚本文件中。
- 全局变量的作用范围则包括本 shell 进程及其所有子进程。
- 可以使用 export 内置命令将局部变量设置为全局变量。

下面给出一个 shell 变量作用域的例子。

```
//在当前 shell 中定义变量 var1
[root@Server01 ~]# var1=Linux
//在当前 shell 中定义变量 var2 并将其输出
[root@Server01 ~]# var2=unix
[root@Server01 ~]# export var2
//引用变量的值
[root@Server01 ~]# echo $var1
Linux
[root@Server01 ~]# echo $var2
unix
//显示当前 shell 的 PID
[root@Server01 ~]# echo $$
2670
[root@Server01 ~]#
//调用子 shell
[root@Server01 ~]# bash

//显示当前 shell 的 PID
[root@Server01 ~]# echo $$
```

```
2709
//由于 var1 没有被输出，所以在子 shell 中已无值
[root@Server01 ~]# echo $var1
//由于 var2 被输出，所以在子 shell 中仍有值
[root@Server01 ~]# echo $var2
unix
//返回主 shell，并显示变量的值
[root@Server01 ~]# exit
[root@Server01 ~]# echo $$
2670
[root@Server01 ~]# echo $var1
Linux
[root@Server01 ~]# echo $var2
unix
[root@Server01 ~]#
```

7.1.3 环境变量

环境变量是指由 shell 定义和赋初值的 shell 变量。shell 用环境变量来确定查找路径、注册目录、终端类型、终端名称、用户名等。所有环境变量都是全局变量，并可以由用户重新设置。表 7-1 所示为 shell 中常用的环境变量。

表 7-1 shell 中常用的环境变量

环境变量	说 明	环境变量	说 明
EDITOR、FCEDIT	bash fc 命令的默认编辑器	PATH	bash 寻找可执行文件的搜索路径
HISTFILE	用于存储历史命令的文件	PS1	命令行的一级提示符
HISTSIZE	历史命令列表的大小	PS2	命令行的二级提示符
HOME	当前用户的用户目录	PWD	当前工作目录
OLDPWD	前一个工作目录	SECONDS	当前 shell 开始后所流逝的秒数

不同类型的 shell 的环境变量有不同的设置方法。在 bash 中，设置环境变量用 set 命令，命令的格式为：

```
set 环境变量=变量的值
```

例如，设置用户的主目录为/home/john，可以使用以下命令。

```
[root@Server01 ~]# set HOME=/home/john
```

不加任何参数直接使用 set 命令可以显示用户当前所有环境变量的设置，如下所示。

```
[root@Server01 ~]# set
BASH=/bin/bash
BASH_ENV=/root/.bashrc
（略）
PATH=/usr/local/sbin:/usr/local/bin:/usr/sbin:/usr/bin:/sbin:/bin:/usr/bin/X11
PS1='[\u@\h \W]\$ '
PS2='>'
SHELL=/bin/bash
```

可以看到其中路径 PATH 的设置为（使用 set |grep PATH=命令过滤需要的内容）：

```
PATH=/usr/local/bin:/usr/local/sbin:/usr/bin:/usr/sbin:/root/bin
```

总共有 5 个目录，bash 会在这些目录中依次搜索用户输入的命令的可执行文件。

在环境变量前面加上"$"，表示引用环境变量的值，例如：

```
[root@Server01 ~]# cd $HOME
```

上述命令将把目录切换到用户的主目录。

修改 PATH 变量时，若将一个路径/tmp 加到 PATH 变量前，应设置为：

```
[root@Server01 ~]# PATH=/tmp:$PATH
```

此时，在保存原有 PATH 路径的基础上进行添加。在执行命令前，shell 会先查找这个
目录。

要将环境变量重新设置为系统默认值，可以使用 unset 命令。例如，下面的命令用于将当前的
语言环境重新设置为默认的英文状态。

```
[root@Server01 ~]# unset LANG
```

7.1.4　工作环境设置文件

shell 环境依赖于多个文件的设置。用户并不需要每次登录后都对各种环境变量进行手动设置，
通过环境设置文件，用户工作环境的设置可以在登录时由系统自动完成。环境设置文件有两种，一
种是系统中的用户环境设置文件，另一种是用户设置的环境设置文件。

（1）系统中的用户环境设置文件。

登录环境设置文件：/etc/profile。

（2）用户设置的环境设置文件。

- 登录环境设置文件：$HOME/.bash_profile。
- 非登录环境设置文件：$HOME/.bashrc。

> **注意**　只有在特定的情况下才读取 profile 文件，确切地说是在用户登录的时候读取。运行 shell
> 脚本以后，就无须再读 profile 文件了。

系统中的用户环境设置文件对所有用户均生效，而用户设置的环境设置文件仅对用户自身生效。
用户可以修改自己的用户环境设置文件来覆盖系统环境设置文件中的全局设置。例如，用户可以将
自定义的环境变量存放在$HOME/.bash_profile 中，将自定义的别名存放在$HOME/.bashrc 中，
以便在每次登录和调用子 shell 时生效。

7.2　项目设计与准备

本项目要用到 Server01，完成的任务如下。

（1）理解命令运行的判断依据。

（2）掌握 grep 的高级用法。

（3）掌握正则表达式。

（4）学会使用重定向和管道命令。

7.3 项目实施

7-2 慕课

shell 基础

Server01 的 IP 地址为 192.168.10.1/24，计算机的网络连接方式是**仅主机模式**（VMnet1）。

任务 7-1 命令运行的判断依据：;、&&、||

在某些情况下，若想使多条命令一次输入而顺序执行，该如何办呢？有两个选择，一是通过**项目 8** 要介绍的 shell script 撰写脚本去执行，二是通过下面的介绍来一次性输入多重命令。

1. cmd ; cmd（不考虑命令相关性的连续命令执行）

在某些时候，我们希望可以一次运行多个命令，例如，在关机时，希望可以先运行两次 sync 同步化写入磁盘后才关机，那么怎么操作呢？

```
[root@Server01 ~]# sync; sync; shutdown -h now
```

在命令与命令中间利用";"来隔开，这样一来，";"前的命令运行完后会立刻运行后面的命令。

我们看下面的例子：要求在某个目录下面创建一个文件。如果该目录已经存在，则直接创建这个文件；如果不存在，则不进行创建操作。也就是说，这两个命令是相关的，前一个命令是否成功地运行与后一个命令是否要运行有关。这就要用到"&&"或"||"。

2. "$?"（命令回传值）与"&&"或"||"

两个命令之间有相依性，而这个相依性的主要判断源于前一个命令运行的结果是否正确。在 Linux 中，若前一个命令运行的结果正确，则在 Linux 中会回传一个 $? = 0 的值。那么我们怎么通过这个回传值来判断后续的命令是否要运行呢？这就要用到"&&"及"||"，其命令执行情况与说明如表 7-2 所示。

表 7-2 "&&"及"||"的命令执行情况与说明

命令执行情况	说　明
cmd1 && cmd2	若 cmd1 运行完毕且正确运行（$?=0），则开始运行 cmd2；若 cmd1 运行完毕且为错误（$?≠0），则 cmd2 不运行
cmd1 || cmd2	若 cmd1 运行完毕且正确运行（$?=0），则 cmd2 不运行；若 cmd1 运行完毕且为错误（$?≠0），则开始运行 cmd2

注意 两个"&"之间是没有空格的，"|"则是按"Shift+\"组合键的结果。

上述的 cmd1 及 cmd2 都是命令。现在回到我们刚刚假设的情况。

- 先判断一个目录是否存在。
- 若存在，则在该目录下面创建一个文件。

由于我们尚未介绍"条件判断式（test）"的使用方法，所以这里使用 ls 以及回传值来判断目录是否存在。

【例 7-1】使用 ls 查阅目录/tmp/abc 是否存在，若存在，则用 touch 创建/tmp/abc/hehe。

```
[root@Server01 ~]# ls /tmp/abc && touch /tmp/abc/hehe
```

```
ls: 无法访问'/tmp/abc': 没有那个文件或目录
# 说明找不到该目录，但并没有 touch 的错误，表示 touch 并没有运行
[root@Server01 ~]# mkdir  /tmp/abc
[root@Server01 ~]# ls /tmp/abc  &&  touch  /tmp/abc/hehe
[root@Server01 ~]# ll /tmp/abc
total 0
-rw-r--r--. 1 root root 0 Jul 14 22:34 hehe
```

若/tmp/abc 不存在，touch 就不会被运行；若/tmp/abc 存在，那么 touch 会开始运行。在上面的例子中，我们还必须手动创建目录，很麻烦。能不能自动判断没有该目录就创建呢？看下面的例子。

【例 7-2】测试/tmp/abc 是否存在，若不存在，则予以创建；若存在，则不做任何事情。

```
[root@Server01 ~]# rm  -r  /tmp/abc              <==先删除此目录以方便测试
[root@Server01 ~]# ls /tmp/abc  ||  mkdir  /tmp/abc
ls: 无法访问'/tmp/abc': 没有那个文件或目录
[root@Server01 ~]# ll /tmp/abc
Total      0        <==结果出现了，能访问到该目录，不报错，说明运行了 mkdir 命令
```

如果你一再重复执行"ls /tmp/abc || mkdir /tmp/abc"，也不会重复出现 mkdir 的错误。这是因为/tmp/abc 已经存在，所以后续的 mkdir 不会执行。

【例 7-3】如果不管/tmp/abc 存在与否，都要创建/tmp/abc/hehe 文件，怎么办呢？

```
[root@Server01 ~]#ls /tmp/abc || mkdir /tmp/abc && touch /tmp/abc/hehe
```

上面的例 7-3 总是会创建/tmp/abc/hehe，无论/tmp/abc 是否存在。那么例 7-3 应该如何解释呢？由于 Linux 中的命令都是从左往右执行的，所以例 7-3 有下面两种结果。

- 若/tmp/abc 不存在。回传$?≠0；因为"||"遇到不为 0 的$?，故开始执行 mkdir /tmp/abc，由于 mkdir /tmp/abc 会成功执行，所以回传 $?=0；因为"&&"遇到 $?=0，故会执行 touch/tmp/abc/hehe，最终 hehe 就被创建了。
- 若/tmp/abc 存在。回传 $?=0；因为"||"遇到 $?=0 不会执行，此时 $?=0 继续向后传；而"&&"遇到 $?=0 就开始创建/tmp/abc/hehe，所以最终/tmp/abc/hehe 被创建。

命令运行的流程如图 7-1 所示。

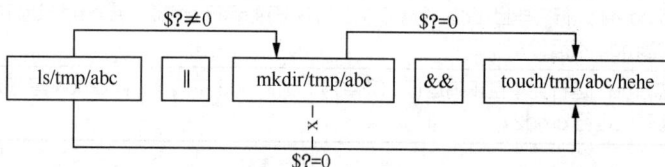

图 7-1　命令运行的流程

在图 7-1 显示的两股数据中，上方的线段为不存在 /tmp/abc 时所进行的命令行为，下方的线段则是存在/tmp/abc 时所进行的命令行为。如上所述，下方线段由于存在 /tmp/abc，所以使 $?=0，中间的 mkdir 就不运行了，并将 $?=0 继续往后传给后续的 touch 使用。

我们再来看看下面这个例题。

【例 7-4】以 ls 测试/tmp/bobbying 是否存在：若存在，则显示"exist"；若不存在，则显示"not exist"。

这又涉及逻辑判断的问题，如果存在就显示某个数据，如果不存在就显示其他数据，那么我们可以这样做：

```
ls /tmp/bobbying && echo "exist" || echo "not exist"
```

意思是说，在 ls /tmp/bobbying 运行后，若正确，就运行 echo "exist"；若有问题，就运行 echo "not exist"。那么如果写成如下的方式又会如何呢？

```
ls /tmp/bobbying || echo "not exist" && echo "exist"
```

这其实是有问题的，为什么呢？由图 7-1 所示的流程介绍可知，命令一个一个往后执行，因此在上面的例子中，如果/tmp/bobbying 不存在，则进行如下动作。

① 若 ls /tmp/bobbying 不存在，则回传一个非 0 的数值。

② 经过 "||" 的判断，发现前一个命令回传非 0 的数值，程序开始运行 echo "not exist"，而 echo "not exist" 程序肯定可以运行成功，因此会回传一个 0 值给后面的命令。

③ 经过 "&&" 的判断，则开始运行 echo "exist"。

这样，在这个例子中会同时出现 not exist 与 exist，是不是很有意思啊！请读者仔细思考。

> **特别提示** 经过这个例题的练习，你应该了解，由于命令是一个接着一个运行的，因此如果真要使用判断，那么 "&&" 与 "||" 的顺序就不能搞错。假设判断式有 3 个的情况，如 "command1 && command2 || command3" 所示，且顺序通常不会变，因为一般来说，command2 与 command3 会放置肯定可以运行成功的命令，因此，依据上面例题的逻辑分析可知，必须按此顺序放置各命令，请读者一定注意。

任务 7-2 掌握 grep 的高级使用

简单地说，正则表达式就是处理字符串的方法，它以 "行" 为单位来处理字符串。正则表达式通过一些特殊符号的辅助，可以让用户轻易地查找、删除、替换某些或某个特定的字符串。

例如，如果只想找到 MYweb（前面两个为大写字母）或 Myweb（仅有一个大写字母）字符串（MYWEB、myweb 等都不符合要求），该如何处理？如果在没有正则表达式的环境中（如 MS Word），你或许要使用忽略大小写的办法，或者分别以 MYweb 及 Myweb 查找两遍。但是，忽略大小写可能会搜寻到 MYWEB/myweb/MyWeB 等不需要的字符串而造成困扰。

grep 是 shell 中处理字符很方便的命令，其命令格式如下。

7-3 拓展阅读

了解正则表达式

```
grep [-A] [-B] [--color=auto] '查找字符串' filename
```

选项与参数的含义如下。

-A：为之后的意思，后面可加数字，除了列出该行外，后续的 n 行也可列出来。

-B：为之前的意思，后面可加数字，除了列出该行外，前面的 n 行也可列出来。

--color=auto：可将查找出的正确数据用特殊颜色标记。

7-4 拓展阅读

了解语系对正则表达式的影响

【例 7-5】用 dmesg 列出核心信息，再以 grep 找出内含 IPv6 的行。

```
[root@Server01 ~]# dmesg | grep 'IPv6'
[    1.228032] Segment Routing with IPv6
[   13.707603] IPv6: ADDRCONF(NETDEV_UP): ens160: link is not ready
# dmesg 可列出核心信息，通过 grep 获取 IPv6 的相关信息
```

【例 7-6】承例 7-5，要将获取到的关键字显色，且加上行号（-n）来表示。

```
[root@Server01 ~]# dmesg | grep -n --color=auto 'IPv6'
1265:[    1.228032] Segment Routing with IPv6
1531:[   13.707603] IPv6: ADDRCONF(NETDEV_UP): ens160: link is not ready
# 除了会有特殊颜色外，最前面还有行号
```

【例 7-7】承例 7-6，将关键字所在行的前 1 行与后 1 行也一起找出来显示。

```
[root@Server01 ~]# dmesg | grep -n -A1 -B1 --color=auto 'IPv6'
1264-[    1.227794] NET: Registered protocol family 10
1265:[    1.228032] Segment Routing with IPv6
1266-[    1.228032] NET: Registered protocol family 17
--
1530-[    9.349047] random: 7 urandom warning(s) missed due to ratelimiting
1531:[   13.707603] IPv6: ADDRCONF(NETDEV_UP): ens160: link is not ready
1532-[   13.761952] vmxnet3 0000:03:00.0 ens160: intr type 3, mode 0, 2 v
# 如上所示，你会发现关键字 1265 所在的前后各一行及 1531 前后各一行也都被显示出来
# 这样可以让你将关键字前后数据找出来进行分析
```

任务 7-3　练习基础正则表达式

　　练习文件 sample.txt 的内容如下。文件共有 22 行，最底下一行为空白行。该文本文件已上传到人民邮电出版社人邮教育社区供下载，也可加作者 QQ（号码为 68433059）索要。现将该文件复制到 root 的家目录/root 下。

```
 [root@Server01 ~]# pwd
/root
[root@Server01 ~]# cat /root/sample.txt
"Open Source" is a good mechanism to develop programs.
apple is my favorite food.
Football game does not use feet only.
this dress doesn't fit me.
However, this dress is about $ 3183 dollars.^M
GNU is free air not free beer.^M
Her hair is very beautiful.^M
I can't finish the test.^M
Oh! The soup taste good.^M
motorcycle is cheaper than car.
This window is clear.
the symbol '*' is represented as star.
Oh!     My god!
The gd software is a library for drafting programs.^M
You are the best means you are the NO. 1.
The word <Happy> is the same with "glad".
I like dogs.
google is a good tool for search keyword.
goooooogle yes!
go! go! Let's go.
# I am Bobby
```

1. 查找特定字符串

　　假设我们要从文件 sample.txt 中取得"the"这个特定字符串，最简单的方式是：

```
[root@Server01 ~]# grep -n 'the' /root/sample.txt
8:I can't finish the test.
12:the symbol '*' is represented as star.
15:You are the best means you are the NO. 1.
16:The word <Happy> is the same with "glad".
18:google is a good tool for search keyword.
```

如果想要反向选择呢？也就是说，只有该行没有"the"这个字符串时，才显示在屏幕上。

```
[root@Server01 ~]# grep -vn 'the' /root/sample.txt
```

你会发现，屏幕上出现的行为除了第 8、12、15、16、18 这 5 行之外的其他行。接下来，如果想要获得不区分大小写的"the"这个字符串，则执行：

```
[root@Server01 ~]# grep -in 'the' /root/sample.txt
8:I can't finish the test.
9:Oh! The soup taste good.
12:the symbol '*' is represented as star.
14:The gd software is a library for drafting programs.
15:You are the best means you are the NO. 1.
16:The word <Happy> is the same with "glad".
18:google is a good tool for search keyword.
```

除了多两行（第 9、14 行）之外，第 16 行也多了一个"The"关键字，并标出了颜色。

2. 利用"[ ]"来搜寻集合字符

对比"test"或"taste"这两个单词可以发现，它们有共同点"t?st"。这个时候，可以这样查寻：

```
[root@Server01 ~]# grep -n 't[ae]st' /root/sample.txt
8:I can't finish the test.
9:Oh! The soup taste good.
```

其实"[ ]"中无论有几个字符，都只代表某一个字符，所以上面的例子说明需要的字符串是 tast 或 test。而想要搜寻到有"oo"的字符时，使用：

```
[root@Server01 ~]# grep -n 'oo' /root/sample.txt
1:"Open Source" is a good mechanism to develop programs.
2:apple is my favorite food.
3:Football game does not use feet only.
9:Oh! The soup taste good.
18:google is a good tool for search keyword.
19:goooooogle yes!
```

但是，如果不想"oo"前面有"g"的行显示出来，可以利用在集合字节的反向选择[^]来完成。

```
[root@Server01 ~]# grep -n '[^g]oo' /root/sample.txt
2:apple is my favorite food.
3:Football game does not use feet only.
18:google is a good tool for search keyword.
19:goooooogle yes!
```

第 1、9 行不见了，因为这两行的 oo 前面出现了 g。第 2、3 行没有疑问，因为 foo 与 Foo 均可被接受。但是第 18 行虽然有 google 的 goo，因为该行后面出现了 tool 的 too，所以该行也被列出来。也就是说，虽然第 18 行中出现了我们不要的项目（goo），但是由于有需要的项目（too），因此其是符合字符串搜寻要求的。

至于第 19 行，同样，因为 goooooogle 里面的 oo 前面可能是 o，如 go(ooo)oogle，所以这一行也是符合需求的。

再者，假设不想 oo 前面有小写字母，可以这样写：[^abcd....z]oo。但是这样似乎不怎么方便，由于小写字母的 ASCII 编码顺序是连续的，因此，我们可以将之简化：

```
[root@Server01 ~]# grep -n '[^a-z]oo' sample.txt
3:Football game does not use feet only.
```

也就是说，如果一组集合字节是连续的，如大写英文、小写英文、数字等，就可以使用 [a-z]、[A-Z]、[0-9] 等方式来书写。那么如果要求字符串是数字与英文呢？那就将其全部写在一起，变成 [a-zA-Z0-9]。例如，要获取有数字的那一行：

```
[root@Server01 ~]# grep -n '[0-9]' /root/sample.txt
5:However, this dress is about $ 3183 dollars.
15:You are the best means you are the NO. 1.
```

但考虑到语系对编码顺序的影响，所以除了连续编码使用 "–" 之外，也可以使用如下方法取得前面两个测试的结果。

```
[root@Server01 ~]# grep -n '[^[:lower:]]oo' /root/sample.txt
# [:lower:]代表 a~z
[root@Server01 ~]# grep -n '[[:digit:]]' /root/sample.txt
```

至此，对于 "[]" 和 "[^]"，以及 "[]" 中的 "–"，是不是已经很熟悉了？

3. 行首与行尾字节^ $

在前面，可以查询到一行字符串中有 "the"，那么如何让 "the" 只在行首列出呢？

```
[root@Server01 ~]# grep -n '^the' /root/sample.txt
12:the symbol '*' is represented as star.
```

此时，就只剩下第 12 行，因为只有第 12 行的行首是 the。此外，如果想让开头是小写字母的那些行列出来，该怎么办？可以这样写：

```
[root@Server01 ~]# grep -n '^[a-z]' /root/sample.txt
2:apple is my favorite food.
4:this dress doesn't fit me.
10:motorcycle is cheaper than car.
12:the symbol '*' is represented as star.
18:google is a good tool for search keyword.
19:goooooogle yes!
20:go! go! Let's go.
```

如果不想开头是英文字母，则可以这样：

```
[root@Server01 ~]# grep -n '^[^a-zA-Z]' /root/sample.txt
1:"Open Source" is a good mechanism to develop programs.
21:# I am Bobby
```

> **特别提示** "^" 在字符集合符号 "[ ]" 之内与之外的意义是不同的。在 "[ ]" 内代表 "反向选择"，在 "[ ]" 之外代表定位在行首。反过来思考，想要找出行尾结束为 "." 的那些行，该如何处理？

```
[root@Server01 ~]# grep -n '\.$' /root/sample.txt
1:"Open Source" is a good mechanism to develop programs.
2:apple is my favorite food.
```

```
3:Football game does not use feet only.
4:this dress doesn't fit me.
10:motorcycle is cheaper than car.
11:This window is clear.
12:the symbol '*' is represented as star.
15:You are the best means you are the NO. 1.
16:The word <Happy> is the same with "glad".
17:I like dogs.
18:google is a good tool for search keyword.
20:go! go! Let's go.
```

特别注意 因为小数点具有其他意义（后文会介绍），所以必须使用跳转字节 "\" 来解除其特殊意义。不过，你或许会觉得奇怪，第 5~9 行最后面也是 "."，怎么无法输出？这里就涉及 Windows 平台的软件对于断行字符的判断问题了。我们使用 cat -A 将第 5 行显示出来，你会发现（命令 cat 中的 -A 参数含义：显示不可输出的字符，行尾显示 "$"）。

```
[root@Server01 ~]# cat -An /root/sample.txt | head -n 10 | tail -n 6
     5  However, this dress is about $ 3183 dollars.^M$
     6  GNU is free air not free beer.^M$
     7  Her hair is very beautiful.^M$
     8  I can't finish the test.^M$
     9  Oh! The soup taste good.^M$
    10  motorcycle is cheaper than car.$
```

由此，我们可以发现第 5~9 行为 Windows 的断行字节 "^M$"，而正常的 Linux 应该仅有第 10 行显示的 "$"。所以，也就找不到第 5~9 行了。这样就可以了解 "^" 与 "$" 的含义了。

思考 如果想要找出哪一行是空白行，即该行没有输入任何数据，该如何搜寻？

```
[root@Server01 ~]# grep -n '^$' /root/sample.txt
22:
```
因为只有行首和行尾有 "^$"，所以这样就可以找出空白行了。

技巧 假设已经知道在一个程序脚本或者配置文件中，空白行与开头为 "#" 的那些行是注释行，因此要将数据输出作为参考，可以将这些数据省略以节省纸张，那么应该怎么操作呢？我们以 /etc/rsyslog.conf 这个文件为范例，可以自行参考以下输出结果（-v 选项表示输出除要求之外的所有行）。

```
[root@Server01 ~]# cat -n /etc/rsyslog.conf
#结果可以发现有 91 行的输出，其中包含很多空白行与以 "#" 开头的注释行

[root@Server01 ~]# grep -v '^$' /etc/rsyslog.conf | grep -v '^#'
# 结果仅有 10 行，其中第一个 "-v '^$'" 代表不要空白行
# 第二个 "-v '^#'" 代表不要开头是 "#" 的行
```

4. 任意一个字符 "." 与重复字节 "*"
我们知道通用字符 "*" 可以用来代表任意（0 或多个）字符，但是正则表达式并不是通用字符，

两者之间是不相同的。至于正则表达式中的"."则表示"绝对有一个任意字符"的意思。这两个符号在正则表达的含义如下。

- .：代表一个任意字符。
- *：代表重复前一个字符 0 次到无穷多次的意思，为组合形态。

下面直接做练习。假设需要找出"g??d"的字符串，即共有 4 个字符，开头是 g，结尾是 d，可以这样做：

```
[root@Server01 ~]# grep -n 'g..d' /root/sample.txt
1:"Open Source" is a good mechanism to develop programs.
9:Oh! The soup taste good.
16:The word <Happy> is the same with "glad".
```

因为强调 g 与 d 之间一定要存在两个字符，因此，第 13 行的 god 与第 14 行的 gd 不会列出来。如果想要列出 oo、ooo、oooo 等数据，也就是说，至少要有两个及两个以上的 o，该如何操作呢？是 o*、oo* 还是 ooo* 呢？

因为"*"代表的是"重复 0 个或多个前面的 RE（Regular Expression，正则表达式）字符"，因此，o*代表的是"拥有空字符或一个 o 以上的字符"。

> **特别注意** 因为允许空字符（有没有字符都可以），所以"**grep -n 'o*' sample.txt**"将会把所有数据都列出来。

那么如果是 oo* 呢？则第一个 o 肯定必须存在，第二个 o 则是可有可无的，所以，凡是含有 o、oo、ooo、oooo 等的，都可以列出来。

同理，当需要"至少两个 o 以上的字符串"时，就需要使用 ooo*，即：

```
[root@Server01 ~]# grep -n 'ooo*' /root/sample.txt
1:"Open Source" is a good mechanism to develop programs.
2:apple is my favorite food.
3:Football game does not use feet only.
9:Oh! The soup taste good.
18:google is a good tool for search keyword.
19:goooooogle yes!
```

继续做练习，如果想要字符串开头与结尾都是 g，但是两个 g 之间仅能存在至少一个 o，即 gog、goog、gooog 等，该如何操作呢？

```
[root@Server01 ~]# grep -n 'goo*g' sample.txt
18:google is a good tool for search keyword.
19:goooooogle yes!
```

想要找出以 g 开头且以 g 结尾的字符串，当中的字符可有可无，该如何操作呢？是 g*g 吗？

```
[root@Server01 ~]# grep -n 'g*g' /root/sample.txt
1:"Open Source" is a good mechanism to develop programs.
3:Football game does not use feet only.
9:Oh! The soup taste good.
13:Oh! My god!
14:The gd software is a library for drafting programs.
16:The word <Happy> is the same with "glad".
17:I like dogs.
```

```
18:google is a good tool for search keyword.
19:gooooooogle yes!
20:go! go! Let's go.
```

但测试的结果竟然出现这么多行？因为 g*g 中的 g* 代表"空字符或一个以上的 g" 再加上后面的 g，因此，整个正则表达式的内容就是 g、gg、ggg、gggg 等，所以，只要该行当中拥有一个以上的 g 就符合所需了。

那么该如何满足 g...g 的需求呢？利用任意一个字符"."，即 g.*g。因为"*"可以是 0 个或多个重复前面的字符，而"."是任意字符，所以".*"就代表 0 个或多个任意字符。

```
[root@Server01 ~]# grep -n 'g.*g' /root/sample.txt
1:"Open Source" is a good mechanism to develop programs.
14:The gd software is a library for drafting programs.
18:google is a good tool for search keyword.
19:gooooooogle yes!
20:go! go! Let's go.
```

因为代表以 g 开头并且以 g 结尾，中间任意字符均可接受，所以，第 1、14、20 行是可接受的。

> **注意** ".*"的 RE 表示任意字符很常见，希望大家能够理解并且熟悉。

再来完成一个练习，如果想要找出"任意数字"的行列呢？因为仅有数字，所以这样做：

```
[root@Server01 ~]# grep -n '[0-9][0-9]*' /root/sample.txt
5:However, this dress is about $ 3183 dollars.
15:You are the best means you are the NO. 1.
```

虽然使用 grep -n '[0-9]' sample.txt 也可以得到相同的结果，但希望大家能够理解上面命令中 RE 的含义。

5. 限定连续 RE 字符范围

在上例中，可以利用"."、RE 字符及"*"来设置 0 个到无限多个重复字符，如果想要限制一个范围区间内的重复字符数该怎么办呢？例如，想要找出 2~5 个 o 的连续字符串，该如何操作？这时候就要使用限定范围的字符"{}"了。但因为"{"与"}"在 shell 中是有特殊含义的，所以必须使用转义字符"\"来让其失去特殊含义。

先来做一个练习，假设要找到含两个 o 的字符串的行，可以这样做：

```
[root@Server01 ~]# grep -n 'o\{2\}' /root/sample.txt
1:"Open Source" is a good mechanism to develop programs.
2:apple is my favorite food.
3:Football game does not use feet only.
9:Oh! The soup taste good.
18:google is a good tool for search keyword.
19:gooooooogle yes!
```

似乎与 ooo* 的字符没有什么差异，因为第 19 行有多个 o 依旧出现了！那么换个搜寻的字符串试试。假设要找出 g 后面接 2~5 个 o，然后接一个 g 的字符串，应该这样操作：

```
[root@Server01 ~]# grep -n 'go\{2,5\}g' /root/sample.txt
18:google is the best tools for search keyword.
```

第 19 行没有被选中（因为第 19 行有 6 个 o）。那么，如果想要的是 2 个 o 以上的 goooo...g 呢？除了可以使用 gooo*g 外，也可以这样：

```
[root@Server01 ~]# grep -n 'go\{2,\}g' /root/sample.txt
18:google is a good tool for search keyword.
19:goooooogle yes!
```

任务 7-4　基础正则表达式的特殊字符汇总

经过了上面几个简单的范例，可以将基础正则表示式的特殊字符汇总成表 7-3。

表 7-3　基础正则表达式的特殊字符

RE 字符	含义与范例
^word	含义：待搜寻的字符串"word"在行首。 范例：搜寻行首以"#"开始的那一行，并列出行号 grep -n '^#' sample.txt
word$	含义：待搜寻的字符串"word"在行尾。 范例：将行尾为"!"的那一行列出来，并列出行号 grep -n '!$' sample.txt
.	含义：代表一定有一个任意字节的字符。 范例：搜寻的字符串可以是"eve""eae""eee""e e"，但不能仅有"ee"，即 e 与 e 中间"一定"仅有一个字符，而空白字符也是字符 grep -n 'e.e' sample.txt
\	含义：转义字符，将特殊符号的特殊含义去除。 范例：搜寻含有单引号"'"的那一行 grep -n \' sample.txt
*	含义：重复 0 个到无穷多个的前一个 RE 字符。 范例：找出含有"es""ess""esss"等的字符串，注意，因为"*"可以是 0 个，所以 es 也是符合要求的搜寻字符串。另外，因为"*"为重复"前一个 RE 字符"的符号，因此，在"*"之前必须紧接着一个 RE 字符！例如，任意字符为".*" grep -n 'ess*' sample.txt
[list]	含义：字符集合的 RE 字符，里面列出想要选取的字符。 范例：搜寻含有（gl）或（gd）的那一行，需要特别留意的是，在"[ ]"中"仅代表一个待搜寻的字符"，例如，"a[afl]y"代表搜寻的字符串可以是"aay""afy""aly"，即 [afl] 代表 a 或 f 或 l grep -n 'g[ld]' sample.txt
[n1-n2]	含义：字符集合的 RE 字符，里面列出想要选取的字符范围。 范例：搜寻含有任意数字的那一行！需特别留意，字符集合"[]"中的"-"是有特殊含义的，代表两个字符之间的所有连续字符！但这个连续与否与 ASCII 编码有关，因此，编码需要设置正确（在 bash 中，需要确定 LANG 与 LANGUAGE 的变量是否正确！），例如，所有大写字符为[A-Z] grep -n '[A-Z]' sample.txt
[^list]	含义：字符集合的 RE 字符，里面列出不需要的字符串或范围。 范例：搜寻的字符串可以是"oog""ood"，但不能是"oot"，"^"在"[]"内时，表示"反向选择"。例如，不选取大写字符，则为[^A-Z]。但是，需要特别注意的是，如果以 grep -n [^A-Z] sample.txt 来搜寻，则发现该文件内的所有行都被列出，为什么？因为这个 [^A-Z] 是"非大写字符"的意思，而每一行均有非大写字符 grep -n 'oo[^t]' sample.txt

RE 字符	含义与范例
\{n,m\}	含义：连续 $n \sim m$ 个的"前一个 RE 字符"。 含义：若为\{n\}，则是连续 n 个的前一个 RE 字符。 含义：若为\{n,\}，则是连续 n 个以上的前一个 RE 字符。 范例：搜寻 g 与 g 之间有 2~3 个 o 存在的字符串，即"goog""gooog" grep -n 'go\{2,3\}g' sample.txt

任务 7-5　使用重定向

重定向就是不使用系统的标准输入端口、标准输出端口或标准错误端口，而进行重新指定，所以重定向分为输入重定向、输出重定向和错误重定向。通常情况下，是重定向到一个文件。在 shell 中，要实现重定向主要依靠重定向符，即 shell 通过检查命令行中有无重定向符来决定是否需要实施重定向。表 7-4 所示为常用的重定向符。

表 7-4　常用的重定向符

重定向符	说　　明
<	实现输入重定向。输入重定向并不经常使用，因为大多数命令都以参数的形式在命令行上指定输入文件的文件名。尽管如此，当使用一个不接受文件名为输入参数的命令，而需要的输入又是在一个已存在的文件中时，就能用输入重定向解决问题
>或>>	实现输出重定向。输出重定向比输入重定向更常用。输出重定向使用户能把一个命令的输出重定向到一个文件中，而不是显示在屏幕上。在很多情况下都可以使用这种功能。例如，如果某个命令的输出很多，在屏幕上不能完全显示，即可把它重定向到一个文件中，稍后再用文本编辑器来打开这个文件
2>或 2>>	实现错误重定向
&>	同时实现输出重定向和错误重定向

要注意的是，在实际执行命令之前，命令解释程序会自动打开（如果文件不存在，则自动创建）且清空该文件（文中已存在的数据将被删除）。当命令完成时，命令解释程序会正确关闭该文件，而命令在执行时并不知道它的输出流已被重定向。

下面举几个使用重定向的例子。

（1）将 ls 命令生成的/tmp 目录的一个清单存到当前目录下的 dir 文件中。

```
[root@Server01 ~]# ls -l /tmp >dir
```

（2）将 ls 命令生成的/etc 目录的一个清单以追加的方式存到当前目录下的 dir 文件中。

```
[root@Server01 ~]# ls -l /etc >>dir
```

（3）passwd 文件的内容作为 wc 命令的输入（wc 命令用来计算数字，可以计算文件的字节数、字数或是列数。若不指定文件名称，或是所给予的文件名为"-"，则 wc 命令会从标准输入设备读取数据）。

```
[root@Server01 ~]# wc</etc/passwd
```

（4）将 myprogram 命令的错误信息保存在当前目录下的 err_file 文件中。

```
[root@Server01 ~]# myprogram 2>err_file
```

（5）将 myprogram 命令的输出信息和错误信息保存在当前目录下的 output_file 文件中。

```
[root@Server01 ~]# myprogram &>output_file
```

（6）将 ls 命令的错误信息保存在当前目录下的 err_file 文件中。

```
[root@Server01 ~]# ls -l 2>err_file
```

注意 该命令并没有产生错误信息，但 err_file 文件中的原文件内容会被清空。

当我们输入重定向符时，命令解释程序会检查目标文件是否存在。如果不存在，则命令解释程序会根据给定的文件名创建一个空文件；如果重定向到一个已经存在的文件，则使用上述重定向命令时，会先将已经存在的文件的内容清空，然后将重定向的内容写入该文件，这可能造成已有文件内容损毁。这种操作方式表明：当重定向到一个已存在的文件时需要十分小心，数据很容易在用户还没有意识到之前就丢失了。

bash 输入/输出重定向可以使用下面选项设置为不覆盖已存在文件。

```
[root@Server01 ~]# set -o noclobber
```

这个选项仅用于对当前命令解释程序输入、输出进行重定向，其他程序仍可能覆盖已存在的文件。

（7）/dev/null。

空设备的一个典型用法是丢弃从 find 或 grep 等命令送来的错误信息。

```
[root@Server01 ~]# su - yangyun
[yangyun@Server01 ~]$ grep IPv6 /etc/* 2>/dev/null
[yangyun@Server01 ~]$ grep IPv6 /etc/*     //会显示包含许多错误的所有信息
[yangyun@Server01 ~]$ exit
注销
[root@Server01 ~]#
```

上面的 grep 命令的含义是从/etc 目录下的所有文件中搜索包含字符串"IPv6"的所有行。由于我们是在普通用户的权限下执行该命令，所以 grep 命令是无法打开某些文件的，系统会显示一大堆"未得到允许"的错误提示。通过将错误重定向到空设备，可以在屏幕上只得到有用的输出。

任务 7-6　使用管道命令

许多 Linux 命令具有过滤特性，即一条命令通过标准输入端口接收一个文件中的数据，命令执行后，产生的结果数据又通过标准输出端口送给后一条命令，作为该命令的输入数据。后一条命令也是通过标准输入端口接收输入数据。

shell 提供管道命令"|"将这些命令前后衔接在一起，形成一个管道线，其格式为：

```
命令 1|命令 2|...|命令 n
```

管道线中的每一条命令都作为一个单独的进程运行,每一条命令的输出作为下一条命令的输入。由于管道线中的命令总是从左到右顺序执行的，所以管道线是单向的。

管道线的实现创建了 Linux 操作系统管道文件并进行重定向，但是管道不同于输入/输出重定向。输入重定向导致一个程序的标准输入来自某个文件，输出重定向是将一个程序的标准输出写到一个文件中，而管道是直接将一个程序的标准输出与另一个程序的标准输入相连接，不需要经过任何中间文件。

例如：

```
[root@Server01 ~]# who >tmpfile
```

我们运行命令 who 来找出谁已经登录了系统。该命令的输出结果是每个用户对应一行数据，其中包含了一些有用的信息，我们将这些信息保存在临时文件中。

现在运行下面的命令。

```
[root@Server01 ~]# wc -l <tmpfile
```

该命令会统计临时文件的行数，最后的结果是登录系统的用户数。

可以将以上两个命令组合起来。

```
[root@Server01 ~]# who|wc -l
```

管道符号告诉命令解释程序将左边的命令（在本例中为 who）的标准输出流连接到右边的命令（在本例中为 wc -l）的标准输入流。现在命令 who 的输出不经过临时文件就可以直接送到命令 wc 中了。

下面再举几个使用管道的例子。

（1）以长格式递归的方式分屏显示/etc 目录下的文件和目录列表。

```
[root@Server01 ~]# ls -Rl /etc | more
```

（2）分屏显示文本文件/etc/passwd 的内容。

```
[root@Server01 ~]# cat /etc/passwd | more
```

（3）统计文本文件/etc/passwd 的行数、字数和字符数。

```
[root@Server01 ~]# cat /etc/passwd | wc
```

（4）查看是否存在 john 和 yangyun 用户账号。

```
[root@Server01 ~]# cat /etc/passwd | grep john
[root@Server01 ~]# cat /etc/passwd | grep yangyun
yangyun:x:1000:1000:yangyun:/home/yangyun:/bin/bash
```

（5）查看系统是否安装了 ssh 软件包。

```
[root@Server01 ~]# rpm -qa | grep ssh
```

（6）显示文本文件中的若干行。

```
[root@Server01 ~]# tail -15 /etc/passwd | head -3
```

管道仅能控制命令的标准输出流。如果标准错误输出未重定向，那么任何写入其中的信息都会在终端显示屏幕上显示。管道可用来连接两个以上的命令。由于使用了一种被称为过滤器的服务程序，所以多级管道在 Linux 中是很普遍的。过滤器只是一段程序，它从自己的标准输入流读入数据，然后写到自己的标准输出流中，这样就能沿着管道过滤数据。在下例中：

```
[root@Server01 ~]# who|grep root| wc -l
```

who 命令的输出结果由 grep 命令处理，而 grep 命令则过滤（丢弃）所有不包含字符串"root"的行。这个输出结果经过管道送到命令 wc，而该命令的功能是统计剩余的行数，这些行数与网络用户数相对应。

Linux 操作系统的一个最大优势就是可以按照这种方式将一些简单的命令连接起来，形成更复杂的、功能更强的命令。那些标准的服务程序仅仅是一些管道应用的单元模块，在管道中它们的作用更加明显。

7.4 为计算机事业做出过巨大贡献的王选院士

王选院士曾经为中国的计算机事业做出过巨大贡献，并因此获得国家最高科学技术奖，你知道王选院士吗？

王选院士（1937—2006）是享誉国内外的著名科学家，汉字激光照排技术创始人，北京大学计算机科学技术研究所主要创建者，历任副所长、所长，博士生导师。他曾任第十届全国政协副主席、九三学社副主席、中国科学技术协会副主席、中国科学院院士、中国工程院院士、第三世界科学院院士。

王选院士发明的汉字激光照排系统两次获国家科技进步一等奖（1987、1995），两次被评为全国十大科技成就（1985、1995），并获国家重大技术装备成果奖特等奖。王选院士一生荣获了国家最高科学技术奖、联合国教科文组织科学奖、陈嘉庚科学奖、美洲中国工程师学会个人成就奖、何梁何利基金科学与技术进步奖等二十多项重大成果和荣誉。

1975 年开始，以王选院士为首的科研团队决定跨越当时日本流行的光机式二代机和欧美流行的阴极射线管式三代机阶段，开创性地研制当时国外尚无商品的第四代激光照排系统。针对汉字印刷的特点和难点，他们发明了高分辨率字形的高倍率信息压缩技术和高速复原方法，率先设计出相应的专用芯片，在世界上首次使用控制信息（参数）描述笔划特性。第四代激光照排系统获 1 项欧洲专利和 8 项中国专利，并获第 14 届日内瓦国际发明展金奖、中国专利发明创造金奖，2007 年入选"首届全国杰出发明专利创新展"。

7.5 练习题

一、填空题

1. 由于内核在内存中是受保护的区块，所以必须通过_____将我们输入的命令与内核沟通，以便让内核可以控制硬件正确无误地工作。

2. 系统合法的 shell 均写在_____文件中。

3. 用户默认登录取得的 shell 记录于_____的最后一个字段。

4. shell 变量有其规定的作用范围，可以分为_____与_____。

5. _____命令显示目前 bash 环境下的所有变量。

6. 通配符主要有_____、_____、_____等。

7. 正则表达式就是处理字符串的方法，是以_____为单位来处理字符串的。

8. 正则表达式通过一些特殊符号的辅助，可以让用户轻易地_____、_____、_____某个或某些特定的字符串。

9. 正则表达式与通配符是完全不一样的。_____代表的是 bash 操作接口的一个功能，_____则是一种字符串处理的表示方式。

二、简述题

1. 什么是重定向？什么是管道？

2. shell 变量有哪两种？分别如何定义？

3. 如何设置用户自己的工作环境？

4. 关于正则表达式的练习，首先要设置好环境，输入以下命令。

```
[root@Server01 ~]# cd
[root@Server01 ~]# cd /etc
[root@Server01 ~]# ls -a >~/data
[root@Server01 ~]# cd
```

这样，/etc 目录下所有文件的列表会保存在你的主目录下的 data 文件中。

写出可以在 data 文件中查找满足以下条件的所有行的正则表达式。

（1）以"P"开头。

（2）以"y"结尾。

（3）以"m"开头，以"d"结尾。

（4）以"e""g"或"l"开头。

（5）包含"o"，后面跟着"u"。

（6）包含"o"，一个字母之后是"u"。

（7）以小写字母开头。

（8）包含一个数字。

（9）以"s"开头，包含一个"n"。

（10）只含有 4 个字母。

（11）只含有 4 个字母，但不包含"f"。

项目8

学习shell script

08

项目导入：

如果想要管理好主机，一定要好好学习 shell script。shell script 有点像早期的批处理，即将一些命令汇总起来一次运行。但是 shell script 拥有更强大的功能，就是它可以进行类似程序（program）的撰写，并且不需要经过编译（compile）就能够运行，非常方便。同时，还可以通过 shell script 来简化日常的工作管理。在整个 Linux 的环境中，一些服务（service）的启动都是通过 shell script 来运行的，如果对 shell script 不了解，一旦发生问题，就会求助无门。

职业能力目标和要求：

• 理解 shell script。	• 掌握条件判断式的用法。
• 掌握判断式的用法。	• 掌握循环的用法。

8.1 项目知识准备

什么是 shell script（程序化脚本）呢？首先了解 shell script。另外本项目均在 Server01 服务器上编写、调试和运行，工作目录为/root/scripts。

8.1.1 了解 shell script

就字面上的含义，我们将 shell script 分为两部分。"shell"部分在项目 7 中已经提过了，它是在命令行界面下让我们与系统沟通的一个工具接口。那么"script"是什么？字面上的含义，script 是"脚本、剧本"的意思。shell script 就是针对 shell 所写的"脚本"。

其实，shell script 是利用 shell 的功能所写的一个"程序"。这个程序使用纯文本文件，将一些 shell 的语法与命令（含外部命令）写在里面，搭配正则表达式、管道命令与数据流重定向等功能，以达到想要的处理目的。

所以，简单地说，shell script 就像早期"DOS 年代"的批处理（.bat），最简单的功能是将许多命令写在一起，让用户很轻易地就能够处理复杂的操作（运行一个文件"shell script"，就能够一次运行多个命令）。shell script 能提供数组、循环、条件与逻辑判断等重要功能，让用户可以直接以 shell 来撰写程序，而不必使用类似 C 程序语言等传统程序撰写的语法。

shell script 可以简单地看成批处理文件，也可以说是程序语言，并且这个程序语言都是利用 shell 与相关工具命令组成的，所以不需要编译即可运行。另外，shell script 还具有不错的排错（debug）工具，所以，它可以帮助系统管理员快速管理好主机。

8.1.2 编写与执行一个 shell script

编写任何一个计算机程序都要养成好习惯，shell script 也不例外。

1. 编写 shell script 的注意事项

- 命令的执行是从上到下、从左到右进行的。
- 命令、选项与参数间的多个空格都会被忽略掉。
- 空白行也将被忽略掉，并且按"Tab"键生成的空白同样被视为空白行。
- 如果读取到一个 Enter 符号（CR），就尝试开始运行该行（或该串）命令。
- 如果一行的内容太多，则可以使用"\[Enter]"来延伸至下一行。
- "#"可作为注解。任何加在"#"后面的数据都将全部被视为注解文字而被忽略。

2. 运行 shell script

现在假设程序文件名是 /home/dmtsai/shell.sh，那么如何运行这个文件呢？很简单，可以有下面几种方法。

（1）直接下达命令：shell.sh 文件必须具备可读与可执行（rx）的权限。

- 绝对路径：使用/home/dmtsai/shell.sh 来下达命令。
- 相对路径：假设工作目录在/home/dmtsai/，则使用./shell.sh 来运行。
- 变量"PATH"功能：将 shell.sh 放在 PATH 指定的目录内，如~/bin/。

（2）以 bash 程序来运行：通过 bash shell.sh 或 sh shell.sh 来运行。

由于 Linux 默认家目录下的~/bin 目录会被设置到$PATH 内，所以也可以将 shell.sh 创建在 /home/dmtsai/bin/下面（~/bin 目录需要自行设置）。此时，若 shell.sh 在 ~/bin 内且具有 rx 的权限，则直接输入 shell.sh 即可运行该脚本。

为何 sh shell.sh 也可以运行呢？这是因为/bin/sh 其实就是/bin/bash（连接档），使用 sh shell.sh 即告诉系统，我想要直接以 bash 的功能来运行 shell.sh 这个文件内的相关命令，所以此时 shell.sh 只要有 r 的权限即可运行。也可以利用 sh 的选项，如利用-n 及-x 来检查与追踪 shell.sh 的语法是否正确。

3. 编写第一个 shell script

```
[root@Server01 ~]# cd; mkdir  /root/scripts;  cd /root/scripts
[root@Server01 scripts]# vim  sh01.sh
#!/bin/bash
# Program:
# This program shows "Hello World!" in your screen
# History:
# 2021/08/23 Bobby    First release
PATH=/bin:/sbin:/usr/bin:/usr/sbin:/usr/local/bin:/usr/local/sbin:~/bin
```

```
export PATH
echo -e "Hello World! \a \n"
exit 0
```

在本项目中，请将所有撰写的 shell script 放置到家目录的~/scripts 目录内，以利于管理。下面分析上面的程序。

（1）第一行#!/bin/bash 在宣告这个 shell script 使用的 shell 名称。

因为我们使用的是 bash，所以必须以"#!/bin/bash"来宣告这个文件内的语法使用 bash 的语法。当这个程序被运行时，就能够加载 bash 的相关环境配置文件（一般来说就是 non-login shell 的 ~/.bashrc），并且运行 bash 使下面的命令能够运行，这很重要。在很多情况下，如果没有设置好这一行，那么该程序很可能会无法运行，因为系统可能无法判断该程序需要使用什么 shell 来运行。

（2）程序内容的说明。

整个 shell script 当中，除了第一行的"#!"是用来声明 shell 之外，其他的"#"都是"注释"。所以在上面的程序中，第二行以下是用来说明整个程序的基本数据。

> **建议** 一定要养成说明 shell script 的内容与功能、版本信息、作者与联络方式、建立日期、历史记录等习惯。这将有助于未来程序的改写与调试。

（3）主要环境变量的声明。

务必将一些重要的环境变量设置好，其中 PATH 与 LANG（如果使用与输出相关的信息）是最重要的。如此一来，可让这个程序在运行时直接执行一些外部命令，而不必写绝对路径。

（4）主要程序部分。

在这个例子中，主要程序部分就是 echo 那一行。

（5）运行成果告知（定义回传值）。

一个命令的运行成功与否，可以使用"$?"查看。也可以利用 exit 命令来让程序中断，并且给系统回传一个数值。在这个例子中，使用 exit　0 代表离开 shell script 并且回传一个 0 给系统，所以当运行完这个 shell script 后，若接着执行 echo　$?，则可得到 0 的值。聪明的读者应该也知道了，利用 exit n（n 是数字）的功能，还可以自定义错误信息，让这个程序变得更加智能。

该程序的运行结果如下。

```
[root@Server01 scripts]# sh  sh01.sh
Hello World !
```

同时，运行上述程序应该还会听到"咚"的一声，为什么呢？这是因为 echo 加上了 -e 选项。当你完成这个小 shell script 之后，是不是感觉写脚本很简单？

另外，你也可以利用"chmod　a+x　sh01.sh;　./sh01.sh"来运行这个 shell script。

8.1.3　养成撰写 shell script 的良好习惯

养成良好习惯是很重要的，但大家在刚开始撰写程序的时候，最容易忽略这部分，认为程序写出来就好了，其他的不重要。其实，程序的说明更清楚，对自己是有很大帮助的。

建议养成良好的 shell script 撰写习惯，在每个 shell script 的文件头处包含如下内容。

- shell script 的功能。

- shell script 的版本信息。
- shell script 的作者与联络方式。
- shell script 的版权声明方式。
- shell script 的历史记录。
- shell script 内较特殊的命令，使用"绝对路径"的方式来执行。
- shell script 运行时需要的环境变量预先声明与设置。

除了记录这些信息之外，在较为特殊的程序部分，建议务必加上注解说明。此外，程序的撰写建议使用嵌套方式，最好能以"Tab"键的空格缩排。这样程序会显得非常漂亮、有条理，可以很轻松地阅读与调试程序。另外，撰写 shell script 的工具最好使用 vim 而不是 vi，因为 vim 有额外的语法检验机制，能够在开始撰写时就发现语法方面的问题。

8.2 项目设计与准备

本项目要用到 Server01 和 Client1，完成的任务如下。

（1）编写简单的 shell script。

（2）用好判断式（test 和"[]"）。

（3）利用条件判断式。

（4）利用循环。

其中 Server01 的 IP 地址为 192.168.10.1/24，Client1 的 IP 地址为 192.168.10.21/24，两台计算机的网络连接方式都是**仅主机模式（VMnet1）**。

> **特别提醒** 本项目所有实例的工作目录都在用户的家目录下的 scripts，即**/root/scripts** 下面，切记！

8.3 项目实施

任务 8-1 通过简单范例学习 shell script

下面先看 3 个简单实例。

1. 对话式脚本：变量内容由用户决定

很多时候我们需要用户输入一些内容，让程序可以顺利运行。

要求：使用 read 命令撰写一个 shell script。让用户输入 first name 与 last name 后，在屏幕上显示"Your full name is:"的内容。

① 编写程序。

```
[root@Server01 scripts]# vim  sh02.sh
#!/bin/bash
```

```
# Program:
#User inputs his first name and last name.  Program shows his full name
# History:
# 2012/08/23 Bobby   First release
PATH=/bin:/sbin:/usr/bin:/usr/sbin:/usr/local/bin:/usr/local/sbin:~/bin
export PATH

read -p "Please input your first name: " firstname      # 提示用户输入
read -p "Please input your last name: " lastname        # 提示用户输入
echo -e "\nYour full name is: $firstname $lastname"      # 结果由屏幕输出
```

② 运行程序。

```
[root@Server01 scripts]# sh  sh02.sh
```

2. 随日期变化：利用 date 进行文件的创建

假设服务器内有数据库，数据库每天的数据都不一样。当备份数据库时，希望将每天的数据都备份成不同的文件名，这样才能让旧的数据也保存下来不被覆盖。怎么办？

考虑到每天的"日期"并不相同，将文件名取成类似"backup.2022-09-14.data"的，不就可以每天一个不同文件名了吗？确实如此。那么 2022-09-14 是怎么来的呢？

看下面的例子：假设想要通过 touch 创建 3 个空文件，文件名由用户输入，以及由前天、昨天和今天的日期决定。例如，用户输入"filename"，而今天的日期是 2022/08/15，则 3 个文件名分别为 filename_20220813、filename_20220814 和 filename_20220815。该如何编写程序？

（1）编写程序。

```
[root@Server01 scripts]# vim  sh03.sh
#!/bin/bash
# Program:
#Program creates three files, which named by user's input and date command
# History:
# 2021/07/13 Bobby   First release
PATH=/bin:/sbin:/usr/bin:/usr/sbin:/usr/local/bin:/usr/local/sbin:~/bin
export PATH
#  让用户输入文件名称，并取得变量 fileuser
echo -e "I will use 'touch' command to create 3 files."   # 纯粹显示信息
read -p "Please input your filename: " fileuser          # 提示用户输入
#  为了避免用户随意按"Enter"键，利用变量功能分析文件名是否设置
filename=${fileuser:-"filename"}
#  开始判断是否设置了文件名。如果在上面输入文件名时直接按下了 Enter 键，那么 fileuser 值为空，
    这时系统会将"filename"赋给变量 filename，否则将 fileuser 的值赋给变量 filename。
#  开始利用 date 命令来取得所需要的文件名
date1=$(date --date='2 days ago'  +%Y%m%d) # 前两天的日期，注意"+"前面有个空格
date2=$(date --date='1 days ago'  +%Y%m%d) # 前一天的日期，注意"+"前面有个空格
date3=$(date +%Y%m%d)                      # 今天的日期
file1=${filename}${date1}                  # 这 3 行设置文件名
file2=${filename}${date2}
file3=${filename}${date3}
#  创建文件
touch "$file1"
```

```
touch "$file2"
touch "$file3"
```

（2）运行程序。

```
[root@Server01 scripts]# sh  sh03.sh
[root@Server01 scripts]# ll
```

分两种情况运行 sh03.sh：一种是直接按"Enter"键查阅文件名是什么，另一种是输入一些字符，判断脚本是否设计正确。

3. 数值运算：简单的加减乘除

可以使用 declare 来定义变量的类型，利用"$((计算式))"来进行数值运算。不过可惜的是，系统默认仅支持整数。

下面的例子要求用户输入两个变量，然后将两个变量的内容相乘，最后输出相乘的结果。

（1）编写程序。

```
[root@Server01 scripts]# vim  sh04.sh
#!/bin/bash
# Program:
#User inputs 2 integer numbers; program will cross these two numbers
# History:
# 2021/08/23 Bobby    First release
PATH=/bin:/sbin:/usr/bin:/usr/sbin:/usr/local/bin:/usr/local/sbin:~/bin
export PATH
echo -e "You SHOULD input 2 numbers, I will cross them! \n"
read -p "first number: " firstnu
read -p "second number: " secnu
total=$(($firstnu*$secnu))
echo -e "\nThe result of $firstnu*$secnu is ==> $total"
```

（2）运行程序。

```
[root@Server01 scripts]# sh  sh04.sh
```

在数值的运算上，可以使用 declare –i total=$firstnu*$secnu，也可以使用上面的方式来表示。建议使用下面的方式进行运算。

```
var=$((运算内容))
```

这种方式不但容易记忆，而且比较方便。因为两个圆括号内可以加上空白字符。至于数值运算上的处理，则有"+""-""*""/""%"等，其中"%"表示取余数。

```
[root@Server01 scripts]# echo  $((13 %3))
1
```

任务 8-2　了解脚本运行方式的差异

不同的脚本运行方式会造成不一样的结果，尤其对 bash 的环境影响很大。脚本的运行方式除了前文谈到的方式之外，还可以利用 source 或"."来运行。那么这些运行方式有何不同呢？

1. 利用直接运行的方式来运行脚本

当使用前文提到的直接命令（无论是绝对路径、相对路径，还是$PATH 内的路径），或者利用 bash（或 sh）来执行脚本时，该脚本都会使用一个新的 bash 环境来运行脚本内的命令。也就是说，使用这种执行方式时，其实脚本是在子程序的 bash 内运行的，并且当子程序完成后，在子程序内的各项变量或动作将会结束而不会传回到父程序中。这是什么意思呢？

我们以刚刚提到过的 sh02.sh 脚本来说明。该脚本可以让使用者自行配置两个变量，分别是 firstname 与 lastname。想一想，如果直接运行该命令时，该命令配置的 firstname 会不会生效？看下面的运行结果。

```
[root@Server01 scripts]# echo $firstname  $lastname <==首先确认变量并不存在
[root@Server01 scripts]# sh   sh02.sh
Please input your first name: Bobby                <==这个名字是读者自行输入的
Please input your last name: Yang

Your full name is: Bobby Yang                      <==在脚本运行中，这两个变量会生效
[root@Server01 scripts]# echo  $firstname  $lastname
        <==事实上，这两个变量在父程序的 bash 中还是不存在
```

从上面的结果可以看出，sh02.sh 配置好的变量竟然在 bash 环境下面无效。怎么回事呢？这里用图 8-1 来说明。当使用直接运行的方法来处理时，系统会开辟一个新的 bash 来运行 sh02.sh 中的命令。因此 firstname、lastname 等变量其实是在图 8-1 中的子程序 bash 内运行的。当 sh02.sh 运行完毕，子程序 bash 内的所有数据便被移除，因此在上面的练习中，在父程序下面执行 echo $firstname 时，就看不到任何东西了。

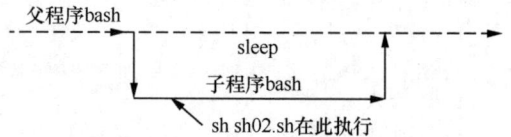

图 8-1　sh02.sh 在子程序中运行

2. 利用 source 运行脚本：在父程序中运行

如果使用 source 来运行命令，那么会出现什么情况呢？请看下面的运行结果。

```
[root@Server01 scripts]# source sh02.sh
Please input your first name: Bobby <==这个名字是读者自行输入的
Please input your last name: Yang

Your full name is: Bobby Yang         <==在 script 运行中，这两个变量会生效
[root@Server01 scripts]# echo $firstname  $lastname
Bobby Yang                            <==有数据产生
```

变量竟然生效了，为什么呢？source 对 shell script 的运行方式可以使用图 8-2 来说明。sh02.sh 会在父程序中运行，因此各项操作都会在原来的 bash 内生效。这也是当你不注销系统而要让某些写入~/.bashrc 的设置生效时，需要使用 "source ~/.bashrc" 而不能使用 "bash ~/.bashrc" 的原因。

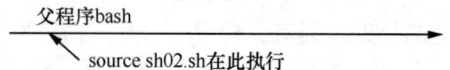

图 8-2　sh02.sh 在父程序中运行

任务 8-3　利用 test 命令的测试功能

在项目 7 中，我们提到过 "$?" 这个变量的含义。在项目 7 的讨论中，想要判断一个目录是否存在，使用的是 ls 命令搭配数据流重定向，最后配合 "$?" 来决定后续的命令进行与否。但是否有更简单的方式来进行 "条件判断" 呢？有，那就是 "test" 命令。

当需要检测系统中的某些文件或者相关的属性时，test 命令是较好的选择。例如，要检查 /dmtsai 是否存在时，使用如下命令。

```
[root@Server01 scripts]# test -e /dmtsai
```

运行结果并不会显示任何信息，但最后可以通过"$?"或"&&"及"||"来显示整个结果。例如，将上面的例子改写成（也可以试试/etc 目录是否存在）：

```
[root@Server01 scripts]# test -e /dmtsai && echo "exist" || echo "Not exist"
Not exist  <==结果显示不存在
```

最终的结果告诉我们是"exist"还是"Not exist"。我们知道 –e 选项是用来测试一个"文件或目录"存在与否的，如果还想测试该文件名是什么，还有哪些选项可以用来判断呢？我们看表 8-1~表 8-6。

表 8-1 test 命令各选项的作用——文件类型

测试的标志	代表意义
-e	该文件名是否存在（常用）
-f	该文件名是否存在且为文件（常用）
-d	该文件名是否存在且为目录（常用）
-b	该文件名是否存在且为一个块设备文件
-c	该文件名是否存在且为一个字符设备文件
-S	该文件名是否存在且为一个 Socket 文件
-p	该文件名是否存在且为一个管道文件
-L	该文件名是否存在且为一个连接文档

关于某个文件名的"文件类型"判断，如 test -e filename 表示文件名存在与否。

表 8-2 test 命令各选项的作用——文件权限检测

测试的标志	代表意义
-r	检测该文件名是否存在且具有"可读"的权限
-w	检测该文件名是否存在且具有"可写"的权限
-x	检测该文件名是否存在且具有"可执行"的权限
-u	检测该文件名是否存在且具有"SUID"的属性
-g	检测该文件名是否存在且具有"SGID"的属性
-k	检测该文件名是否存在且具有"Sticky bit"的属性
-s	检测该文件名是否存在且为非空白文件

关于文件的权限检测，如 test -r filename 表示可读否，但 root 权限常有例外。

表 8-3 test 命令各选项的作用——两个文件之间的比较

测试的标志	代表意义
-nt	判断 file1 是否比 file2 新
-ot	判断 file1 是否比 file2 旧
-ef	判断 file1 与 file2 是否为同一文件，可用在硬链接的判定上。主要意义在于判定两个文件是否均指向同一个索引节点

两个文件之间的比较，如 test file1 -nt file2。

163

表 8-4　test 命令各选项的作用——两个整数之间的判定

测试的标志	含义
-eq	两数值相等
-ne	两数值不等
-gt	n1 大于 n2
-lt	n1 小于 n2
-ge	n1 大于或等于 n2
-le	n1 小于或等于 n2

关于两个整数之间的判定，如 test n1 -eq n2。

表 8-5　test 命令各选项的作用——判定字符串数据

测试的标志	含义
test –z string	判定字符串是否为 0。若 string 为空字符串，则为 true
test –n string	判定字串是否非 0。若 string 为空字符串，则为 false 注：-n 也可省略
test str1 = str2	判定 str1 是否等于 str2。若相等，则回传 true
test str1 != str2	判定 str1 是否不等于 str2。若相等，则回传 false

表 8-6　test 命令各选项的作用——多重条件判定

测试的标志	含义
-a	两状况同时成立。例如，test -r file -a -x file，只有 file 同时具有 r 与 x 权限时，才回传 true
-o	两状况任何一个成立。例如，test -r file -o -x file，只要 file 具有 r 或 x 权限，就可回传 true
!	反相状态，例如，test ! -x file，当 file 不具有 x 权限时，回传 true

多重条件判定，例如，test -r filename -a -x filename。

现在利用 test 来写几个简单的例子。首先，输入一个文件名，然后做如下判断。

- 这个文件是否存在，若不存在，则给出"Filename does not exist"的信息，并中断程序。
- 若这个文件存在，则判断其是文件还是目录，结果输出"Filename is regular file"或"Filename is directory"。
- 判断执行者的身份对这个文件或目录拥有的权限，并输出权限数据。

> **注意**　读者可以先自行创建，再与下面的结果比较。注意利用 test、"&&"还有"||"等标志。

```
[root@Server01 scripts]# vim  sh05.sh
#!/bin/bash
# Program:
# User input a filename, program will check the flowing:
# 1.) exist? 2.) file/directory? 3.) file permissions
# History:
```

```
# 2021/08/25 Bobby    First release
PATH=/bin:/sbin:/usr/bin:/usr/sbin:/usr/local/bin:/usr/local/sbin:~/bin
export PATH

# 让用户输入文件名，并且判断用户是否输入了字符串
echo -e "Please input a filename, I will check the filename's type and \
permission. \n\n"
read -p "Input a filename : " filename
test -z $filename && echo "You MUST input a filename." && exit 0
# 判断文件是否存在，若不存在，则显示信息并结束脚本
test ! -e $filename && echo "The filename '$filename' DO NOT exist" && exit 0
# 开始判断文件类型与属性
test -f $filename && filetype="regulare file"
test -d $filename && filetype="directory"
test -r $filename && perm="readable"
test -w $filename && perm="$perm writable"
test -x $filename && perm="$perm executable"
# 开始输出信息
echo "The filename: $filename is a $filetype"
echo "And the permissions are : $perm"
```

执行如下命令：

```
[root@Server01 scripts]# sh sh05.sh
```

运行这个脚本后，会依据输入的文件名来进行检查。先判断是否存在，再判断是文件还是目录类型，最后判断权限。但是必须注意的是，由于 root 账户在很多权限的限制上都是无效的，所以使用 root 的身份来运行这个脚本时，常常会发现与 ls -l 观察到的结果并不相同。所以，建议使用一般用户来运行这个脚本。不过必须先使用 root 的身份将这个脚本转移给用户，否则一般用户无法进入/root 目录。

任务 8-4　利用判断符号"[]"

除了使用 test 之外，还可以利用判断符号"[]"（就是方括号）来判断数据。例如，想要知道 $HOME 变量是否为空，可以这样做：

```
[root@Server01 scripts]# [ -z "$HOME" ] ; echo $?
```

-z string 的含义是，若 string 长度为零，则为真。使用方括号必须特别注意，因为方括号用在很多地方，包括通配符与正则表达式等，所以要在 bash 的语法中使用方括号作为 shell 的判断式，必须注意方括号的两端需要有空格符来分隔。假设空格符使用"□"符号表示，那么在下面这些地方都需要有空格符。

```
[□"$HOME"□==□"$MAIL"□]
 ↑    ↑  ↑    ↑
```

注意	① 上面的判断式中使用了两个等号"=="。其实在 bash 中使用一个等号与使用两个等号的结果是一样的。不过在一般惯用程序中，一个等号代表"变量的设置"，两个等号代表"逻辑判断（是否之意）"。由于方括号内的重点在于"判断"而非"设置变量"，因此建议使用两个等号。
	② 当判断式的值为真时，"$?"的值为"0"。

上面的例子说明，两个字符串$HOME 与$MAIL 是否有相同的意思，相当于 test $HOME = $MAIL。如果没有空格符分隔，例如，写成 [$HOME==$MAIL]，bash 就会显示错误信息。因此，一定要注意以下几点。

- 方括号内的每个组件都需要有空格符来分隔。
- 方括号内的变量最好都以双引号标注。
- 方括号内的常数最好都以单引号或双引号标注。

为什么要这么麻烦呢？例如，假如设置了 name="Bobby Yang"，然后这样判定：

```
[root@Server01 scripts]# name="Bobby Yang"
[root@Server01 scripts]# [ $name == "Bobby" ]
bash: [: too many arguments]
```

怎么会发生错误呢？bash 显示的错误信息是"太多参数"。为什么呢？因为如果$name 没有使用双引号标注，那么上面的判断式会变成：

```
[ Bobby Yang == "Bobby" ]
```

上面的表达式肯定不对。因为一个判断式仅能有两个数据的比对，上面的 Bobby、Yang 和 Bobby 就有 3 个数据。正确的形式应该是下面这样的。

```
[ "Bobby Yang" == "Bobby" ]
```

另外，方括号的使用方法与 test 几乎一模一样。只是方括号经常用在条件判断式 if...then... fi 的情况中。

下面使用方括号的判断来设计一个小案例，案例要求如下。

- 当运行一个程序时，这个程序会让用户选择 Y 或 N。
- 用户输入 Y 或 y 时，显示"OK, continue"。
- 用户输入 N 或 n 时，显示"Oh, interrupt！"。
- 如果不是 Y、y、N、n 之内的字符，就显示"I don't know what your choice is"。

分析：需要利用"[]""&&"与"||"。

```
[root@Server01 scripts]# vim  sh06.sh
#!/bin/bash
# Program:
# This program shows the user's choice
# History:
# 2021/08/25 Bobby    First release
PATH=/bin:/sbin:/usr/bin:/usr/sbin:/usr/local/bin:/usr/local/sbin:~/bin
export PATH

read -p "Please input (Y/N): " yn
[ "$yn" == "Y" -o "$yn" == "y" ] && echo "OK, continue" && exit 0
[ "$yn" == "N" -o "$yn" == "n" ] && echo "Oh, interrupt!" && exit 0
echo "I don't know what your choice is" && exit 0
```

运行结果：

```
[root@Server01 scripts]# sh  sh06.sh
Please input (Y/N): y
OK, continue
[root@Server01 scripts]# sh  sh06.sh
Please input (Y/N): u
I don't know what your choice is
```

```
[root@Server01 scripts]# sh sh06.sh
Please input (Y/N): n
Oh, interrupt!
```

> **提示** 由于输入正确的方法有大小写之分，所以输入 Y 或 y 都是可以的，此时判断式内要有两个判断条件才行。由于任何一个输入（Y/y）成立即可，所以这里使用-o（或）连接两个判断条件。

任务 8-5 利用 if...then 条件判断式

只要讲到"程序"，条件判断式即"if...then"就肯定是要学习的。因为很多时候，我们都必须依据某些数据来判断程序该如何进行。例如，在前面的 sh06.sh 范例中练习输入"Y/N"时，输出不同的信息。简单的方式是利用"&&"与"||"，但如果还想要运行许多命令呢？那就得用到 if...then 了。

if...then 是十分常见的条件判断式。简单地说，当符合某个条件判断时，进行某项工作。if...then 的判断还有多层次的情况，下面分别介绍。

8-2　微课

shell 程序控制
结构语句

1. 单层、简单条件判断式

如果只有一个判断式，那么可以简单地写为：

```
if [条件判断式]; then
        当条件判断式成立时，可以进行的命令工作内容；
fi    <==将 if 反过来写，就成为 fi 了，结束 if 之意
```

至于条件判断式的判断方法，与前文的介绍相同。比较特别的是，如果有多个条件要判断，除了案例 sh06.sh 所写的，也就是"将多个条件写入一个方括号内的情况"之外，还可以由多个方括号来隔开。而括号与括号之间，则以"&&"或"||"来隔开，其含义如下。

- "&&"代表与。
- "||"代表或。

所以，在使用方括号的判断式中，"&&"及"||"就与命令执行的状态不同了。例如，sh06.sh 中的判断式可以这样修改：

```
[ "$yn" == "Y" -o "$yn" == "y" ]
```

上式可替换为：

```
[ "$yn" == "Y" ] || [ "$yn" == "y" ]
```

之所以这样改，有的人是因为习惯问题，还有的人是因为喜欢一个方括号仅有一个判断式。下面将 sh06.sh 脚本修改为 if...then 的样式。

```
[root@Server01 scripts]# cp sh06.sh sh06-2.sh  <==这样改得比较快
[root@Server01 scripts]# vim sh06-2.sh
#!/bin/bash
# Program:
# This program shows the user's choice
# History:
# 2021/08/25    Bobby   First release
PATH=/bin:/sbin:/usr/bin:/usr/sbin:/usr/local/bin:/usr/local/sbin:~/bin
export PATH
```

```
read -p "Please input (Y/N): " yn

if [ "$yn" == "Y" ] || [ "$yn" == "y" ]; then
     echo "OK, continue"
     exit 0
fi
if [ "$yn" == "N" ] || [ "$yn" == "n" ]; then
     echo "Oh, interrupt!"
     exit 0
fi
echo "I don't know what your choice is" && exit 0
```

运行结果参照 sh06。

sh06.sh 还算比较简单。但是如果以逻辑概念来看，在上面的范例中，我们使用了两个条件判断。明明仅有一个 $yn 的变量，为何需要进行两次比较呢？此时，最好使用多重条件判断。

2. 多重、复杂条件判断式

在同一个数据的判断中，如果该数据需要进行多种不同的判断，那么应该怎么做呢？

例如，在上面的 sh06.sh 脚本中，只需进行一次 $yn 的判断（仅进行一次 if），不想进行多次 if 的判断，此时必须用到下面的语法。

```
# 一个条件判断，分成功进行与失败进行 (else)
if [条件判断式]; then
    当条件判断式成立时，可以进行的命令工作内容；
else
    当条件判断式不成立时，可以进行的命令工作内容；
fi
```

如果考虑更复杂的情况，则可以使用：

```
# 多个条件判断 (if...elif...elif...else) 分多种不同情况运行
if [条件判断式一]; then
    当条件判断式一成立时，可以进行的命令工作内容；
elif [条件判断式二]; then
    当条件判断式二成立时，可以进行的命令工作内容；
else
    当条件判断式一与条件判断式二均不成立时，可以进行的命令工作内容；
fi
```

> **注意** elif 也是个判断式，因此 elif 后面都要接 then 来处理。但是 else 已经是最后的没有成立的结果了，所以 else 后面并没有 then。

将 sh06-2.sh 改写如下。

```
[root@Server01 scripts]# cp sh06-2.sh sh06-3.sh
[root@Server01 scripts]# vim sh06-3.sh
#!/bin/bash
# Program:
# This program shows the user's choice
# History:
# 2021/08/25    Bobby   First release
PATH=/bin:/sbin:/usr/bin:/usr/sbin:/usr/local/bin:/usr/local/sbin:~/bin
export PATH
```

```
read -p "Please input (Y/N): " yn
if [ "$yn" == "Y" ] || [ "$yn" == "y" ]; then
    echo "OK, continue"
elif [ "$yn" == "N" ] || [ "$yn" == "n" ]; then
    echo "Oh, interrupt!"
else
    echo "I don't know what your choice is"
fi
```

运行结果参照 sh06。

程序变得很简单，而且依序判断，可以避免重复判断。这样很容易设计程序。

下面再来进行另外一个案例的设计。一般来说，如果你不希望用户从键盘输入额外的数据，那么可以使用前文提到的参数功能（$1），让用户在执行命令时将参数带进去。现在我们想让用户输入"hello"关键字，利用参数的方法可以按照以下内容依序设计。

- 判断 $1 是否为 hello，如果是，就显示"Hello, how are you ?"。
- 如果没有加任何参数，就提示用户必须使用的参数。
- 如果加入的参数不是 hello，就提醒用户仅能使用 hello 为参数。

整个程序如下。

```
[root@Server01 scripts]# vim sh09.sh
#!/bin/bash
# Program:
# Check $1 is equal to "hello"
# History:
# 2021/08/28  Bobby  First release
PATH=/bin:/sbin:/usr/bin:/usr/sbin:/usr/local/bin:/usr/local/sbin:~/bin
export PATH

if [ "$1" == "hello" ]; then
    echo "Hello, how are you ?"
elif [ "$1" == "" ]; then
    echo "You MUST input parameters, ex> {$0 someword}"
else
    echo "The only parameter is 'hello', ex> {$0 hello}"
fi
```

然后可以执行这个程序，在 $1 的位置输入 hello，或没有输入及随意输入，可以看到不同的输出。下面继续完成较复杂的例子。

```
[root@Server01 scripts]# sh sh09.sh hello          //正确输入
Hello, how are you ?
[root@Server01 scripts]# sh sh09.sh                //没有输入
You MUST input parameters, ex> {sh09.sh someword}
[root@Server01 scripts]# sh sh09.sh  Linux         //随意输入
The only parameter is 'hello', ex> {sh09.sh hello}
[root@Server01 scripts]#
```

我们在前面已经学会了 grep 命令，现在再学习 netstat 命令。这个命令可以查询到目前主机开启的网络服务端口（service ports）。可以利用"netstat -tuln"来取得目前主机启动的服务，取得的信息如下。

```
[root@Server01 scripts]# netstat -tuln
Active Internet connections (only servers)
Proto Recv-Q Send-Q Local Address           Foreign Address         State
tcp      0      0    0.0.0.0:111             0.0.0.0:*               LISTEN
tcp      0      0    127.0.0.1:631           0.0.0.0:*               LISTEN
tcp      0      0    127.0.0.1:25            0.0.0.0:*               LISTEN
tcp      0      0    :::22                   :::*                    LISTEN
udp      0      0    0.0.0.0:111             0.0.0.0:*
udp      0      0    0.0.0.0:631             0.0.0.0:*
#封包格式              本地 IP 地址:端口        远程 IP 地址:端口       是否监听
```

上面的重点是"Local Address"（本地 IP 地址与端口对应）列，表示本机启动的网络服务。IP 地址部分说明该服务位于哪个接口上，若为 127.0.0.1，则代表仅针对本机开放；若为 0.0.0.0 或:::，则代表对整个互联网开放。每个端口都有其特定的网络服务，几个常见的端口与相关网络服务的关系如下。

- 80：WWW。
- 22：ssh。
- 21：ftp。
- 25：mail。
- 111：RPC（远程程序呼叫）。
- 631：CUPS（输出服务功能）。

假设需要检测的是比较常见的端口 21、22、25 及 80，那么如何通过 netstat 检测主机是否开启了这 4 个主要的网络服务端口呢？由于每个服务的关键字都接在"："后面，所以可以选取类似":80"来检测。请看下面的程序。

```
[root@Server01 scripts]# vim sh10.sh
#!/bin/bash
# Program:
# Using netstat and grep to detect WWW,SSH,FTP and Mail services
# History:
# 2021/08/28    Bobby    First release
PATH=/bin:/sbin:/usr/bin:/usr/sbin:/usr/local/bin:/usr/local/sbin:~/bin
export PATH

# 提示信息
echo "Now, I will detect your Linux server's services!"
echo -e "The www, ftp, ssh, and mail will be detect! \n"

# 开始进行一些测试的工作，并且也输出一些信息
testing=$(netstat -tuln | grep ":80 ")      # 检测端口 80 是否存在
if [ "$testing" != "" ]; then
     echo "WWW is running in your system."
fi
testing=$(netstat -tuln | grep ":22 ")      # 检测端口 22 是否存在
if [ "$testing" != "" ]; then
     echo "SSH is running in your system."
fi
testing=$(netstat -tuln | grep ":21 ")      # 检测端口 21 是否存在
```

```
if [ "$testing" != "" ]; then
    echo "FTP is running in your system."
fi
testing=$(netstat -tuln | grep ":25 ")    # 检测端口 25 是否存在
if [ "$testing" != "" ]; then
    echo "Mail is running in your system."
fi
```

运行如下命令查看程序运行结果。

```
[root@Server01 scripts]# sh sh10.sh
```

任务 8-6   利用 case...in...esac 条件判断

前文提到的"if...then...fi"对于变量的判断是以"比较"的方式来进行的。如果符合状态就进行某些行为，并且通过较多层次（如 elif...）的方式来撰写含多个变量的程序，如 sh09.sh。但是，假如有多个既定的变量内容，例如，sh09.sh 中所需的变量是"hello"及空字符两个，那么这时只要针对这两个变量来设置就可以了。这时使用 case...in...esac 更为方便。

```
case    $变量名称 in           <==关键字为 case，变量前有"$"
  "第一个变量内容")            <==每个变量内容建议用双引号标注，关键字则用圆括号
    程序段
    ;;                        <==每个类别结尾使用两个连续的分号来处理
  "第二个变量内容")
    程序段
    ;;
  *)                          <==最后一个变量内容都会用"*"来代表所有其他值
    不包含第一个变量内容与第二个变量内容的其他程序运行段
    exit 1
    ;;
esac                          <==最终的 case 结尾！思考一下 case 反过来写是什么
```

要注意的是，这段代码以 case 开头，结尾自然就是将 case 的英文反过来写。另外，每一个变量内容的程序段最后都需要两个分号来代表该程序段落的结束。至于为何需要有"*"这个变量内容在最后呢？这是因为，如果用户不是输入变量内容一或内容二，则可以告诉用户相关的信息。将案例 sh09.sh 修改如下。

```
[root@Server01 scripts]# vim  sh09-2.sh
#!/bin/bash
# Program:
# Show "Hello" from $1.... by using case .... esac
# History:
# 2021/08/29 Bobby    First release
PATH=/bin:/sbin:/usr/bin:/usr/sbin:/usr/local/bin:/usr/local/sbin:~/bin
export PATH

case $1 in
  "hello")
    echo "Hello, how are you ?"
    ;;
  "")
    echo "You MUST input parameters, ex> {$0 someword}"
```

```
    ;;
  *)    # 其实就相当于通配符，表示 0 到无穷多个任意字符
    echo "Usage $0 {hello}"
    ;;
esac
```

运行结果：

```
[root@Server01 scripts]# sh sh09-2.sh
You MUST input parameters, ex> {sh09-2.sh someword}
[root@Server01 scripts]# sh sh09-2.sh smile
Usage sh09-2.sh {hello}
[root@Server01 scripts]# sh sh09-2.sh hello
Hello, how are you ?
```

在案例 sh09-2.sh 中，如果输入"sh sh09-2.sh smile"来运行，那么屏幕上会出现 "Usage sh09-2.sh {hello}"的字样，告诉用户仅能够使用 hello。这样的方式对于需要某些 固定字符作为变量内容来执行的程序就显得更加方便。系统很多服务的启动脚本都是使用这种写 法的。

一般来说，使用"case 变量 in"时，"$变量"一般有以下两种获取方式。

- 直接执行式：例如，利用"script.sh variable"的方式来直接给出$1 变量的内容，这也是 在/etc/init.d 目录下大多数程序的设计方式。
- 互动式：通过 read 命令来让用户输入变量的内容。

下面以一个例子来进一步说明：让用户能够输入 one、two、three，并且将用户的变量显示到 屏幕上；如果不是 one、two、three，就告诉用户仅有这 3 种选择。

```
[root@Server01 scripts]# vim  sh12.sh
#!/bin/bash
# Program:
# This script only accepts the flowing parameter: one, two or three
# History:
# 2021/08/29 Bobby    First release
PATH=/bin:/sbin:/usr/bin:/usr/sbin:/usr/local/bin:/usr/local/sbin:~/bin
export PATH

echo "This program will print your selection !"
# read -p "Input your choice: " choice    # 暂时取消，可以替换
# case $choice in                         # 暂时取消，可以替换
case $1 in                                # 现在使用，可以用上面两行替换
  "one")
    echo "Your choice is ONE"
    ;;
  "two")
    echo "Your choice is TWO"
    ;;
  "three")
    echo "Your choice is THREE"
    ;;
  *)
    echo "Usage $0 {one|two|three}"
```

```
    ;;
esac
```

运行结果:

```
[root@Server01 scripts]# sh sh12.sh two
This program will print your selection !
Your choice is TWO
[root@Server01 scripts]# sh sh12.sh test
This program will print your selection !
Usage sh12.sh {one|two|three}
```

此时,可以使用"sh sh12.sh two"的方式来执行命令。上面使用的是直接执行的方式,而如果使用互动式,将上面第 10、11 行的"#"去掉,并将第 12 行加上"#",就可以让用户输入参数了。

任务 8-7　while do done、until do done(不定循环)

除了 if...then...fi 这种条件判断式之外,循环可能是程序中另一个重要的结构。循环可以不停地运行某个程序段,直到用户配置的条件达成为止。所以,重点是那个条件达成的是什么。除了这种依据判断式达成与否的不定循环之外,还有另外一种已知固定要运行多少次的循环,可称为固定循环!下面就来谈一谈循环(loop)。

一般来说,不定循环常见的形式有以下两种。

```
while [ condition ]    <==方括号内的状态就是判断式
do                     <==do 是循环的开始
    程序段落
done                   <==done 是循环的结束
```

while 的含义是"当……时",所以这种形式表示"当条件成立时,就进行循环,直到条件不成立才停止"。还有另外一种不定循环的形式。

```
until [ condition ]
do
    程序段落
done
```

这种形式恰恰与 while 相反,它表示当条件成立时,终止循环,否则持续运行循环的程序段。我们以 while 来进行简单的练习。假设要让用户输入 yes 或者 YES 才结束程序的运行,否则一直运行并提示用户输入字符。

```
[root@Server01 scripts]# vim sh13.sh
#!/bin/bash
# Program:
# Repeat question until user input correct answer
# History:
# 2021/08/29 Bobby    First release
PATH=/bin:/sbin:/usr/bin:/usr/sbin:/usr/local/bin:/usr/local/sbin:~/bin
export PATH

while [ "$yn" != "yes" -a "$yn" != "YES" ]
do
    read -p "Please input yes/YES to stop this program: " yn
```

```
done
echo "OK! you input the correct answer."
```

上面这个例题说明"当变量$yn 不是'yes'且$yn 也不是'YES'时，才运行循环内的程序；当$yn 是'yes'或'YES'时，会离开循环"，那么使用 until 呢？

```
[root@Server01 scripts]# vim  sh13-2.sh
#!/bin/bash
# Program:
# Repeat question until user input correct answer
# History:
# 2005/08/29 Bobby    First release
PATH=/bin:/sbin:/usr/bin:/usr/sbin:/usr/local/bin:/usr/local/sbin:~/bin
export PATH

until [ "$yn" == "yes" -o "$yn" == "YES" ]
do
     read -p "Please input yes/YES to stop this program: " yn
done
echo "OK! you input the correct answer."
```

提醒　仔细比较这两个程序的不同。

计算 1+2+3+…+100 的值，利用循环，程序如下。

```
[root@Server01 scripts]# vim  sh14.sh
#!/bin/bash
# Program:
# Use loop to calculate "1+2+3+...+100" result
# History:
# 2005/08/29 Bobby    First release
PATH=/bin:/sbin:/usr/bin:/usr/sbin:/usr/local/bin:/usr/local/sbin:~/bin
export  PATH

s=0                         # 这是累加的数值变量
i=0                         # 这是累计的数值，即 1, 2, 3…
while [ "$i" != "100" ]
do
     i=$(($i+1))            # 每次 i 都会添加 1
     s=$(($s+$i))           # 每次都会累加一次
done
echo "The result of '1+2+3+...+100' is ==> $s"
```

运行"sh sh14.sh"之后，可以得到 5050 这个数据。

```
[root@Server01 scripts]# sh sh14.sh
The result of '1+2+3+...+100' is ==> 5050
```

思考　如果想让用户自行输入一个数字，让程序计算从 1+2+…，直到输入的数字为止，该如何撰写程序呢？

任务 8-8　for...do...done（固定循环）

while、until 循环必须符合某个条件，而 for 循环则是已经知道要进行几次循环。for 循环的语法如下。

```
for var in con1 con2 con3 ...
do
    程序段
done
```

以上面的例子来说，$var 变量的内容在循环工作时，会发生以下改变。

- 第一次循环时，$var 的内容为 con1。
- 第二次循环时，$var 的内容为 con2。
- 第三次循环时，$var 的内容为 con3。

……

我们可以进行一个简单的练习。假设有 3 种动物，分别是 dog、cat、elephant，如果每一行都要求按"There are dogs..."的样式输出，则可以撰写程序如下。

```
[root@Server01 scripts]# vim sh15.sh
#!/bin/bash
# Program:
# Using for ... loop to print 3 animals
# History:
# 2021/08/29 Bobby    First release
PATH=/bin:/sbin:/usr/bin:/usr/sbin:/usr/local/bin:/usr/local/sbin:~/bin
export PATH

for animal in dog cat elephant
do
    echo "There are ${animal}s... "
done
```

运行结果：

```
[root@Server01 scripts]# sh sh15.sh
There are dogs...
There are cats...
There are elephants...
```

让我们想象另外一种情况，由于系统中的各种账号都是写在/etc/passwd 的第一列的，能不能在通过管道命令 cut 找出账号名称后，用 id 检查用户的识别码呢？由于不同 Linux 操作系统中的账号都不同，所以实际去查找/etc/passwd 并使用循环处理就是一个可行的方案了。

程序如下。

```
[root@Server01 scripts]# vim sh16.sh
#!/bin/bash
# Program
# Use id, finger command to check system account's information
# History
# 2021/02/18    Bobby   first release
PATH=/bin:/sbin:/usr/bin:/usr/sbin:/usr/local/bin:/usr/local/sbin:~/bin
export PATH
users=$(cut -d ':' -f1 /etc/passwd)    # 获取账号名称
```

```
for username in $users                          # 开始循环
do
        id $username
done
```

运行结果：

```
[root@Server01 scripts]# sh sh16.sh
uid=0(root) gid=0(root) 组=0(root)
uid=1(bin) gid=1(bin) 组=1(bin)
uid=2(daemon) gid=2(daemon) 组=2(daemon)
……
```

程序运行后，系统账号会被找出来。这个程序还可以用在每个账号的删除、重整操作上。

换个角度来看，如果现在需要一连串的数字来进行循环呢？例如，想要利用 ping 这个可以判断网络状态的命令来进行网络状态的实际检测，要侦测的域是本机所在的 192.168.10.1 ~ 192.168.10.100。由于有 100 台主机，总不会在 for 后面输入 1~100 吧？此时可以撰写程序如下。

```
[root@Server01 scripts]# vim  sh17.sh
#!/bin/bash
# Program
# Use ping command to check the network's PC state
# History
# 2021/02/18    Bobby   first release
PATH=/bin:/sbin:/usr/bin:/usr/sbin:/usr/local/bin:/usr/local/sbin:~/bin
export PATH
network="192.168.10"                            # 先定义一个网络号（网络 ID）
for sitenu in $(seq 1 100)                      # seq 为连续(Sequence)之意
do
    # 下面的语句用于判断取得 ping 的回传值是否成功
    ping -c 1 -w 1 ${network}.${sitenu} &> /dev/null && result=0  ||  result=1
              # 若成功（回传值为 0），则显示启动（UP），否则显示没有连通（DOWN）
    if [ "$result" == 0 ]; then
            echo "Server ${network}.${sitenu} is UP."
    else
            echo "Server ${network}.${sitenu} is DOWN."
    fi
done
```

运行结果：

```
[root@Server01 scripts]# sh sh17.sh
Server 192.168.10.1 is UP.
Server 192.168.10.2 is DOWN.
Server 192.168.10.3 is DOWN.
……
```

上面这一串命令运行之后可以显示出 192.168.10.1 ~ 192.168.10.100 共 100 台主机目前是否能与你的机器连通。其实这个范例的重点在$(seq ..)，seq 代表后面接的两个数值是一直连续的。如此一来，就能够轻松地将连续数字带入程序中了。

最后，尝试使用判断式加上循环的功能撰写程序。如果想要让用户输入某个目录名，然后找出该目录内的文件的权限，该如何做呢？程序如下。

```
[root@Server01 scripts]# vim sh18.sh
#!/bin/bash
# Program:
# User input dir name, I find the permission of files
# History:
# 2021/08/29 Bobby    First release
PATH=/bin:/sbin:/usr/bin:/usr/sbin:/usr/local/bin:/usr/local/sbin:~/bin
export PATH

# 先看看这个目录是否存在
read -p "Please input a directory: " dir
if [ "$dir" == "" -o ! -d "$dir" ]; then
    echo "The $dir is NOT exist in your system."
    exit 1
fi

# 开始测试文件
filelist=$(ls $dir)                          # 列出所有在该目录下的文件名称
for filename in $filelist
do
    perm=""
    test -r "$dir/$filename" && perm="$perm readable"
    test -w "$dir/$filename" && perm="$perm writable"
    test -x "$dir/$filename" && perm="$perm executable"
    echo "The file $dir/$filename's permission is $perm "
done
```

运行结果:

```
[root@Server01 scripts]# sh sh18.sh
Please input a directory: /var
```

任务 8-9　for...do...done 的数值处理

除了上述方法之外，for 循环还有另外一种写法。其语法如下。

```
for (( 初始值; 限制值; 执行步长 ))
do
    程序段
done
```

这种语法适合数值方式的运算，for 后面圆括号内参数的含义如下。

- 初始值: 某个变量在循环当中的起始值，直接以类似 i=1 的方式设置好。
- 限制值: 当变量的值在这个限制值的范围内时，继续执行循环，如 i<=100。
- 执行步长: 每执行一次循环时变量的变化量，例如，i=i+1，步长为 1。

> **注意** 在"执行步长"的设置上，如果每次增加 1，则可以使用类似 i++的方式。下面以这种方式来完成从 1 累加到用户输入的数值的循环示例。

```
[root@Server01 scripts]# vim sh19.sh
#!/bin/bash
```

```
# Program:
# Try do calculate 1+2+....+${your_input}
# History:
# 2021/08/29 Bobby    First release
PATH=/bin:/sbin:/usr/bin:/usr/sbin:/usr/local/bin:/usr/local/sbin:~/bin
export PATH

read -p "Please input a number, I will count for 1+2+...+your_input: " nu

s=0
for (( i=1; i<=$nu; i=i+1 ))
do
  s=$(($s+$i))
done
echo "The result of '1+2+3+...+$nu' is ==> $s"
```
运行结果：

```
[root@Server01 scripts]# sh sh19.sh
Please input a number, I will count for 1+2+...+your_input: 10000
The result of '1+2+3+...+10000' is ==> 50005000
```

任务 8-10　查询 shell script 脚本错误

脚本在运行之前，最怕的就是出现语法错误问题了！那么该如何调试呢？有没有办法不需要运行脚本就可以判断是否有问题呢？当然是有的！下面直接以 sh 命令的相关选项来进行判断，其格式如下。

```
sh [-nvx] scripts.sh
```
sh 命令的选项如下。

-n：不执行脚本，仅查询语法的问题。

-v：在执行脚本前，先将脚本的内容输出到屏幕上。

-x：将使用到的脚本内容显示到屏幕上，这是很有用的参数！

范例 1：测试 sh16.sh 有无语法问题。

```
[root@Server01 scripts]# sh -n sh16.sh
# 若语法没有问题，则不会显示任何信息！
```
范例 2：将 sh15.sh 的运行过程全部列出来。

```
[root@Server01 scripts]# sh -x sh15.sh
+ PATH=/bin:/sbin:/usr/bin:/usr/sbin:/usr/local/bin:/usr/local/sbin:/root/bin
+ export PATH
+ for animal in dog cat elephant
+ echo 'There are dogs... '
There are dogs...
+ for animal in dog cat elephant
+ echo 'There are cats... '
There are cats...
+ for animal in dog cat elephant
+ echo 'There are elephants... '
There are elephants...
```

> **注意** 上面范例 2 中执行的结果并不会有颜色的显示。为了方便说明，"+"之后的数据都加深了。在输出的信息中，"+"后面的数据其实都是命令串，使用 sh -x 的方式来将命令执行过程也显示出来，用户可以判断程序代码执行到哪一段时会出现哪些相关的信息。这个功能非常棒！通过显示完整的命令串，能够依据输出的错误信息来订正脚本。

8.4 项目实训：实现 shell 编程

1. 视频位置

实训前请扫描二维码，观看"项目实录 实现 shell 编程"慕课。

2. 项目实训目的

- 掌握 shell 环境变量、管道、输入/输出重定向的使用方法。
- 熟悉 shell 程序设计。

3. 项目背景

（1）计算 1+2+3+…+100 的值，利用循环，该怎样编写程序？

如果想要让用户自行输入一个数字，让程序计算由 1+2+…，直到输入的数字为止，该如何撰写程序呢？

（2）创建一个脚本，名为/root/batchusers。此脚本能为系统创建本地用户，并且这些用户的用户名来自一个包含用户名列表的文件，同时满足下列要求。

- 此脚本要求提供一个参数，此参数就是包含用户名列表的文件。
- 如果没有提供参数，则此脚本应该给出提示信息 Usage: /root/batchusers，然后退出并返回相应的值。
- 如果提供一个不存在的文件名，则此脚本应该给出提示信息 input file not found，然后退出并返回相应的值。
- 创建的用户登录 shell 为/bin/false。
- 此脚本需要为用户设置默认密码"123456"。

4. 项目要求

练习 shell 程序设计方法及 shell 环境变量、管道、输入/输出重定向的使用方法。

5. 做一做

根据项目实录视频进行项目实训，检查学习效果。

8.5 练习题

一、填空题

1. shell script 是利用_____的功能所写的一个"程序"。这个程序使用纯文本文档，将一些_____写在里面，搭配_____、_____与_____等功能，以达到想要的处理目的。

2. 在 shell script 的文件中，命令是从_____到_____、从_____到_____进行分析

与执行的。

3. shell script 的运行至少需要有_____的权限，若需要直接执行命令，则需要拥有_____的权限。

4. 养成良好的程序撰写习惯，第一行要声明_____，第二行以后则声明_____、_____、_____等。

5. 对话式脚本可使用_____命令达到目的。要创建每次执行脚本都有不同结果的数据，可使用_____命令来完成。

6. 若以 source 来执行脚本，则代表在_____的 bash 内运行。

7. 若需要判断式，可使用_____或_____来处理。

8. 条件判断式可使用_____来判断，在固定变量内容的情况下，可使用_____来处理。

9. 循环主要分为_____以及_____，配合 do、done 来完成所需任务。

10. 假如脚本文件名为 script.sh，可使用_____命令来调试程序。

二、实践习题

1. 创建一个脚本，运行该脚本时，显示：你目前的身份（用 whoami）；你目前所在的目录（用 pwd）。

2. 创建一个程序，计算"你还有几天可以过生日"。

3. 创建一个程序，让用户输入一个数字，计算 1+2+3+…，一直累加到用户输入的数字为止。

4. 撰写一个程序，其作用是：先查看/root/test/logical 这个名称是否存在；若不存在，则创建一个文件（使用 touch 来创建），创建完成后离开；若存在，则判断该名称是否为文件，若为文件，则将其删除后创建一个目录，目录名为 logical，之后离开；若存在，而且该名称为目录，则移除此目录。

5. 我们知道/etc/passwd 中以"："为分隔符，第一栏为账号名称。编写程序，将/etc/ passwd 的第一栏取出，而且每一栏都以一行字符串"The 1 account is "root""显示，其中 1 表示行数。

项目9
使用gcc和make调试程序

09

项目导入：

程序写好了，接下来做什么呢？调试！程序调试对于程序员或管理员来说也是至关重要的。

职业能力目标和要求：

- 理解程序调试。
- 掌握使用 gcc 进行调试的方法。

- 掌握使用 make 编译的方法。

9.1 项目知识准备

编程是一项复杂的工作，难免会出错。据说有这样一个典故：早期的计算机体积都很大，有一次一台计算机不能正常工作，工程师们找了半天原因，最后发现是一只臭虫钻进计算机中造成的。从此以后，程序中的错误被称作臭虫（bug），而找到这些 bug 并加以纠正的过程就叫作调试（debug）。有时候调试是非常复杂的工作，要求程序员概念明确、逻辑清晰、性格沉稳，可能还需要一点运气。调试的技能在后续的学习中慢慢培养，但首先要清楚程序中的 bug 分为哪几类。

9.1.1 编译时错误

编译器只能编译语法正确的程序，否则将导致编译失败，无法生成可执行文件。对于自然语言来说，一点语法错误不是很严重的问题，因为我们仍然可以读懂句子。编译器就没那么宽容了，哪怕只有一个很小的语法错误，编译器都会输出一条错误提示信息，然后"罢工"，无法得到想要的结果。虽然大部分情况下，编译器给出的错误提示信息就是出错的代码行，但也有时候编译器给出的错误提示信息帮助不大，甚至会误导你。在开始学习编程的前几个星期，你可能会花大量的时间来纠正语法错误。等到有一些经验之后，还是会犯这样的错误，不过会少得多，而且你能更快地发现错误原因。等到经验更丰富之后你就会觉得，语法错误是最简单、最低级的错误。编译器的错误提示也就那么几种，即使错误提示是有误导的，你也能够快速找出真正的错误原因。

相比下面讲解运行时错误、逻辑错误和语义错误。

9.1.2　运行时错误

编译器检查不出这类错误，仍然可以生成可执行文件，但在运行时会出错而导致程序崩溃。对于即将编写的简单程序来说，运行时错误很少见，到了后文会遇到越来越多的运行时错误。读者在以后的学习中要时刻注意区分编译时和运行时这两个概念，不仅在调试时需要区分这两个概念，在学习 C 语言的很多语法时也需要区分这两个概念。有些事情在编译时做，有些事情则在运行时做。

9.1.3　逻辑错误和语义错误

如果程序里有逻辑错误，编译和运行都会很顺利，看上去也不产生任何错误信息，但是程序没有做它该做的事情，而是做了别的事情。当然不管怎么样，计算机只会按你写的程序去做，关键问题在于你写的程序不是你真正想要的。这意味着程序的意思（语义）是错的。找到逻辑错误在哪儿需要头脑十分清醒，还要通过观察程序的输出回过头来判断它到底在做什么。

读者应掌握的最重要的技巧之一就是调试。调试的过程可能会让人感到沮丧，但调试也是编程中最需要动脑、最有挑战和最有乐趣的部分。从某种角度看，调试就像侦探工作，根据掌握的线索来推断是什么原因和过程导致了错误的结果。调试也像是一门实验科学，每次想到哪里可能有错，就修改程序再试一次。如果假设是对的，就能得到预期的正确结果，就可以接着调试下一个 bug，一步一步逼近正确的程序；如果假设错误，只好另外找思路再做假设。当你把不可能的结果全部剔除，剩下的就一定是事实。

也有一种观点认为，编程和调试是一回事，编程的过程就是逐步调试，直到获得期望的结果为止。你应该总是从一个能正确运行的小规模程序开始，每做一步小的改动就立刻进行调试，这样的好处是总有一个正确的程序做参考：如果正确，就继续编程；如果不正确，那么很可能是刚才的小改动出了问题。例如，Linux 操作系统包含了成千上万行代码，但它也不是一开始就规划好了内存管理、设备管理、文件系统、网络等大的模块，一开始它仅仅是 Linus Torvalds 用来琢磨 Intel 80386 芯片而写的小程序。据拉里·格林菲尔德（Larry Greenfield）说，Linus 的早期工程之一是编写一个交替输出 AAAA 和 BBBB 的程序，这个程序后来进化成了 Linux。

9.2　项目设计与准备

本项目要用到 Server01，完成的任务如下。

（1）利用 gcc 进行程序调试。

（2）使用 make 编译程序。

其中 Server01 的 IP 地址为 192.168.10.1/24，计算机的网络连接方式都是**仅主机模式**（VMnet1）。

> **特别提醒**　本项目实例的工作目录在用户的家目录即**/root** 和**/c** 下面，切记！

9.3 项目实施

9-2 慕课

使用 gcc 和 make
调试程序

经过上面的介绍之后，你应该比较清楚地知道原始码、编译器、函数库与运行文件之间的相关性了。不过，详细的流程可能还不是很清楚，所以在这里以一个简单的程序范例来说明整个编译的过程！赶紧进入 Linux 操作系统，执行下面的任务吧！

任务 9-1　安装 gcc

1. 认识 gcc

GNU 编译器集合（GNU Compiler Collection，gcc）是一套由 GNU 开发的编程语言编译器。它是一套 GNU 编译器套装，是以 GPL 许可证发行的自由软件，也是 GNU 计划的关键部分。gcc 原本作为 GNU 操作系统的官方编译器，现已被大多数类 UNIX 操作系统（如 Linux、BSD、macOS 等）采纳为标准的编译器。gcc 同样适用于微软的 Windows 操作系统。gcc 是自由软件过程发展中的著名例子，由自由软件基金会以 GPL 协议发布。

gcc 原名为 GNU C 语言编译器，因为它原本只能处理 C 语言。但 gcc 后来得到扩展，变得既可以处理 C++，又可以处理 Fortran、GO、Objective-C、D，以及 Ada 与其他语言。

2. 安装 gcc

（1）检查是否安装了 gcc。

```
[root@Server01 ~]# rpm -qa|grep gcc
libgcc-8.3.1-5.el8.x86_64
```

上述结果表示未安装 gcc。

（2）如果系统还没有安装 gcc 软件包，则可以使用 dnf 命令安装所需软件包。

① 挂载 ISO 映像文件。

```
//挂载到 /media 下，前面项目 1 已建立 yum 源
 [root@Server01 ~]# mount /dev/cdrom /media
```

② 制作用于安装的 yum 源文件（后面不赘述）。

```
[root@Server01 ~]# vim /etc/yum.repos.d/dvd.repo
[Media]
name=Media
baseurl=file:///media/BaseOS
gpgcheck=0
enabled=1

[rhel8-AppStream]
name=rhel8-AppStream
baseurl=file:///media/AppStream
gpgcheck=0
enabled=1
```

③ 使用 dnf 命令查看 gcc 软件包的信息，如图 9-1 所示。

```
 [root@Server01 ~]# dnf info gcc
```

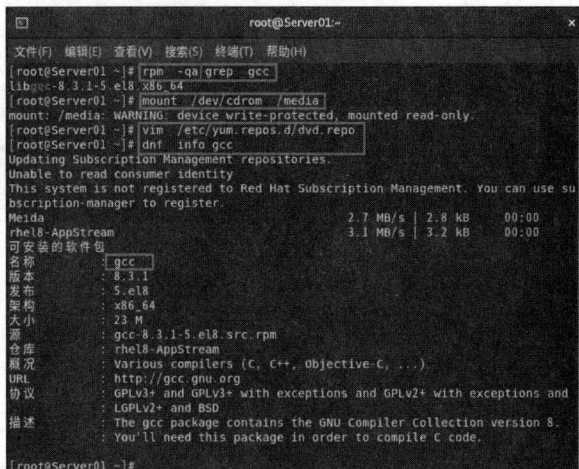

图 9-1　使用 dnf 命令查看 gcc 软件包的信息

④ 使用 dnf 命令安装 gcc。

```
[root@Server01 ~]# dnf clean all                    //安装前先清除缓存
[root@Server01 ~]# dnf install gcc -y
```

正常安装完成后，最后的提示信息是：

```
Installed products updated

已安装：
  cpp-8.3.1-5.el8.x86_64                   gcc-8.3.1-5.el8.x86_64
  glibc-devel-2.28-101.el8.x86_64          glibc-headers-2.28-101.el8.x86_64
  isl-0.16.1-6.el8.x86_64                  kernel-headers-4.18.0-193.el8.x86_64
  libxcrypt-devel-4.1.1-4.el8.x86_64

完毕！
```

所有软件包安装完毕，可以使用 rpm 命令再一次进行查询。

```
[root@Server01 ~]# rpm -qa | grep gcc
libgcc-8.3.1-5.el8.x86_64
gcc-8.3.1-5.el8.x86_64
```

任务 9-2　编写单一程序：输出 Hello World

我们以 Linux 上常见的 C 语言来撰写第一个程序。该程序就是在屏幕上输出"Hello World"。如果你对 C 语言有兴趣，请自行购买相关的书籍，本书只介绍简单的例子。

> **提示**　请先确认你的 Linux 操作系统中已经安装了 gcc。如果尚未安装，请使用 RPM 安装，安装好 gcc 之后，再继续下面的内容。

1. 编辑程序代码即源码

```
[root@Server01 ~]# vim hello.c   <==用 C 语言写的程序扩展名建议用.c
#include <stdio.h>
int main(void)
{
```

```
        printf("Hello World\n");
}
```

上面是用 C 语言的语法写成的一个程序文件。第一行的 "#" 并不是注解。

2. 开始编译与测试运行

```
[root@Server01 ~]# gcc hello.c
[root@Server01 ~]# ll hello.c a.out
-rwxr-xr-x. 1 root root 8512 Jul 15 21:18 a.out     <==此时会生成这个文件名
-rw-r--r--. 1 root root   72 Jul 15 21:17 hello.c
[root@Server01 ~]# ./a.out
Hello World                                         <==运行结果
```

在默认状态下，如果直接以 gcc 编译源码，并且没有加上任何参数，则可执行文件的文件名被自动设置为 a.out，能够直接执行 ./a.out 这个可执行文件。

上面的例子很简单，hello.c 是源码，gcc 是编译器，a.out 是编译成功的可执行文件。但如果想要生成目标文件（Object File）来进行其他操作，而且可执行文件的文件名也不要用默认的 a.out，那该如何做呢？其实可以将上面的第 2 个步骤改成下面这样。

```
[root@Server01 ~]# gcc -c hello.c
[root@Server01 ~]# ll hello*
-rw-r--r--. 1 root root   72 Jul 15 21:17 hello.c
-rw-r--r--. 1 root root 1496 Jul 15 21:20 hello.o <==这就是生成的目标文件
[root@Server01 ~]# gcc -o hello hello.o                <==小写字母o。
[root@Server01 ~]# ll hello*
-rwxr-xr-x. 1 root root 8512 Jul 15 21:20 hello     <==这就是可执行文件（-o 的结果）
-rw-r--r--. 1 root root   72 Jul 15 21:17 hello.c
-rw-r--r--. 1 root root 1496 Jul 15 21:20 hello.o
[root@Server01 ~]# ./hello
Hello World
```

这个步骤主要是利用 hello.o 这个目标文件生成一个名为 hello 的可执行文件，详细的 gcc 语法会在后面继续介绍。通过这个操作，可以得到 hello 及 hello.o 两个文件，真正可以执行的是 hello 这个二进制文件（该源码程序可在出版社网站下载）。

任务 9-3 编译与链接主程序和子程序

有时会在一个主程序中又调用另一个子程序。这是很常见的程序写法，因为可以简化整个程序。在下面的例子中，我们以主程序 thanks.c 调用子程序 thanks_2.c，写法很简单。

1. 撰写主程序、子程序

```
[root@Server01 ~]# vim thanks.c
#include <stdio.h>
int main(void)
{
        printf("Hello World\n");
        thanks_2();
}
```

下面的 thanks_2() 就是要调用的子程序。

```
[root@Server01 ~]# vim thanks_2.c
```

```
#include <stdio.h>
void thanks_2(void)
{
        printf("Thank you!\n");
}
```

2. 编译与链接程序

（1）将源码编译为可执行的二进制文件（警告信息可忽略）。

```
[root@Server01 ~]# gcc -c thanks.c thanks_2.c
[root@Server01 ~]# ll thanks*
-rw-r--r--. 1 root root   76 Jul 15 21:27 thanks_2.c
-rw-r--r--. 1 root root 1504 Jul 15 21:27 thanks_2.o    <==编译生成的目标文件
-rw-r--r--. 1 root root   91 Jul 15 21:25 thanks.c
-rw-r--r--. 1 root root 1560 Jul 15 21:27 thanks.o      <==编译生成的目标文件
[root@Server01 ~]# gcc -o thanks thanks.o thanks_2.o    <==小写字母 o
[root@Server01 ~]# ll thanks
-rwxr-xr-x. 1 root root 8584 Jul 15 21:28 thanks        <==最终结果会生成可执行文件
```

（2）运行可执行文件。

```
[root@Server01 ~]# ./thanks
Hello World
Thank you!
```

为什么要制作目标文件呢？由于我们的源码文件有时并非只有一个文件，所以无法直接进行编译。这时就需要先生成目标文件，再以链接制作成二进制可执行文件。另外，如果有一天，你升级了 thanks_2.c 这个文件的内容，则只要重新编译 thanks_2.c 来产生新的 thanks_2.o，再以链接制作出新的二进制可执行文件，而不必重新编译其他没有改动过的源码文件。对于软件开发者来说，这是一个很重要的功能，因为有时候要将偌大的源码全部编译完成会花很长的一段时间。

此外，如果想要让程序在运行的时候具有比较好的性能，或者是其他的调试功能，则可以在编译的过程中加入适当的选项，例如：

```
[root@Server01 ~]# gcc -O -c thanks.c thanks_2.c   <== -O 为生成优化的选项
[root@Server01 ~]# gcc -Wall -c thanks.c thanks_2.c
thanks.c: 在函数'main'中:
thanks.c:5:9: 警告: 隐式声明函数'thanks_2' [-Wimplicit-function-declaration]
        thanks_2();
        ^~~~~~~~
        thanks_2();
        ^
thanks.c:6:1: warning: control reaches end of non-void function [-Wreturn-type]
 }
```

-Wall 为产生更详细的编译过程信息。上面的信息为警告信息，不用理会也没有关系。

> **提示** 至于更多的 gcc 额外参数功能，请使用 man gcc 查看、学习。

任务 9-4　调用外部函数库：加入链接的函数库

刚刚只是在屏幕上面输出一些文字而已，如果要计算数学公式该怎么办呢？例如，我们想要计算出三角函数中的 sin90°。要注意的是，大多数程序语言都使用弧度而不是"角度"，180 度等于 3.14 弧度。我们来写一个程序：

```
[root@Server01 ~]# vim sin.c
#include <stdio.h>
int main(void)
{
        float value;
        value = sin ( 3.14 / 2 );
        printf("%f\n",value);
}
```

要如何编译这个程序呢？我们先直接编译：

```
[root@Server01 ~]# gcc sin.c
sin.c: 在函数'main'中:
                ^~~
sin.c:5:17: 警告: 隐式声明与内建函数'sin'不兼容
sin.c:5:17: 附注: include '<math.h>' or provide a declaration of 'sin'
sin.c:2:1:
+#include <math.h>
 int main(void)
sin.c:5:17:
        value = sin ( 3.14 / 2 );
                ^~~
# 注意看上面黑体部分，有个错误信息，代表没有成功
```

怎么没有编译成功？黑体部分的意思是"包含<math.h>库文件或者提供 sin 的声明"，为什么会这样呢？这是因为 C 语言中的 sin 函数是写在 libm.so 函数库中的，而我们并没有在源码中将这个函数库功能加进去。

可以这样更正：在 sin.c 中的第 2 行加入语句#include<math.h>，且编译时加入额外函数库的链接。

```
[root@Server01 ~]# vim sin.c
#include <stdio.h>
#include <math.h>
int main(void)
{
        float value;
        value = sin ( 3.14 / 2 );
        printf("%f\n",value);
}

[root@Server01 ~]# gcc sin.c -lm -L/lib -L/usr/lib    <==重点在 -lm
[root@Server01 ~]# ./a.out                            <==尝试执行新文件
1.000000
```

特别注意　使用 gcc 编译时加入的-lm 是有意义的，可以拆成两部分来分析。

- -l：加入某个函数库（library）。
- m：是 libm.so 函数库，其中，lib 与扩展名（.a 或.so）不需要写。

所以-lm 表示使用 libm.so（或 libm.a）这个函数库。那-L 后面接的路径呢？这表示程序需要的函数库 libm.so 请到/lib 或/usr/lib 里面寻找。

> **注意** 由于 Linux 默认将函数库放置在/lib 与/usr/lib 中，所以即便没有写-L/lib 与-L/usr/lib，也没有关系。不过，如果使用的函数库并非放置在这两个目录下，那么-L/path 就很重要了，否则会找不到函数库。

除了链接的函数库之外，你或许已经发现一个奇怪的地方，那就是 sin.c 中的第一行"#include <stdio.h>"，这行说明的是要将一些定义数据由 stdio.h 这个文件读入，这包括 printf 的相关设置。这个文件其实是放置在/usr/include/stdio.h 的。万一这个文件并非放置在这里呢？那么可以使用下面的方式来定义要读取的 include 文件放置的目录。

```
[root@Server01 ~]# gcc sin.c -lm -I/usr/include
```

-I 后面接的路径就是设置要去寻找相关的 include 文件的目录。不过，默认值同样放置在/usr/include 下面，除非 include 文件放置在其他路径，否则也可以略过这个选项。

通过上面的几个小范例，你应该对 gcc 以及源码有了一定程度的认识了，接下来我们整理 gcc 的简易使用方法。

任务 9-5　使用 gcc（编译、参数与链接）

前文说过，gcc 是 Linux 中最标准的编译器，是由 GNU 计划维护的，有兴趣的读者请参考相关资料。既然 gcc 对于 Linux 中的开放源码这样重要，下面就列举 gcc 常见的几个参数。

（1）仅将原始码编译成目标文件，并不制作链接等功能。

```
[root@Server01 ~]# gcc -c hello.c
```

上述程序会自动生成 hello.o 文件，但是并不会生成二进制可执行文件。

（2）在编译时，依据作业环境优化执行速度。

```
[root@Server01 ~]# gcc -O hello.c -c
```

上述程序会自动生成 hello.o 文件，并且进行优化。

（3）在制作二进制可执行文件时，将链接的函数库与相关的路径填入。

```
[root@Server01 ~]# gcc sin.c -lm -L/usr/lib -I/usr/include
```

- 在最终链接成二进制可执行文件时，这个命令经常执行。
- -lm 指的是 libm.so 或 libm.a 函数库文件。
- -L 后面接的路径是函数库的搜索目录。
- -I 后面接的是源码内的 include 文件所在的目录。

（4）将编译的结果生成某个特定文件。

```
[root@Server01 ~]# gcc -o hello hello.c
```

在程序中，-o 后面接的是要输出的二进制可执行文件的文件名。

（5）在编译时，输出较多的信息说明。

```
[root@Server01 ~]# gcc -o hello hello.c -Wall
```

加入 -Wall 之后，程序的编译会变得较为严谨，所以警告信息也会显示出来。

我们通常称 -Wall 或者 -O 这些非必要的选项为标志（FLAGS）。因为我们使用的是 C 语言，所以有时候也会简称这些标志为 CFLAGS。这些标志偶尔会被使用，尤其是在后文介绍 make 相关用法的时候。

任务 9-6 使用 make 进行宏编译

在本项目一开始我们提到过 make 的功能是简化编译过程下达的命令，同时还具有很多很方便的功能！下面使用 make 来简化下达编译命令的流程。

1. 为什么要使用 make

先来想象一个案例，假设执行文件包含了 4 个源码文件，分别是 main.c、haha.c、sin_value.c 和 cos_value.c，这 4 个文件的功能如下。

- main.c：让用户输入角度数据与调用其他 3 个子程序。
- haha.c：输出一些信息。
- sin_value.c：计算用户输入的角度（360°）的正弦数值。
- cos_value.c：计算用户输入的角度（360°）的余弦数值。

提示 这 4 个文件可在出版社的网站上下载，或通过 QQ（号码为 68433059）联系作者索要。

```
[root@Server01 ~]# mkdir  /c
[root@Server01 ~]# cd   /c
[root@Server01 c]# vim   main.c
#include <stdio.h>
#define pi 3.14159
char name[15];
float angle;
int main(void)
{  printf ("\n\nPlease input your name: ");
   scanf ("%s", &name );
   printf ("\nPlease enter the degree angle (ex> 90): " );
   scanf ("%f", &angle );
   haha(name);
   sin_value(angle);
   cos_value(angle);
}
```

```
[root@Server01 c]# vim haha.c
#include <stdio.h>
int haha(char name[15])
{  printf ("\n\nHi, Dear %s, nice to meet you.", name);
}
```

```
[root@Server01 c]# vim sin_value.c
#include <stdio.h>
#include <math.h>
#define pi 3.14159
float angle;
void sin_value(void)
{   float value;
    value = sin ( angle/180.*pi );
    printf ("\nThe Sin is: %5.2f\n",value);
}
```

```
[root@Server01 c]# vim cos_value.c
#include <stdio.h>
#include <math.h>
#define pi 3.14159
float angle;
void cos_value(void)
{
    float value;
    value = cos ( angle/180.*pi );
    printf ("The Cos is: %5.2f\n",value);
}
```

由于这 4 个文件有相关性，并且还用到数学函数公式，所以如果想要让这个程序可以运行，那么需要进行编译。

（1）编译文件

① 先进行目标文件的编译，最终会有 4 个*.o 的文件名出现。

```
[root@Server01 c]# gcc -c main.c
[root@Server01 c]# gcc -c haha.c
[root@Server01 c]# gcc -c sin_value.c
[root@Server01 c]# gcc -c cos_value.c
```

② 再链接形成可执行文件 main，并加入 libm 的数学函数（"\"是命令换行符，按"Enter"键后，在下一行继续输入未输入完成的命令即可）。

```
[root@Server01 c]# gcc -o main main.o haha.o sin_value.o cos_value.o \
 -lm -L/usr/lib -L/lib
```

③ 本程序的运行结果如下。必须输入姓名、360° 的角度值来完成计算。

```
[root@Server01 c]# ./main
Please input your name: Bobby  <==这里先输入姓名
Please enter the degree angle (ex> 90): 30   <==输入以 360° 为主的角度
Hi, Dear Bobby, nice to meet you.   <==这 3 行为输出的结果
The Sin is: 0.50
The Cos is: 0.87
```

编译的过程需要进行许多操作，如果要重新编译，则上述流程要重复一遍，光是找出这些命令就够麻烦的了。如果可以，能不能一个步骤就全部完成上面所有的操作呢？能，那就是利用 make 这个工具。先试着在这个目录下创建一个名为 makefile 的文件。

（2）使用 make 编译

① 先编辑规则文件 makefile，内容是制作出可执行文件 main。

```
[root@Server01 c]# vim makefile
main: main.o haha.o sin_value.o cos_value.o
      gcc -o main main.o haha.o sin_value.o cos_value.o -lm
```

特别注意 第 3 行的 gcc 之前是按 "Tab" 键产生的空格，不是真正的空格，否则会出错！

② 尝试使用 makefile 制订的规则进行编译。

```
[root@Server01 c]# rm -f main *.o    <==先将之前的目标文件删除
[root@Server01 c]# make
bash: make: 未找到命令……
安装软件包 "make" 以提供命令 "make"？ [N/y]
```

③ 按 "N" 键并按 "Enter" 键退出。从上面的信息可以看出，make 命令没有安装，下面是安装过程。

```
[root@Server01 c]# dnf -y install gcc automake autoconf libtool make
警告: rpmdb: BDB2053 Freeing read locks for locker 0xef: 33313/140283926284032
……
Installed products updated.

已安装:
  autoconf-2.69-27.el8.noarch          automake-1.16.1-6.el8.noarch
  libtool-2.4.6-25.el8.x86_64          m4-1.4.18-7.el8.x86_64
  perl-Thread-Queue-3.13-1.el8.noarch

完毕!
[root@Server01 c]# make -v
GNU Make 4.2.1
为 x86_64-redhat-linux-gnu 编译
……
```

④ 再次执行 make 命令。

```
[root@Server01 c]# make
cc    -c -o main.o main.c
cc    -c -o haha.o haha.c
cc    -c -o sin_value.o sin_value.c
cc    -c -o cos_value.o cos_value.c
gcc -o main main.o haha.o sin_value.o cos_value.o -lm
```

此时 make 会读取 makefile 的内容，并根据内容直接编译相关的文件，警告信息可忽略。

⑤ 在不删除任何文件的情况下，重新进行一次编译。

```
[root@Server01 c]# make
make: "main" 已是最新。
```

看到了吧！是否很方便呢？！只进行了更新的操作。

```
[root@Server01 c]# ./main
Please input your name: yy
Please enter the degree angle (ex> 90): 60
Hi, Dear yy, nice to meet you.
The Sin is: 0.87
The Cos is: 0.50
```

2. 了解 makefile 的基本语法与变量

make 的语法相当多且复杂，有兴趣的读者可以到 GNU 查阅相关的说明。这里仅列出一些基本的守则，重点在于让读者在接触原始码时不会太紧张！基本的 makefile 守则如下。

```
目标(target)：目标文件 1  目标文件 2
<tab>    gcc  -o  欲创建的可执行文件 目标文件 1 目标文件 2
```

目标就是我们想要创建的信息，而目标文件就是具有相关性的文件，创建可执行文件的语法是按"Tab"键开头的第 2 行。要特别留意，命令行必须以按"Tab"键作为开头才行。语法规则如下。

- makefile 中的"#"代表注解。
- 需要在命令行（如 gcc 这个编译器命令）的第一个字节按"Tab"键。
- 目标与相关文件（就是目标文件）之间需以"："隔开。

同样的，我们以前文的范例做进一步说明，如果想要有两个以上的执行操作，例如，执行一个命令就直接清除所有目标文件与可执行文件，那么该如何制作 makefile 文件呢？

（1）先编辑 makefile 来建立新的规则，此规则的目标名称为 clean。

```
[root@Server01 c]# vim makefile
main: main.o haha.o sin_value.o cos_value.o
    gcc -o main main.o haha.o sin_value.o cos_value.o -lm
clean:
    rm -f main main.o haha.o sin_value.o cos_value.o
```

> **特别注意**　第 3 行和第 5 行的开头是按"Tab"键产生的空格，不是真正的空格，否则会出错！

（2）以新的目标测试，看看执行 make 的结果。

```
[root@Server01 c]# make clean  <==就是这里！通过 make 以 clean 为目标
rm -rf main main.o haha.o sin_value.o cos_value.o
```

如此一来，makefile 中具有至少两个目标，分别是 main 与 clean，如果想要创建 main，就输入"make main"；如果想要清除信息，则输入"make clean"即可。而如果想要先清除目标文件再编译 main 这个程序，就可以输入"make clean main"，如下所示。

```
[root@Server01 c]# make clean main
rm -rf main main.o haha.o sin_value.o cos_value.o
cc   -c -o main.o main.c
cc   -c -o haha.o haha.c
cc   -c -o sin_value.o sin_value.c
cc   -c -o cos_value.o cos_value.c
gcc -o main main.o haha.o sin_value.o cos_value.o -lm
```

不过，makefile 中重复的数据还是有点多。我们可以通过 shell script 的"变量"来简化 makefile。

```
[root@Server01 c]# vim makefile
LIBS = -lm
OBJS = main.o haha.o sin_value.o cos_value.o
main: ${OBJS}
    gcc -o main ${OBJS} ${LIBS}
```

```
clean:
        rm -f main ${OBJS}
```

特别注意 第 5 行和第 7 行开头是按"Tab"键产生的空格，不是真正的空格，否则会出错！

与 shell script 的语法不太相同，变量的基本语法如下。

- 变量与变量内容以"="隔开，同时两边可以有空格。
- 变量左边不可以按"Tab"键，例如，上面范例的第 2 行 LIBS 左边不可以按"Tab"键。
- 变量与变量内容在"="两边不能有":"。
- 习惯上，变量最好以"大写字母"为主。
- 运用变量时，使用 ${变量}或 $(变量)。
- 环境变量是可以被套用的，例如，提到的 CFLAGS 这个变量。
- 在命令行模式也可以定义变量。

由于 gcc 在进行编译的行为时，会主动读取环境变量 CFLAGS，所以，可以直接在 shell 定义这个环境变量，也可以在 makefile 文件中定义，或者在命令行中定义。例如：

```
[root@Server01 c]# CFLAGS="-Wall" make clean main
# 这个操作在 make 上进行编译时，会取用 CFLAGS 的变量内容
```

也可以这样：

```
[root@Server01 c]# vim makefile
LIBS = -lm
OBJS = main.o haha.o sin_value.o cos_value.o
CFLAGS = -Wall
main: ${OBJS}
        gcc -o main ${OBJS} ${LIBS}
clean:
        rm -f main ${OBJS}
```

可以利用命令行输入环境变量，也可以在文件内直接指定环境变量。但如果 CFLAGS 的内容在命令行与 makefile 中并不相同，那么该以哪种方式的输入为主呢？环境变量使用的规则如下。

- make 命令行后面加上的环境变量优先。
- makefile 中指定的环境变量第二。
- shell 原本具有的环境变量第三。

此外，还有一些特殊的变量需要了解。$@代表目前的目标。

所以也可以将 makefile 改成如下形式（$@ 就是 main）。

```
[root@Server01 c]# vim makefile
LIBS = -lm
OBJS = main.o haha.o sin_value.o cos_value.o
CFLAGS = -Wall
main: ${OBJS}
    gcc -o $@ ${OBJS} ${LIBS}
clean:
    rm -f main ${OBJS}
```

9.4 项目实训：安装和管理软件包

1. 视频位置
实训前请扫右侧的二维码，观看"项目实录 安装和管理软件包"慕课。

2. 项目实训目的
- 学会管理 Tarball 软件。
- 学会使用 RPM 软件管理程序。
- 学会使用 SRPM: rpmbuild。
- 学会使用基于 DNF 技术（YUM v4）的 YUM 工具。

9-3 慕课

项目实录 安装
和管理软件包

3. 项目要求
（1）编译、链接和运行简单的 C 语言程序。
（2）使用 make 进行巨集编译。
（3）管理 Tarball。
（4）使用 RPM 命令管理软件包。
（5）使用 SRPM 命令编译生成 RPM 文件。
（6）使用 dnf 或 yum 命令管理软件包。

4. 做一做
根据项目实录视频进行项目实训，检查学习效果。

9.5 练习题

一、填空题
1. 源码其实大多是_____文件，需要通过_____操作后，才能够制作出 Linux 操作系统能够认识的可运行的_____。

2. _____可以加速软件的升级速度，让软件效能更快、漏洞修补更及时。

3. 在 Linux 操作系统中，最标准的 C 语言编译器为_____。

4. 在编译的过程中，可以通过其他软件提供的_____来使用该软件的相关机制与功能。

5. 为了简化编译过程中复杂的命令输入，可以通过_____与_____规则定义来简化程序的升级、编译与链接等操作。

二、简答题
简述 bug 的分类。

学习情境四

网络服务器配置与管理

运筹策帷帐之中，决胜于千里之外。

——《史记·高祖本纪》

项目10
配置与管理samba服务器

10

项目导入：

是谁最先搭起 Windows 和 Linux 沟通的"桥梁"，并且提供不同系统间的共享服务，还能拥有强大的输出服务功能？答案就是 samba。samba 的应用环境非常广泛。当然 samba 的魅力还远远不止这些。

职业能力目标和要求：

- 了解 samba 环境及协议。
- 掌握 samba 的工作原理。
- 掌握主配置文件 samba.conf 的配置方法。

- 掌握 samba 服务密码文件的配置方法。
- 掌握 samba 文件和输出共享的设置方法。
- 掌握 Linux 和 Windows 客户端共享 samba 服务器资源的方法。

///// 10.1　项目知识准备

10-1　微课

管理与维护
samba 服务器

对于接触 Linux 的用户来说，听得最多的就是 samba 服务，为什么是 samba 呢？原因是 samba 最先在 Linux 和 Windows 之间架起了一座桥梁。正是由于 samba，我们可以在 Linux 操作系统和 Windows 系统之间互相通信，如复制文件、实现不同操作系统之间的资源共享等。我们可以将其架设成一个功能非常强大的文件服务器，也可以将其架设成提供本地和远程联机输出的服务器，甚至可以使用 samba 服务器完全取代 Windows Server 2016 中的域控制器，使域管理工作变得非常方便。

10.1.1　了解 samba 应用环境

- 文件和打印机共享：文件和打印机共享是 samba 的主要功能，通过服务器消息块（Server Message Block，SMB）协议实现资源共享，将文件和打印机发布到网络中，以供用户访问。
- 身份验证和权限设置：smbd 服务支持 user mode 和 domain mode 等身份验证和权限设置模式，通过加密方式可以保护共享的文件和打印机。

- 名称解析：samba 通过 nmbd 服务可以搭建 NetBIOS 名称服务器（NetBIOS Name Server，NBNS），提供名称解析，将计算机的 NetBIOS 名解析为 IP 地址。
- 浏览服务：在局域网中，samba 服务器可以成为本地主浏览器（Local Master Browser，LMB），保存可用资源列表。当使用客户端访问 Windows 网上邻居时，会提供浏览列表，显示共享目录、打印机等资源。

10.1.2 了解 SMB 协议

SMB 通信协议可以看作局域网上共享文件和打印机的一种协议。它是 Microsoft 公司和 Intel 公司在 1987 年制定的协议，主要是作为 Microsoft 网络的通信协议，而 samba 将 SMB 协议搬到 UNIX 系统上使用。通过 "NetBIOS over TCP/IP"，使用 samba 不但能与局域网络主机共享资源，而且能与全世界的计算机共享资源。因为互联网上千千万万的主机所使用的通信协议就是 TCP/IP。SMB 协议是会话层和表示层以及小部分应用层上的协议，SMB 协议使用了 NetBIOS 的 API。另外，它是一个开放性的协议，允许协议扩展，这使它变得庞大而复杂，大约有 65 个最上层的作业，而每个作业都有超过 120 个函数。

10.2 项目设计与准备

在实施项目前先了解 samba 服务器的配置流程。

10.2.1 了解 samba 服务器配置的工作流程

首先对服务器进行设置：告诉 samba 服务器将哪些目录共享给客户端进行访问，并根据需要设置其他选项，例如，添加对共享目录内容的简单描述信息和访问权限等具体设置。

1. 基本的 samba 服务器的搭建流程

基本的 samba 服务器的搭建流程主要分为 5 个步骤。

（1）编辑主配置文件 smb.conf，指定需要共享的目录，并为共享目录设置共享权限。

（2）在 smb.conf 文件中指定日志文件名称和存放路径。

（3）设置共享目录的本地系统权限。

（4）重新加载配置文件或重新启动 SMB 服务，使配置生效。

（5）关闭防火墙，同时设置 SELinux 为允许。

2. samba 的工作流程

samba 的工作流程如图 10-1 所示。

（1）客户端请求访问 samba 服务器上的共享目录。

（2）samba 服务器接收到请求后，查询主配置文件 smb.conf，看看是否共享了目录，如果共享了目录，则查看客户端是否有权限访问。

（3）samba 服务器会将本次访问信息记录

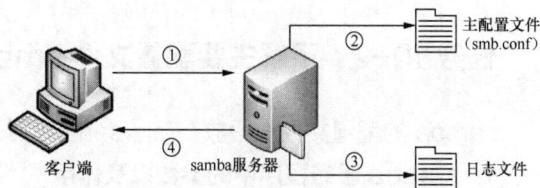

图 10-1　samba 的工作流程

在日志文件中，日志文件的名称和路径都需要用户设置。

（4）如果客户端满足访问权限设置，则允许客户端进行访问。

10.2.2 设备准备

本项目要用到 Server01、Client3 和 Client1，设备情况如表 10-1 所示。

表 10-1　samba 服务器和 Windows 客户端使用的设备情况

主　机　名	操作系统	IP 地址	网络连接方式
samba 共享服务器：Server01	RHEL 8	192.168.10.1/24	VMnet1（仅主机模式）
Windows 客户端：Client3	Windows 10	192.168.10.40/24	VMnet1（仅主机模式）
Linux 客户端：Client1	RHEL 8	192.168.10.21/24	VMnet1（仅主机模式）

10.3 项目实施

10-2　慕课

配置与管理
samba 服务器

任务 10-1　安装并启动 samba 服务

使用 rpm -qa |grep samba 命令检测系统是否安装了 samba 软件包。

```
[root@Server01 ~]# rpm -qa |grep samba
```
（1）挂载 ISO 映像文件。
```
[root@Server01 ~]# mount /dev/cdrom /media
```
（2）制作 yum 源文件/etc/yum.repos.d/dvd.repo（**见项目 1 或项目 9 相关内容**），不再赘述。

（3）使用 dnf 命令查看 samba 软件包的信息。
```
[root@Server01 ~]# dnf info samba
```
（4）使用 dnf 命令安装 samba 服务。
```
[root@Server01 ~]# dnf clean all                  //安装前先清除缓存
[root@Server01 ~]# dnf install samba -y
```
（5）所有软件包安装完毕，可以使用 rpm 命令再一次进行查询。
```
[root@Server01 ~]# rpm -qa | grep samba
```
（6）启动 smb 服务，设置开机启动该服务。
```
[root@Server01 ~]# systemctl start smb ; systemctl enable smb
```

注意　在服务器配置中，更改配置文件后，一定要记得重启服务，让服务重新加载配置文件，这样新配置才生效。重启的命令是 systemctl restart smb 或 systemctl reload smb。

任务 10-2　了解主要配置文件 smb.conf

samba 的配置文件一般放在/etc/samba 目录中，主配置文件名为 smb.conf。

1. samba 服务程序中的参数以及作用

使用 ll 命令查看 smb.conf 文件属性，并使用命令 vim　/etc/samba/smb.conf 查看文件的详细内容，如图 10-2 所示（使用"：set nu"加行号，后面同样处理，不再赘述）。

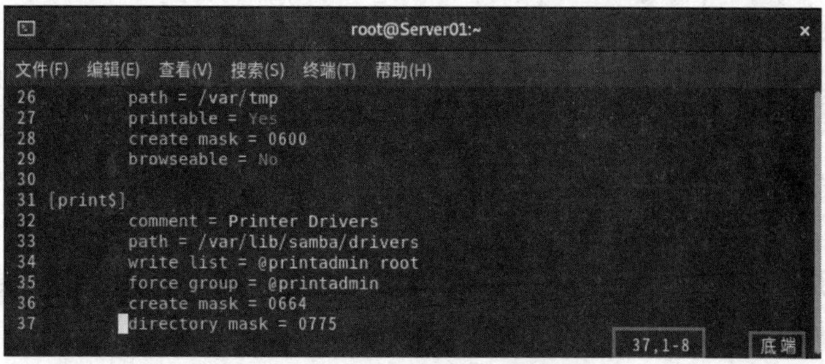

图 10-2　查看 smb.conf 配置文件

RHEL 8 的 smb.conf 配置文件已经简化，只有 37 行左右。为了更清楚地了解配置文件，建议研读/etc/samba/smb.conf.example。samba 开发组按照功能不同，对 smb.conf 文件进行了分段划分，条理非常清楚。表 10-2 所示为 samba 服务程序中的参数以及作用。

表 10-2　samba 服务程序中的参数以及作用

作用范围	参　数	作　用
[global]	workgroup = MYGROUP	工作组名称，如 workgroup=SmileGroup
	server string = samba Server Version %v	服务器描述，参数%v 为 SMB 版本号
	log file = /var/log/samba/log.%m	定义日志文件的存放位置与名称，参数%m 为来访的主机名
	max log size = 50	定义日志文件的最大容量为 50KB
	security = user	安全验证的方式，需验证来访主机提供的口令后才可以访问；提升了安全性，系统默认方式
	security = server	使用独立的远程主机验证来访主机提供的口令（集中管理账户）
	security = domain	使用域控制器进行身份验证
	passdb backend = tdbsam	定义用户后台的类型，共 3 种。第一种表示创建数据库文件并使用 pdbedit 命令建立 samba 服务程序的用户
	passdb backend = smbpasswd	第二种表示使用 smbpasswd 命令为系统用户设置 samba 服务程序的密码
	passdb backend = ldapsam	第三种表示基于 LDAP 服务进行账户验证
	load printers = yes	设置在 samba 服务启动时是否共享打印机设备
	cups options = raw	打印机的选项
[homes]	comment = Home Directories	描述信息
	browseable = no	指定共享信息是否在"网上邻居"中可见
	writable = yes	定义是否可以执行写入操作，与"read only"相反

技巧　为了方便配置，建议先备份 smb.conf，一旦发现错误可以随时从备份文件中恢复主配置文件。操作如下。

```
[root@Server01 ~]# cd /etc/samba; ls
[root@Server01 samba]# cp smb.conf  smb.conf.bak; cd
```

2. Share Definitions 共享服务的定义

Share Definitions 设置对象为共享目录和打印机，如果想发布共享资源，需要对 Share Definitions 部分进行配置。Share Definitions 字段非常丰富，设置灵活。

我们先来看几个常用的字段。

（1）设置共享名。

共享资源发布后，必须为每个共享目录或打印机设置不同的共享名，供网络用户访问时使用，并且共享名可以与原目录名不同。

共享名的设置非常简单，格式为：

[共享名]

（2）共享资源描述。

网络中存在各种共享资源，为了方便用户识别，可以为其添加备注信息，方便用户查看共享资源的内容。

格式为：

comment = 备注信息

（3）共享路径。

共享资源的原始完整路径可以使用 path 字段进行发布，务必正确指定。

格式为：

path = 绝对地址路径

（4）设置匿名访问。

设置是否允许对共享资源进行匿名访问，可以更改 public 字段。

格式为：

public = yes   #允许匿名访问
public = no   #禁止匿名访问

【例 10-1】samba 服务器中有个目录为/share，需要将该目录发布为共享目录，定义共享名为 public，要求：允许浏览、只读、允许匿名访问。设置如下所示。

```
[public]
      comment = public
      path = /share
      browseable = yes
      read only = yes
      public = yes
```

（5）设置访问用户。

如果共享资源存在重要数据，需要对访问用户进行审核，可以使用 valid users 字段进行设置。

格式为：

valid users = 用户名
valid users = @组名

【例 10-2】samba 服务器/share/tech 目录中存放了公司技术部数据，只允许技术部员工和经理访问，技术部组为 tech，经理账号为 manager。

```
[tech]
      comment=tech
```

```
        path=/share/tech
        valid users=@tech,manager
```

（6）设置目录只读。

共享目录如果需要限制用户的读/写操作，可以通过 read only 实现。

格式为：

```
read only = yes        #只读
read only = no         #读写
```

（7）设置过滤主机。

注意网络地址的写法！

相关示例如下。

```
hosts allow = 192.168.10.   server.abc.com
```

上述程序表示允许来自 192.168.10.0 或 server.abc.com 的访问者访问 samba 服务器资源。

```
hosts deny = 192.168.2.
```

上述程序表示不允许来自 192.168.2.0 网络的主机访问当前 samba 服务器资源。

【例 10-3】samba 服务器公共目录/public 中存放大量共享数据，为保证目录安全，仅允许 192.168.10.0 网络的主机访问，并且只允许读取，禁止写入。

```
[public]
        comment=public
        path=/public
        public=yes
        read only=yes
        hosts allow = 192.168.10.
```

（8）设置目录可写。

如果共享目录允许用户进行写操作，可以使用 writable 或 write list 两个字段进行设置。

writable 格式：

```
writable = yes         #读写
writable = no          #只读
```

write list 格式：

```
write list = 用户名
write list = @组名
```

> **注意**　[homes]为特殊共享目录，表示用户主目录。[printers]表示共享打印机。

任务 10-3　samba 服务的日志文件和密码文件

日志文件对于 samba 非常重要，它存储着客户端访问 samba 服务器的信息，以及 samba 服务的错误提示信息等，可以通过分析日志，帮助解决客户端访问和服务器维护等问题。

1. samba 服务日志文件

在/etc/samba/smb.conf 文件中，log file 为设置 samba 日志的字段，如下所示。

```
log file = /var/log/samba/log.%m
```

samba 服务的日志文件默认存放在/var/log/samba/中，其中 samba 会为每个连接到 samba

服务器的计算机分别建立日志文件。使用 **ls -a**　/var/log/samba 命令可以查看日志的所有文件。

当客户端通过网络访问 samba 服务器后，会自动添加客户端的相关日志。所以，Linux 管理员可以根据这些文件来查看用户的访问情况和服务器的运行情况。另外当 samba 服务器工作异常时，也可以通过/var/log/samba/的日志进行分析。

2. samba 服务密码文件

samba 服务器发布共享资源后，客户端访问 samba 服务器，需要提交用户名和密码进行身份验证，验证合格后才可以登录。samba 服务为了实现客户身份验证功能，将用户名和密码信息存放在/etc/samba/smbpasswd 中，在客户端访问时，将用户提交的资料与 smbpasswd 中存放的信息进行比对，只有相同，并且 samba 服务器其他安全设置允许，客户端与 samba 服务器的连接才能建立成功。

那么如何建立 samba 账号呢？首先，samba 账号并不能直接建立，需要先建立 Linux 同名的系统账号。例如，如果要建立一个名为 yy 的 samba 账号，那么 Linux 操作系统中必须提前存在一个同名的 yy 系统账号。

在 samba 中，添加账号的命令为 smbpasswd，格式为：

```
smbpasswd -a 用户名
```

【例 10-4】在 samba 服务器中添加 samba 账号 reading。

（1）建立 Linux 操作系统账号 reading。

```
[root@Server01 ~]# useradd reading
[root@Server01 ~]# passwd reading
```

（2）添加 reading 用户的 samba 账号。

```
[root@Server01 ~]# smbpasswd -a reading
```

samba 账号添加完毕。如果在添加 samba 账号时输入完两次密码后出现错误信息"Failed to modify password entry for user amy"，则是因为 Linux 本地用户里没有 reading 这个用户，在 Linux 操作系统中添加就可以了。

> **提示**　在建立 samba 账号之前，一定要先建立一个与 samba 账号同名的系统账号。

经过上面的设置，再次访问 samba 共享文件时就可以使用 reading 账号了。

任务 10-4　user 服务器实例解析

在 RHEL 8 中，samba 服务程序默认使用的是用户口令认证（user）模式。这种认证模式可以确保仅让有密码且受信任的用户访问共享资源，而且验证过程十分简单。

【例 10-5】如果公司有多个部门，因工作需要，就必须分门别类地建立相应部门的目录。要求将销售部的资料存放在 samba 服务器的/companydata/sales/目录下集中管理，以便销售人员浏览，并且该目录只允许销售部员工访问。

需求分析：在/companydata/sales/目录中存放有销售部的重要数据，为了保证其他部门无法查看其内容，需要将全局配置中的 security 设置为 user 安全级别。这样就启用了 samba 服务器的身份验证机制。然后在共享目录/companydata/sales 下设置 valid users 字段，配置只允许销售部员工访问这个共享目录。

1. 在 Server01 上配置 samba 服务器（任务 10-1 已安装 samba 服务组件）

（1）建立共享目录，并在目录下建立测试文件。

```
[root@Server01 ~]# mkdir /companydata
[root@Server01 ~]# mkdir /companydata/sales
[root@Server01 ~]# touch /companydata/sales/test_share.tar
```

（2）添加销售部用户和组并添加相应的 samba 账号。

① 使用 groupadd 命令添加 sales 组，然后执行 useradd 命令和 passwd 命令，以添加销售部员工的账号及密码。此处单独增加一个 test_user1 账号，不属于 sales 组，供测试用。

```
[root@Server01 ~]# groupadd sales              #建立销售组 sales
[root@Server01 ~]# useradd -g sales sale1      #建立用户 sale1，添加到 sales 组
[root@Server01 ~]# useradd -g sales sale2      #建立用户 sale2，添加到 sales 组
[root@Server01 ~]# useradd test_user1          #供测试用
[root@Server01 ~]# passwd sale1                #设置用户 sale1 密码
[root@Server01 ~]# passwd sale2                #设置用户 sale2 密码
[root@Server01 ~]# passwd test_user1           #设置用户 test_user1 密码
```

② 为销售部成员添加相应的 samba 账号。

```
[root@Server01 ~]# smbpasswd -a sale1
[root@Server01 ~]# smbpasswd -a sale2
```

（3）修改 samba 主配置文件 vim /etc/samba/smb.conf。直接在原文件未尾添加，但要注意将原文件的[global]删除或用"#"注释，**文件中不能有两个同名的[global]**。当然也可直接在原来的[global]上修改。

```
39 [global]
40     workgroup = Workgroup
41     server string = File Server
42     security = user
43     #设置 user 安全级别模式，取默认值
44     passdb backend = tdbsam
45     printing = cups
46     printcap name = cups
47     load printers = yes
48     cups options = raw
49 [sales]
50     #设置共享目录的共享名为 sales
51     comment=sales
52     path=/companydata/sales
53     #设置共享目录的绝对路径
54     writable = yes
55     browseable = yes
56     valid users = @sales
57     #设置可以访问的用户为 sales 组
```

2. 设置本地权限、SELinux 和防火墙（Server01）

（1）设置共享目录的本地系统权限和属组。

```
[root@Server01 ~]# chmod 770 /companydata/sales -R
[root@Server01 ~]# chown :sales /companydata/sales -R
```

-R 选项是递归调用的，一定要加上。请读者再次复习前文的权限相关内容。

（2）更改共享目录和用户家目录的 context 值，或者禁用 SELinux。

```
[root@Server01 ~]# chcon -t samba_share_t /companydata/sales  -R
[root@Server01 ~]# chcon -t samba_share_t /home/sale1  -R
[root@Server01 ~]# chcon -t samba_share_t /home/sale2  -R
```

或者：

```
[root@Server01 ~]# getenforce
[root@Server01 ~]# setenforce Permissive
```

或者：

```
[root@Server01 ~]# setenforce 0
```

（3）让防火墙放行，这一步很重要。

```
[root@Server01 ~]# firewall-cmd --permanent --add-service=samba
[root@Server01 ~]# firewall-cmd --reload          //重新加载防火墙
[root@Server01 ~]# firewall-cmd --list-all
public (active)
......
  services: ssh dhcpv6-client samba              //已经加入防火墙的允许服务
......
```

（4）重新加载 samba 服务并设置开机时自动启动。

```
[root@Server01 ~]# systemctl restart smb
[root@Server01 ~]# systemctl enable smb
```

3. Windows 客户端访问 samba 共享测试

一是在 Windows 10 中利用资源管理器进行测试，二是利用 Linux 客户端进行测试。本例使用 Windows 10 来测试。以下的操作在 Client3 上进行。

（1）使用 UNC 路径直接访问

依次选择"开始"→"运行"命令，使用 UNC 路径直接进行访问，如\\192.168.10.1。打开"Windows 安全中心"对话框，如图 10-3 所示。输入 sale1 或 sale2 及其密码，登录后可以正常访问。

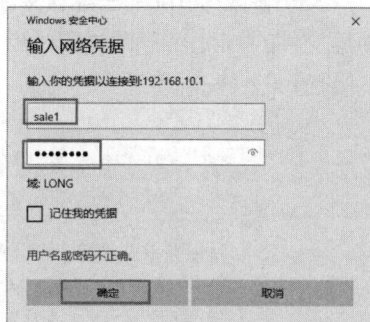

图 10-3 "Windows 安全中心"对话框

> **试一试** 注销 Windows 10 客户端，使用 test_user1 用户和密码登录会出现什么情况？

（2）使用映射网络驱动器访问 samba 服务器共享目录

Windows 10 默认不会在桌面上显示"此电脑"图标。首先让"此电脑"在桌面上显示。

① 在桌面空白处右击，在弹出的快捷菜单中选择"个性化"命令。

② 单击"主题"→"桌面图标设置"命令。

③ 勾选"计算机"复选框，单击"应用"→"确定"按钮。

④ 回到桌面，发现"此电脑"图标已回到桌面上了。

⑤ 双击"此电脑"图标，单击"计算机"→"映射网络驱动器"下拉按钮。

⑥ 在下拉列表中单击"映射网络驱动器"命令，如图 10-4 所示，在弹出的"映射网络驱动器"对话框中选择 Z 驱动器，并输入 sales 共享目录的地址，如\\192.168.10.1\sales，单击"完成"按钮，

如图 10-5 所示。

⑦ 在接下来的对话框中输入可以访问 sales 共享目录的 samba 账号和密码。

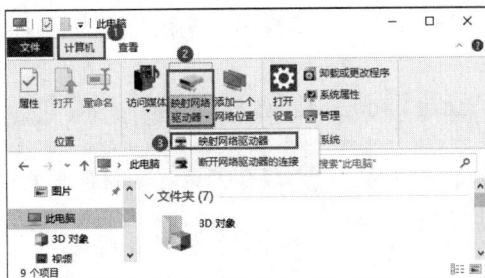

图 10-4 选择"映射网络驱动器"命令

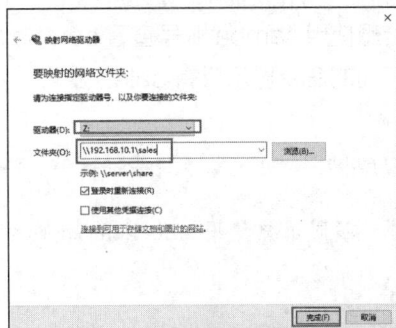

图 10-5 "映射网络驱动器"对话框

⑧ 再次双击"此电脑"图标,驱动器 Z 就是共享目录 sales,可以很方便地访问了,如图 10-6 所示。

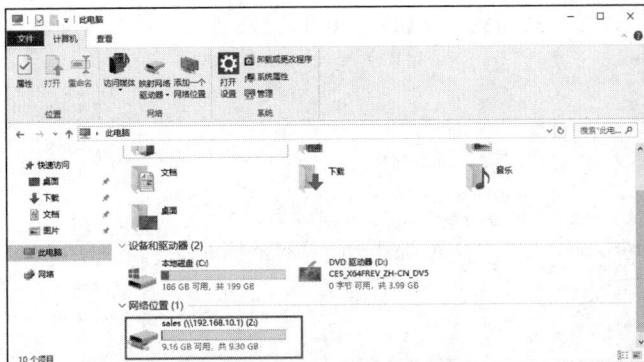

图 10-6 成功设置网络驱动器 Z

> **特别
> 提示**
> samba 服务器在将本地文件系统共享给 samba 客户端时,涉及本地文件系统权限和 samba
> 共享权限。当客户端访问共享资源时,最终的权限取这两种权限中最严格的。在后面的实例
> 中,不再单独设置本地权限。如果读者对权限不是很熟悉,请参考前面项目 4 的相关内容。

4. Linux 客户端访问 samba 共享服务器

samba 服务程序当然还可以实现 Linux 操作系统之间的文件共享。请读者按照表 10-1 来设置 samba 服务程序所在主机(samba 共享服务器)和 Linux 客户端 Client1 使用的 IP 地址,然后在客户端 Client1 上安装 samba 服务和支持文件共享服务的软件包(cifs-utils)。

(1)在 Client1 上安装 samba-client 和 cifs-utils。

```
[root@@Client1 ~]# mount /dev/cdrom /media
[root@@Client1 ~]# vim  /etc/yum.repos.d/dvd.repo
[root@@Client1 ~]# dnf install samba-client cifs-utils -y
```

(2)在 Linux 客户端使用 smbclient 命令访问服务器。

① smbclient 可以列出目标主机共享目录列表。smbclient 命令的格式为:

```
smbclient -L 目标 IP 地址或主机名 -U 登录用户名%密码
```

当查看 Server01（192.168.10.1）主机的共享目录列表时，提示输入密码。这时可以不输入密码，而直接按"Enter"键，表示匿名登录，然后显示匿名用户可以看到的共享目录列表。

```
[root@@Client1 ~]# smbclient -L 192.168.10.1
```

若想使用 samba 账号查看 samba 服务器共享的目录，可以加上-U 选项，后面接用户名%密码。下面的命令显示只有 sale2 账号（其密码为 12345678）才有权限浏览和访问的 sales 共享目录。

```
[root@@Client1 ~]# smbclient -L 192.168.10.1 -U sale2%12345678
```

> **注意** 不同用户使用 smbclient 浏览的结果可能是不一样的，这由服务器设置的访问控制权限而定。

② 还可以使用 smbclient 命令行共享访问模式浏览共享的资料。

smbclient 命令行共享访问模式的命令格式为：

```
smbclient //目标 IP 地址或主机名/共享目录 -U 用户名%密码
```

下面的命令运行后，将进入交互式界面（输入"?"可以查看具体命令）。

```
[root@@Client1 ~]# smbclient //192.168.10.1/sales -U sale2%12345678
Try "help" to get a list of possible commands.
smb: \> ls

  test_share.tar                    A        0  Mon Jul 16 18:39:03 2018

       9754624 blocks of size 1024. 9647416 blocks available
smb: \> mkdir testdir               //新建一个目录进行测试
smb: \> ls

  test_share.tar                    A        0  Mon Jul 16 18:39:03 2018
  testdir                           D        0  Mon Jul 16 21:15:13 2018

    9754624 blocks of size 1024. 9647416 blocks available
smb: \> exit
[root@@Client1 ~]#
```

另外，smbclient 登录 samba 服务器后，可以使用 help 查询支持的命令。

（3）Linux 客户端使用 mount 命令挂载共享目录。

mount 命令挂载共享目录的格式为：

```
mount -t cifs //目标 IP 地址或主机名/共享目录名称 挂载点 -o username=用户名
```

下面的命令结果为将 192.168.10.1 主机上的共享目录 sales 挂载到/smb/sambadata 目录下，cifs 是 samba 使用的文件系统。

```
[root@@Client1 ~]# mkdir -p /smb/sambadata
[root@@Client1 ~]# mount -t cifs //192.168.10.1/sales /smb/sambadata/ -o username=sale1
Password for sale1@//192.168.10.1/sales:  ********
//输入 sale1 的 samba 用户密码，不是系统用户密码
[root@@Client1 ~]# cd /smb/sambadata
[root@@Client1 sambadata]# ls
testdir  test_share.tar
root@Client1 sambadata]# cd
```

5. Linux 客户端访问 Windows 共享服务器

在客户端 Client1 上直接使用命令 smbclient 可以访问 Windows 共享服务器。

```
[root@Server01 ~]# smbclient -L //192.168.10.31  -U administrator
Enter SAMBA\administrator's password:
    Sharename      Type      Comment
    ---------      ----      -------
    ADMIN$         Disk      远程管理
    C$             Disk      默认共享
    IPC$           IPC       远程 IPC
SMB1 disabled -- no workgroup available
[root@Server01 ~]#
```

任务 10-5　配置可匿名访问的 samba 服务器

接任务 10-4，那么如何配置可匿名访问的 samba 服务器呢？

【例 10-6】公司需要添加 samba 服务器作为文件服务器，工作组名为 Workgroup，共享目录为/share，共享名为 public，这个共享目录允许公司所有员工下载文件，但不允许上传文件。

> **分析**　这个案例属于 samba 的基本配置，既然允许所有员工访问，就需要为每个用户建立一个 samba 账号，那么如果公司拥有大量用户呢？1 000 个用户，甚至 100 000 个用户，每个都设置会非常麻烦，可以采用匿名账户 nobody 访问，这样实现起来非常简单。

（1）参考步骤

① 在 Server01 上建立 share 目录，并在其下建立测试文件，设置共享文件夹本地系统权限。

```
[root@Server01 ~]# mkdir  /share ; touch  /share/test_share.tar
[root@Server01 ~]# chmod 645  /share -R
```

② 修改 samba 主配置文件 smb.conf。

```
[root@Server01 ~]# vim /etc/samba/smb.conf
```

在任务 10-4 的基础上修改配置文件，与任务 10-4 配置文件一样的内容不再显示出来。

```
39      [global]
        ......
44          map to guest = bad user
        ......

50      [public]
51          comment=public
52          path=/share
53          guest ok=yes
54          #允许匿名用户访问
55          browseable=yes
56          #在客户端显示共享的目录
57          public=yes
58          #最后设置允许匿名访问
59          read only = yes
```

③ 让防火墙放行 samba 服务。在任务 10-4 中已详细设置，这里不再赘述。

> **注意** 以下实例，不再考虑防火墙和 SELinux 的设置，但不意味着防火墙和 SELinux 不用设置。
> （firewall-cmd --permanent --add-service=samba、firewall-cmd --reload。）

④ 更改共享目录的 context 值。

```
[root@Server01 ~]# chcon -t samba_share_t /share
```

> **提示** 可以使用 getenforce 命令查看 "SELinux" 防火墙是否被强制实施（默认是这样），如果不被强制实施，步骤③和步骤④可以省略。使用命令 setenforce 1 可以设置强制实施防火墙，使用命令 setenforce 0 可以取消强制实施防火墙（注意是数字 "1" 和数字 "0"）。

⑤ 重新加载配置。

可以使用 restart 重新启动服务或者使用 reload 重新加载配置。

```
[root@Server01 ~]# systemctl restart smb
```

或者：

```
[root@Server01 ~]# systemctl reload smb
```

> **注意** 重启 samba 服务，虽然可以让配置生效，但是 restart 是先关闭 samba 服务再开启服务，这样在公司网络运营过程中肯定会对客户端员工的访问造成影响，建议使用 reload 命令重新加载配置文件使其生效，这样不需要中断服务就可以重新加载配置。

通过以上对 samba 服务器的设置，用户不需要输入账号和密码就可直接登录 samba 服务器并访问 public 共享目录了。在 Windows 客户端可以用 UNC 路径测试，方法是在 Windows 10（Client3）资源管理器地址栏中输入\\192.168.10.1。但出现了错误，如图 10-7 所示。

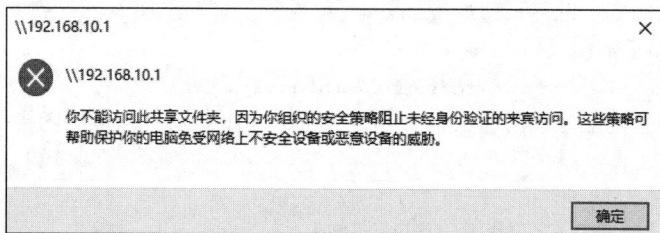

图 10-7　Windows 10 默认不允许匿名访问

（2）解决 Windows 10 默认不允许匿名访问的问题

① 在 Client3 的命令提示符下输入命令 "gpedit.msc"，并单击 "确定" 按钮。

② 待本地组策略编辑器弹出后，依次选取 "计算机管理" → "管理模板" → "网络" → "lanman 工作站" 命令。

③ 在右侧窗口找到 "启用不安全的来宾登录" 选项，将之调整为 "已启用"，单击 "应用" → "确定" 按钮。

④ 重启设备再次测试。

> **注意** ① 完成实训后记得恢复到正常默认，即删除或注释掉 map to guest = bad user。
> ② samba 共享文件能看到目录但看不到内容的解决方法为：编辑/etc/sysconfig/selinux/config 文件，将 SELINUX=enforcing 改为 disabled，然后重启系统即可。

10.4 国产操作系统"银河麒麟"

你了解国产操作系统银河麒麟吗？它的深远影响是什么？

国产操作系统银河麒麟 V10 面世引发了业界和公众关注。这一操作系统不仅可以充分适应"5G 时代"需求，其独创的 kydroid 技术还能支持海量安卓应用，将 300 余万款安卓适配软硬件无缝迁移到国产平台。银河麒麟 V10 作为国内安全等级最高的操作系统，是首款具有内生安全体系的操作系统，成功打破了相关技术封锁与垄断，有能力成为承载国家基础软件的安全基石。

银河麒麟 V10 的推出，让人们看到了国产操作系统与日俱增的技术实力和不断攀登科技高峰的坚实脚步。

核心技术从不是别人给予的，必须依靠自主创新。从 2019 年 8 月华为发布自主操作系统鸿蒙操作系统，到 2020 年银河麒麟 V10 面世，我国操作系统正加速走向独立创新的发展新阶段。当前，麒麟操作系统在海关、交通、统计、农业等很多部门得到规模化应用，采用这一操作系统的机构和企业已经超过 1 万家。这一数字证明，麒麟操作系统已经获得了市场一定程度的认可。只有坚持开放兼容，让操作系统与更多产品适配，才能推动产品性能更新迭代，让用户拥有更好的使用体验。

操作系统的自主发展是一项重大而紧迫的课题。实现核心技术的突破，需要多方齐心合力、协同攻关，为创新创造营造更好的发展环境。2020 年 7 月，中华人民共和国国务院印发《新时期促进集成电路产业和软件产业高质量发展的若干政策》，从财税政策、研究开发政策、人才政策等 8 个方面提出了 37 项举措。只有瞄准核心科技埋头攻关、不断释放政策"红利"，助力我国软件产业从价值链中低端向高端迈进，才能为高质量发展和国家信息产业安全插上腾飞的"翅膀"。

10.5 项目实训：配置与管理 samba 服务器

1. 视频位置

实训前请扫描二维码观看"项目实录　配置与管理 samba 服务器"慕课。

2. 项目背景

某公司有 system、develop、productdesign 和 test 等 4 个小组，个人办公操作系统为 Windows 10，少数开发人员采用 Linux 操作系统，服务器操作系统为 RHEL 8，需要设计一套建立在 RHEL 8 之上的安全文件共享方案。每个用户都有自己的网络磁盘，develop 组到 test 组有共用的网络硬盘，所有用户（包括匿名用户）有一个只读共享资料库；所有用户（包括匿名用户）要有一个存放临时文件的文件夹。samba 服务器搭建网络拓扑如图 10-8 所示。

> 10-3　慕课
>
> 项目实录　配置与管理 samba 服务器

3. 项目要求

（1）system 组具有管理所有 samba 空间的权限。

（2）各部门的私有空间：各小组拥有自己的空间，除了小组成员及 system 组有权限以外，其他用户不可访问（包括列表、读和写）。

（3）资料库：所有用户（包括匿名用户）都具有读取权限而不具有写入数据的权限。

（4）develop 组与 test 组之外的用户不能访问 develop 组与 test 组的共享空间。

（5）公共临时空间：让所有用户可以读取、写入、删除。

4．深度思考

在观看视频时思考以下几个问题。

（1）用 mkdir 命令建立共享目录，可以同时建立多少个目录？

（2）chown、chmod、setfacl 这些命令如何熟练应用？

（3）组账户、用户账户、samba 账户等的建立过程是怎样的？

（4）useradd 的各类选项（-g、-G、-d、-s、-M）的含义分别是什么？

（5）权限 700 和 755 的含义是什么？请查找相关权限表示的资料，也可以向作者索要相关微课资源。

（6）注意不同用户登录后的权限变化。

5．做一做

根据项目要求及视频内容，将项目完整地完成。

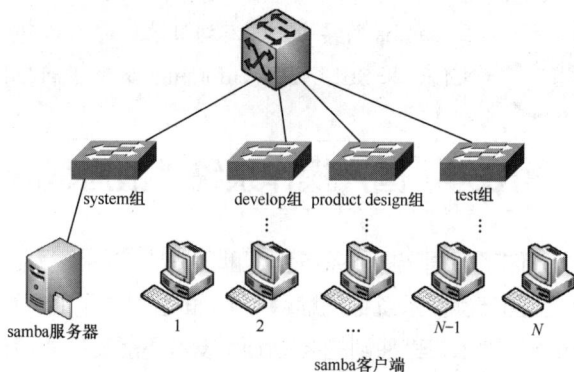

图 10-8　samba 服务器搭建网络拓扑

10.6　练习题

一、填空题

1．samba 服务功能强大，使用＿＿＿＿＿＿协议，英文全称是＿＿＿＿＿＿。

2．SMB 经过开发，可以直接运行于 TCP/IP 上，使用 TCP 的＿＿＿＿＿＿端口。

3．samba 服务由两个进程组成，分别是＿＿＿＿＿＿和＿＿＿＿＿＿。

4．samba 服务软件包包括＿＿＿＿＿＿、＿＿＿＿＿＿、＿＿＿＿＿＿和＿＿＿＿＿＿（不要求版本号）。

5．samba 的配置文件一般就放在＿＿＿＿＿＿目录中，主配置文件名为＿＿＿＿＿＿。

6．samba 服务器有＿＿＿＿＿＿、＿＿＿＿＿＿、＿＿＿＿＿＿、＿＿＿＿＿＿和＿＿＿＿＿＿5 种安全模式，默认级别是＿＿＿＿＿＿。

二、选择题

1．用 samba 共享了目录，但是在 Windows 网络邻居中却看不到它，应该在/etc/samba/smb.conf 中怎样设置才能正确工作？（　　　）

A．AllowWindowsClients=yes　　　　　　B．Hidden=no

C．Browseable=yes　　　　　　　　　　　D．以上都不是

2．（　　　）命令可用来卸载 samba-3.0.33-3.7.el5.i386.rpm。

A．rpm -D samba-3.0.33-3.7.el5　　　　B．rpm -i samba-3.0.33-3.7.el5

C. rpm -e samba-3.0.33-3.7.el5　　　D. rpm -d samba-3.0.33-3.7.el5

3. （　　　）命令可以允许 198.168.0.0/24 访问 samba 服务器。

A. hosts enable = 198.168.0.　　　B. hosts allow = 198.168.0.

C. hosts accept = 198.168.0.　　　D. hosts accept = 198.168.0.0/24

4. 启动 samba 服务时，（　　　）是必须运行的端口监控程序。

A. nmbd　　　　　B. lmbd　　　　　C. mmbd　　　　　D. smbd

5. 下面列出的服务器类型中，（　　　）可以使用户在异构网络操作系统之间进行文件系统共享。

A. FTP　　　　　B. samba　　　　C. DHCP　　　　　D. Squid

6. samba 服务的密码文件是（　　　）。

A. smb.conf　　　B. samba.conf　C. smbpasswd　　D. smbclient

7. 利用（　　　）命令可以对 samba 的配置文件进行语法测试。

A. smbclient　　　B. smbpasswd　C. testparm　　　D. smbmount

8. 可以通过设置条目（　　　）来控制访问 samba 共享服务器的合法主机名。

A. allow hosts　　B. valid hosts　C. allow　　　　D. publics

9. samba 的主配置文件中不包括（　　　）。

A. global 参数　　　　　　　　　B. directory shares 部分

C. printers shares 部分　　　　　　D. applications shares 部分

三、简答题

1. 简述 samba 服务器的应用环境。

2. 简述 samba 的工作流程。

3. 简述基本的 samba 服务器搭建流程的 5 个主要步骤。

10.7　实践习题

1. 公司需要配置一台 samba 服务器，工作组名为 smile，共享目录为/share，共享名为 public，该共享目录只允许 192.168.10.0/24 网段员工访问。请给出实现方案并上机调试。

2. 如果公司有多个部门，因工作需要，必须分门别类地建立相应部门的目录。要求将技术部的资料存放在 samba 服务器的/companydata/tech/目录下集中管理，以便技术人员浏览，并且该目录只允许技术部员工访问。请给出实现方案并上机调试。

3. 配置 samba 服务器，要求如下：samba 服务器上有个 tech1 目录，此目录只有 boy 用户可以浏览访问，其他用户都不可以浏览和访问。请灵活使用独立配置文件，给出实现方案并上机调试。

4. 上机完成任务 10-4 和任务 10-5。

项目11
配置与管理DHCP服务器

11

项目导入：

在计算机比较多的网络中，为整个网络的上百台机器逐一配置 IP 地址，绝不是一件轻松的工作。为了更方便、快捷地完成这些工作，很多时候会采用动态主机配置协议（Dynamic Host Configuration Protocol，DHCP）来自动为客户端配置 IP 地址、默认网关等信息。

在完成该项目之前，首先应当对整个网络进行规划，确定网段的划分以及每个网段可能的主机数量等信息。

职业能力目标和要求：

- 了解 DHCP 服务器在网络中的作用。
- 理解 DHCP 的工作过程。
- 掌握 DHCP 服务器的基本配置方法。
- 掌握 DHCP 客户端的配置和测试方法。

11.1 项目知识准备

DHCP 是一个局域网的网络协议，使用用户数据报协议（User Datagram Protocol，UDP）工作，其主要有两个用途：一是用于内部网或网络服务供应商自动分配 IP 地址；二是用于内部网管理员作为对所有计算机进行中央管理的手段。

11.1.1 DHCP 服务器概述

DHCP 基于客户端/服务器模式，当 DHCP 客户端启动时，它会自动与 DHCP 服务器通信，要求提供自动分配 IP 地址的服务，而安装了 DHCP 服务软件的服务器则会响应要求。

DHCP 是一个简化主机 IP 地址分配管理的 TCP/IP，用户可以利用 DHCP 服务器管理动态的 IP 地址分配及其他相关的环境配置工作，如 DNS 服务器、WINS 服务器、网关（Gateway）的设置。

在 DHCP 机制中，DHCP 系统可以分为服务器和客户端两个部分，服务器使用固定的 IP 地址，在局域网中扮演着给客户端提供动态 IP 地址、DNS 配置和

11-1 微课

配置与管理
DHCP 服务器

网关配置的角色。客户端与 IP 地址相关的配置，都在启动时由服务器自动分配。

11.1.2 DHCP 的工作过程

DHCP 客户端和服务器申请 IP 地址、获得 IP 地址的工作过程一般分为 4 个阶段，如图 11-1 所示。

1. DHCP 客户端发送 IP 地址租用请求

当客户端启动网络时，由于网络中的每台机器都需要有一个地址，所以此时的计算机 TCP/IP 地址与 0.0.0.0 绑定在一起。它会发送一个"DHCP Discover"（DHCP 发现）广播信息包到本地子网。该信息包发送给 UDP 端口 67，即 DHCP/BOOTP 服务器端口。

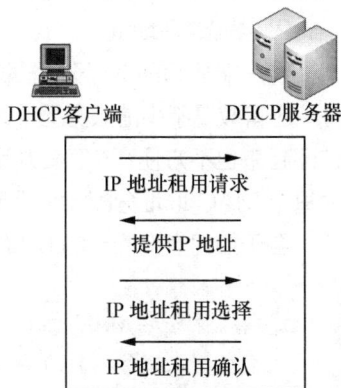

图 11-1 DHCP 的工作过程

2. DHCP 服务器提供 IP 地址

本地子网的每一个 DHCP 服务器都会接收"DHCP Discover"信息包。每个接收到请求的 DHCP 服务器都会检查它是否有提供给请求客户端的有效空闲地址，如果有，则以"DHCP Offer"（DHCP 提供）信息包作为响应。该信息包包括有效的 IP 地址、子网掩码、DHCP 服务器的 IP 地址、租用期限，以及其他有关 DHCP 范围的详细配置。所有发送"DHCP Offer"信息包的服务器将保留它们提供的这个 IP 地址（该地址暂时不能分配给其他的客户端）。"DHCP Offer"信息包广播发送到 UDP 端口 68，即 DHCP/BOOTP 客户端端口。响应是以广播的方式发送的，因为客户端没有能直接寻址的 IP 地址。

3. DHCP 客户端选择 IP 地址租用

客户端通常对第一个提议产生响应，并以广播的方式发送"DHCP Request"（DHCP 请求）信息包作为回应。该信息包告诉服务器"是的，我想让你给我提供服务。我接收你给我的租用期限"。另外，一旦信息包以广播方式发送，网络中的所有 DHCP 服务器都可以看到该信息包，那些提议没有被客户端承认的 DHCP 服务器将保留的 IP 地址返回给它的可用地址池。客户端还可利用 DHCP Request 询问服务器的其他配置选项，如 DNS 服务器或网关地址。

4. DHCP 服务器确认 IP 地址租用

当服务器接收到"DHCP Request"信息包时，它以一个"DHCP Acknowledge"（DHCP 确认）信息包作为响应。该信息包提供了客户端请求的任何其他信息，并且也是以广播方式发送的。该信息包告诉客户端"一切准备好。记住你只能在有限时间内租用该地址，而不能永久占据！好了，以下是你询问的其他信息"。

> **注意** 客户端执行 DHCP Discover 后，如果没有 DHCP 服务器响应客户端的请求，则客户端会随机使用 169.254.0.0/16 网段中的一个 IP 地址配置本机地址。

11.1.3 DHCP 服务器分配给客户端的 IP 地址类型

在客户端向 DHCP 服务器申请 IP 地址时，服务器并不总是给它一个动态的 IP 地址，而是根据实际情况决定。

1. 动态 IP 地址

客户端从 DHCP 服务器取得的 IP 地址一般都不是固定的，而是每次都可能不一样。在 IP 地址有限的企业内，动态 IP 地址可以最大化地达到资源的有效利用。它的利用原理并不是每个员工都会同时上线，而是优先为上线的员工提供 IP 地址，离线之后再收回。

2. 静态 IP 地址

客户端从 DHCP 服务器取得的 IP 地址也并不总是动态的。例如，有的企业除了员工用计算机外，还有数量不少的服务器，这些服务器如果也使用动态 IP 地址，则不但不利于管理，而且客户端访问起来也不方便。该怎么办呢？我们可以设置 DHCP 服务器记录特定计算机的 MAC 地址，然后为每个 MAC 地址分配一个固定的 IP 地址。

至于如何查询网卡的 MAC 地址，根据网卡是本机还是远程计算机，采用的方法也有所不同。

> **小资料** 什么是 MAC 地址？MAC 地址也叫作物理地址或硬件地址，是由网络设备制造商生产时写在硬件内部的（网络设备的 MAC 地址都是唯一的）。在 TCP/IP 网络中，从表面上看来是通过 IP 地址进行数据传输，但实际上最终是通过 MAC 地址来区分不同节点的。

（1）查询本机网卡的 MAC 地址。

这个很简单，使用 ifconfig 命令。

（2）查询远程计算机网卡的 MAC 地址。

既然 TCP/IP 网络通信最终要用到 MAC 地址，那么使用 ping 命令当然也可以获取对方的 MAC 地址信息，只不过它不会显示出来，要借助其他工具来完成。

```
[root@Server01 ~]# ifconfig
[root@Server01 ~]# ping -c 1 192.168.10.21    //ping 远程计算机 1 次
[root@Server01 ~]# arp -n                      //查询缓存在本地的远程计算机中的 MAC 地址
```

11.2 项目设计与准备

11.2.1 项目设计

部署 DHCP 之前应该先进行规划，明确哪些 IP 地址自动分配给客户端（作用域中应包含的 IP 地址），哪些 IP 地址手动指定给特定的服务器。例如，在本项目中，IP 地址要求如下。

① 适用的网络是 192.168.10.0/24，网关为 192.168.10.254。

② 192.168.10.1～192.168.10.30 网段地址是服务器的固定地址。

③ 客户端可以使用的地址段为 192.168.10.31～192.168.10.200，但 192.168.10.105、192.168.10.107 为保留地址。

> **注意** 手动配置的 IP 地址一定要排除掉保留地址，或者采用地址池以外的可用 IP 地址，否则会造成 IP 地址冲突。

11.2.2　项目准备

部署 DHCP 服务应满足下列需求。

（1）安装 Linux 企业版服务器，作为 DHCP 服务器。

（2）DHCP 服务器的 IP 地址、子网掩码、DNS 服务器等 TCP/IP 参数必须手动指定，否则将不能为客户端分配 IP 地址。

（3）DHCP 服务器必须拥有一组有效的 IP 地址，以便自动分配给客户端。

（4）如果不特别指出，则所有 Linux 的虚拟机网络连接方式都选择 VMnet1（仅主机模式），如图 11-2 所示。**请读者特别留意！**

图 11-2　Linux 虚拟机的网络连接方式

（5）本项目要用到 Server01、Client1、Client2 和 Client3，设备情况如表 11-1 所示。

表 11-1　DHCP 服务器和客户端使用的设备情况

主　机　名	操作系统	IP 地址	网络连接方式
DHCP 服务器：Server01	RHEL 8	192.168.10.1/24	VMnet1（仅主机模式）
Linux 客户端：Client1	RHEL 8	自动获取	VMnet1（仅主机模式）
Linux 客户端：Client2	RHEL 8	保留地址	VMnet1（仅主机模式）
Windows 客户端：Client3	Windows 10	自动获取	VMnet1（仅主机模式）

11.3　项目实施

任务 11-1　在服务器 Server01 上安装 DHCP 服务器

（1）检测系统是否已经安装了 DHCP 相关软件。

11-2　慕课

配置与管理
DHCP 服务器

```
[root@Server01 ~]# rpm -qa | grep  dhcp
```

（2）如果系统还没有安装 dhcp 软件包，则可以使用 dnf 命令安装所需软件包。

① 挂载 ISO 映像文件。

```
[root@Server01 ~]# mount /dev/cdrom /media
```

② 制作用于安装的 yum 源文件（详见**项目 1** 中的相关内容）。

```
[root@Server01 ~]# vim /etc/yum.repos.d/dvd.repo
```

③ 使用 dnf 命令查看 dhcp 软件包的信息。

```
[root@Server01 ~]# dnf info dhcp-server
```

④ 使用 dnf 命令安装 DHCP 服务器。

```
[root@Server01 ~]# dnf clean all                          //安装前先清除缓存
[root@Server01 ~]# dnf install dhcp-server -y
```

软件包安装完毕，可以使用 rpm 命令再一次查询，结果如下。

```
[root@Server01 ~]# rpm -qa | grep dhcp
dhcp-server-4.3.6-40.el8.x86_64
dhcp-common-4.3.6-40.el8.noarch
dhcp-client-4.3.6-40.el8.x86_64
dhcp-libs-4.3.6-40.el8.x86_64
```

试一试　如果执行 dnf install dhcp*命令，则结果是怎样的？读者不妨一试。

任务 11-2　熟悉 DHCP 主配置文件

基本的 DHCP 服务器搭建流程如下。

（1）编辑主配置文件/etc/dhcp/dhcpd.conf，指定 IP 地址作用域（指定一个或多个 IP 地址范围）。

（2）建立租用数据库文件。

（3）重新加载配置文件或重新启动 dhcpd 服务使配置生效。

DHCP 的工作流程如图 11-3 所示。

（1）客户端发送广播向服务器申请 IP 地址。

（2）服务器收到请求后查看主配置文件 dhcpd.conf，先根据客户端的 MAC 地址查看是否为客户端设置了固定 IP 地址。

（3）如果为客户端设置了固定 IP 地址，则将该 IP 地址发送给客户端。如果没有设置固定 IP 地址，则将地址池中的 IP 地址发送给客户端。

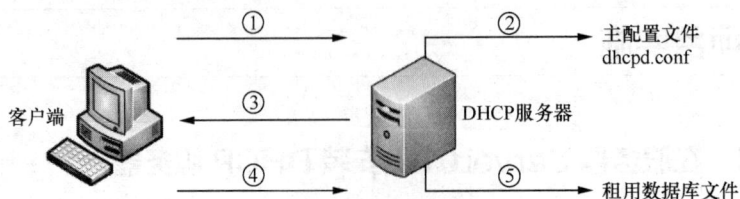

图 11-3　DHCP 的工作流程

（4）客户端收到服务器回应后，客户端给予服务器回应，告诉服务器已经使用了分配的 IP 地址。

（5）服务器将相关租用信息存入数据库。

1. 主配置文件 dhcpd.conf

（1）复制样例文件到主配置文件。

默认主配置文件（/etc/dhcp/dhcpd.conf）没有任何实质内容，打开查阅，发现里面有一句话 "see /usr/share/doc/dhcp-server/dhcpd.conf.example"。下面复制样例文件到主配置文件。

```
[root@Server01 ~]# cp /usr/share/doc/dhcp-server/dhcpd.conf.example /etc/dhcp/dhcpd.conf
[root@Server01 ~]#
```

（2）dhcpd.conf 主配置文件的组成部分。

- parameters（参数）。
- declarations（声明）。
- option（选项）。

（3）dhcpd.conf 主配置文件的整体框架。

dhcpd.conf 包括全局配置和局部配置。

全局配置可以包含参数或选项，该部分对整个 DHCP 服务器生效。

局部配置通常由声明部分表示，该部分仅对局部生效，例如，只对某个 IP 地址作用域生效。

dhcpd.conf 文件的格式为：

```
#全局配置
参数或选项;                    #全局生效
#局部配置
声明 {
       参数或选项;             #局部生效
       }
```

dhcp 范本配置文件内容包含了部分参数或选项，以及声明的用法，其中注释部分可以放在任何位置，并以"#"开头，当一行内容结束时，以";"结束，花括号所在行除外。

可以看出整个配置文件分成全局和局部两个部分，但是并不容易看出哪些属于参数，哪些属于声明和选项。

2. 常用参数

参数主要用于设置服务器和客户端的动作或者是否执行某些任务，如设置 IP 地址租用时间、是否检查客户端使用的 IP 地址等，如表 11-2 所示。

表 11-2　dhcpd 服务程序配置文件中的常用参数及其作用

参　　数	作　　用
ddns-update-style [类型]	定义 DNS 服务器动态更新的类型，类型包括 none（不支持动态更新）、interim（互动更新模式）与 ad-hoc（特殊更新模式）
[allow | ignore] client-updates	允许/忽略客户端更新 DNS 记录
default-lease-time 600	默认超时时间，单位是 s
max-lease-time 7200	最大超时时间，单位是 s
option domain-name-servers　192.168.10.1	定义 DNS 服务器地址

续表

参　　　数	作　　　用
option domain-name "domain.org"	定义 DNS 域名
range 192.168.10.10　192.168.10.100	定义用于分配的 IP 地址池
option subnet-mask 255.255.255.0	定义客户端的子网掩码
option routers 192.168.10.254	定义客户端的网关地址
broadcase-address 192.168.10.255	定义客户端的广播地址
ntp-server　192.168.10.1	定义客户端的网络时间协议（Network Time Protocol，NTP）服务器
nis-servers　192.168.10.1	定义客户端的网络信息服务（Network Information Service，NIS）的地址
Hardware　　00:0c:29:03:34:02	指定网卡接口的类型与 MAC 地址
server-name　mydhcp.smile60.cn	向 DHCP 客户端通知 DHCP 服务器的主机名
fixed-address　192.168.10.105	将某个固定的 IP 地址分配给指定主机
time-offset [偏移误差]	指定客户端与格林尼治时间的偏移差

3. 常用声明介绍

声明一般用来指定 IP 地址作用域、定义为客户端分配的 IP 地址池等。

声明格式如下。

```
声明 {
        选项或参数；
                }
```

常见声明的使用如下。

（1）subnet 网络号 netmask 子网掩码 {......}。

作用：定义作用域，指定子网。

```
subnet  192.168.10.0  netmask  255.255.255.0 {
                ......
                                }
```

> **注意**　网络号至少要与 DHCP 服务器的其中一个网络号相同。

（2）range dynamic-bootp　起始 IP 地址　结束 IP 地址。

作用：指定动态 IP 地址范围。

```
range dynamic-bootp  192.168.10.100  192.168.10.200
```

> **注意**　可以在 subnet 声明中指定多个 range，但多个 range 定义的 IP 地址范围不能重复。

4. 常用选项

选项通常用来配置 DHCP 客户端的可选参数，如定义客户端的 DNS 地址、默认网关等。选项内容都是以 option 关键字开始的。

常用选项如下。

（1）option routers　　IP 地址。

作用：为客户端指定默认网关。

```
option routers   192.168.10.254
```

（2）option subnet-mask　　子网掩码。

作用：设置客户端的子网掩码。

```
option subnet-mask   255.255.255.0
```

（3）option domain-name-servers　　IP 地址。

作用：为客户端指定 DNS 服务器地址。

```
option domain-name-servers   192.168.10.1
```

> **注意**　（1）～（3）项可以用在全局配置中，也可以用在局部配置中。

5. IP 地址绑定

DHCP 中的 IP 地址绑定用于给客户端分配固定 IP 地址。例如，服务器需要使用固定 IP 地址就可以使用 IP 地址绑定，通过 MAC 地址与 IP 地址的对应关系为指定的物理地址计算机分配固定 IP 地址。

整个配置过程需要用到 host 声明和 hardware、fixed- address 参数。

（1）host　　主机名 {......}。

作用：用于定义保留地址。例如：

```
host  computer1{......}
```

> **注意**　该项通常搭配 subnet 声明使用。

（2）hardware 类型 硬件地址。

作用：定义网络接口类型和硬件地址。常用类型为以太网（ethernet），硬件地址为 MAC 地址。例如：

```
hardware ethernet 3a:b5:cd:32:65:12
```

（3）fixed-address　　IP 地址。

作用：定义 DHCP 客户端指定的 IP 地址。

```
fixed-address   192.168.10.105
```

> **注意**　（2）、（3）项只能应用于 host 声明中。

6. 租用数据库文件

租用数据库文件用于保存一系列的租用声明，其中包含客户端的主机名、MAC 地址、分配到的 IP 地址，以及 IP 地址的有效期等相关信息。这个数据库文件是可编辑的 ASCII 格式文本文件。每当租约有变化时，都会在文件结尾添加新的租用记录。

DHCP 服务器刚安装好时，租用数据库文件 dhcpd.leases 是空文件。

当 DHCP 服务器正常运行时，就可以使用 cat 命令查看租用数据库文件内容了。

```
cat   /var/lib/dhcpd/dhcpd.leases
```

任务 11-3　配置 DHCP 服务器的应用实例

现在完成一个简单的应用实例。

1. 实例需求

技术部有 60 台计算机，各台计算机的 IP 地址要求如下。

（1）DHCP 服务器和 DNS 服务器的地址都是 192.168.10.1/24，有效 IP 地址段为 192.168.10.1～192.168.10.254，子网掩码是 255.255.255.0，网关为 192.168.10.254。

（2）192.168.10.1～192.168.10.30 网段地址是服务器的固定地址。

（3）客户端可以使用的地址段为 192.168.10.31～192.168.10.200，但 192.168.10.105、192.168.10.107 为保留地址，其中 192.168.10.105 保留给 Client2。

（4）客户端 Client1 模拟所有的其他客户端，采用自动获取方式配置 IP 地址等信息。

2. 网络环境搭建

Linux 服务器和客户端的地址及 MAC 地址信息如表 11-3 所示（可以使用 VM 的"克隆"技术快速安装需要的 Linux 客户端，**MAC 地址因读者的计算机不同而不同**）。

表 11-3　Linux 服务器和客户端的地址及 MAC 地址信息

主 机 名	操 作 系 统	IP 地址	MAC 地址
DHCP 服务器：Server01	RHEL 8	192.168.10.1	00:0C:29:2B:88:D8
Linux 客户端：Client1	RHEL 8	自动获取	00:0C:29:64:08:86
Linux 客户端：Client2	RHEL 8	保留地址	00:0C:29:08:5B:CA

3 台安装了 RHEL 8 的计算机，网络连接模式都设为仅主机模式（VMnet1），其中，一台作为服务器，两台作为客户端。

3. 服务器配置

（1）定制全局配置和局部配置，局部配置需要把 192.168.10.0/24 声明出来，然后在该声明中指定一个 IP 地址池，范围为 192.168.10.31～192.168.10.200，但要去掉 192.168.10.105 和 192.168.10.107，其他分配给客户端使用。注意 range 的写法！

（2）要保证使用固定 IP 地址，就要在 subnet 声明中嵌套 host 声明，目的是单独为 Client2 设置固定 IP 地址，并在 host 声明中加入 IP 地址和 MAC 地址绑定的选项以申请固定 IP 地址。

使用 **vim　/etc/dhcp/dhcpd.conf** 命令可以编辑 DHCP 配置文件，全部配置文件的内容如下。

```
ddns-update-style none;
log-facility local7;
subnet 192.168.10.0 netmask 255.255.255.0 {
  range 192.168.10.31 192.168.10.104;
  range 192.168.10.106 192.168.10.106;
  range 192.168.10.108 192.168.10.200;
  option domain-name-servers 192.168.10.1;
```

```
    option domain-name "myDHCP.smile60.cn";
    option routers 192.168.10.254;
    option broadcast-address 192.168.10.255;
    default-lease-time 600;
    max-lease-time 7200;
}
host    Client2{
        hardware ethernet 00:0c:29:08:5b:ca;
        fixed-address 192.168.10.105;
}
```

（3）配置完成保存并退出，重启 dhcpd 服务，并设置开机自动启动。

```
[root@Server01 ~]# systemctl restart dhcpd
[root@Server01 ~]# systemctl enable dhcpd
```

特别注意 如果 DHCP 启动失败，则可以使用 dhcpd 命令排错。

① 配置文件有问题。
- 内容不符合语法结构，如缺少分号。
- 声明的子网和子网掩码不匹配。
② 主机 IP 地址和声明的子网不在同一网段。
③ 主机没有配置 IP 地址。
④ 配置文件路径出问题，例如，在 RHEL 6 以下版本中，配置文件保存在/etc/dhcpd. conf，但是在 RHEL 6 及以上版本中，却保存在/etc/dhcp/dhcpd.conf。

4. 在客户端 Client1 上进行测试

注意 在真实网络中，应该不会出现客户端获取错误的动态 IP 地址的问题。但如果使用的是 VMWare 12 或其他类似的版本，虚拟机中的 DHCP 客户端可能会获取到 192.168.79.0 网络中的一个地址，与我们的预期目标不符。这时需要关闭 VMnet8 和 VMnet1 的 DHCP 服务功能。

关闭 VMnet8 和 VMnet1 的 DHCP 服务功能的方法如下（本项目的服务器和客户端的网络连接模式都为 VMnet1）。

在 VMWare 主窗口中，依次单击"编辑"→"虚拟网络编辑器"命令，打开"虚拟网络编辑器"对话框，选中 VMnet1 或 VMnet8，去掉对应的 DHCP 服务启用选项，如图 11-4 所示。

（1）以 root 用户身份登录名为 Client1 的 Linux 计算机，依次单击"活动"→"显示应用程序"→"设置"→"网络"命令，打开"网络"对话框，如图 11-5 所示。

（2）单击图 11-5 所示的齿轮按钮，在弹出的"有线"对话框中单击"IPv4"标签，并将"IPv4 method"配置为"自动（DHCP）"，最后单击"应用"按钮，如图 11-6 所示。

（3）回到图 11-5 所示的界面，在图 11-5 中先关闭"有线"，再打开"有线"，再单击齿轮 ⚙ 按钮。这时会看到图 11-7 所示的结果：Client1 成功获取了 DHCP 服务器地址池的一个 IP 地址。

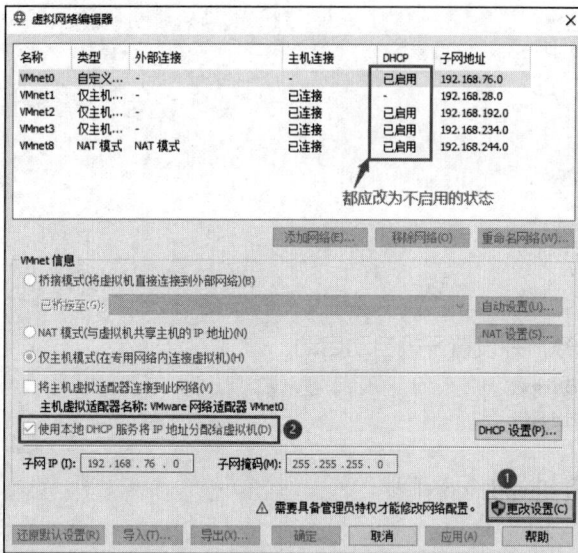

图 11-4 "虚拟网络编辑器"对话框

图 11-5 "网络"对话框

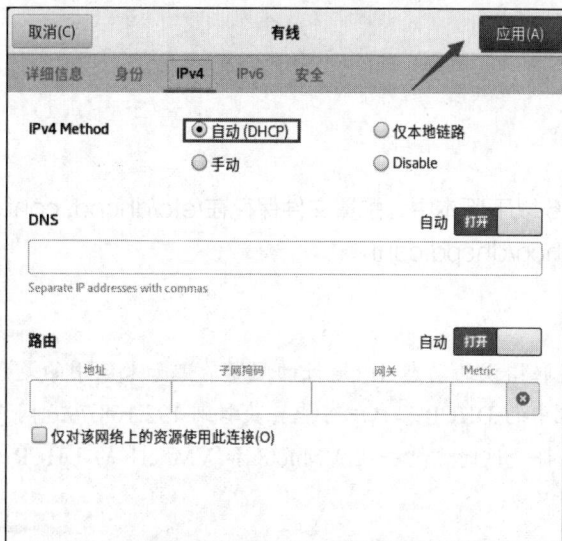

图 11-6 设置"自动（DHCP）"

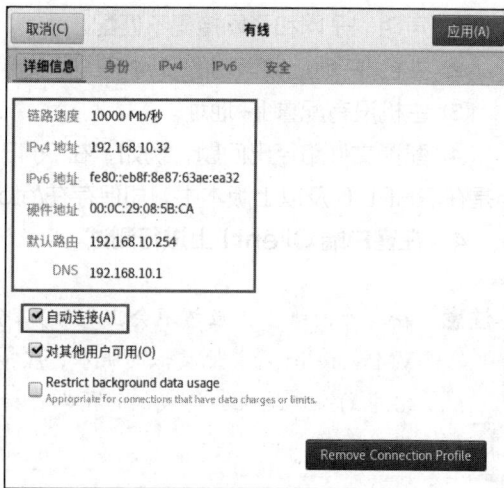

图 11-7 成功获取 IP 地址

5. 在客户端 Client2 上进行测试

同样以 root 用户身份登录名为 Client2 的 Linux 客户端，按前文"4. 在客户端 Client1 上进行测试"的方法，设置 Client2 自动获取 IP 地址，最后的结果如图 11-8 所示。

6. Windows 客户端配置（Client3）

（1）Windows 客户端比较简单，在 TCP/IP 属性中设置自动获取即可。

（2）在 Windows 命令提示符下，利用 ipconfig 命令可以释放 IP 地址，然后重新获取 IP 地址。

相关命令如下。

- 释放 IP 地址：ipconfig   /release。

- 重新申请 IP 地址：**ipconfig   /renew**。

图 11-8   客户端 Client2 成功获取 IP 地址

7. 在服务器 Server01 端查看租用数据库文件

```
[root@Server01 ~]# cat   /var/lib/dhcpd/dhcpd.leases
```

> **特别提示** 限于篇幅，超级作用域和中继代理的相关内容，请扫描下页的二维码"实训项目 配置与管理 DHCP 服务器"观看慕课。

11.4   中国的超级计算机

你知道全球超级计算机 500 强榜单吗？你知道中国目前的水平吗？

由国际组织"TOP500"编制的新一期全球超级计算机 500 强榜单于 2020 年 6 月 23 日揭晓。榜单显示，在全球浮点运算性能最强的 500 台超级计算机中，中国部署的超级计算机数量继续位列全球第一，达到 226 台，占总体份额超过 45%；"神威太湖之光"和"天河二号"分列榜单第四、第五位。中国厂商联想、曙光、浪潮是全球前三的"超算"供应商，总交付数量达到 312 台，所占份额超过 62%。

全球超级计算机 500 强榜单始于 1993 年，每半年发布一次，是给全球已安装的超级计算机排名的知名榜单。

11.5   项目实训：配置与管理 DHCP 服务器

1. 视频位置

实训前请扫描二维码观看"项目实录 配置与管理 DHCP 服务器"慕课。

11-3 慕课

项目实录 配置
与管理 DHCP
服务器

2. 项目背景

某企业计划构建一台 DHCP 服务器来解决 IP 地址动态分配的问题，要求能够分配 IP 地址以及网关、DNS 等其他网络属性信息。

（1）配置基本 DHCP。

企业 DHCP 服务器和 DNS 服务器的 IP 地址均为 192.168.10.1，DNS 服务器的域名为 dns.long60.cn，默认网关地址为 192.168.10.254。

将 IP 地址 192.168.10.10/24～192.168.10.200/24 用于自动分配，将 IP 地址 192.168.10.100/24～192.168.10.120/24、192.168.10.10/24、192.168.10.20/24 排除，预留给需要手动指定 TCP/IP 参数的服务器，将 192.168.10.200/24 用作预留地址等。DHCP 服务器搭建网络拓扑如图 11-9 所示。

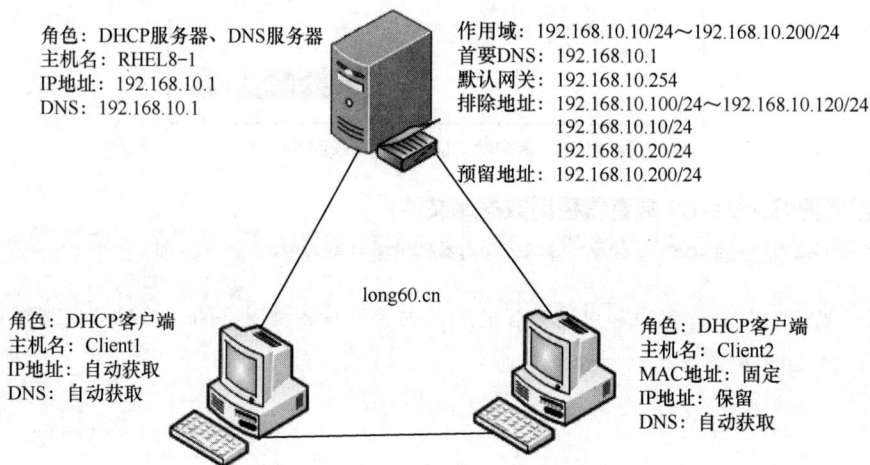

角色：DHCP服务器、DNS服务器
主机名：RHEL8-1
IP地址：192.168.10.1
DNS：192.168.10.1

作用域：192.168.10.10/24～192.168.10.200/24
首要DNS：192.168.10.1
默认网关：192.168.10.254
排除地址：192.168.10.100/24～192.168.10.120/24
　　　　　192.168.10.10/24
　　　　　192.168.10.20/24
预留地址：192.168.10.200/24

long60.cn

角色：DHCP客户端
主机名：Client1
IP地址：自动获取
DNS：自动获取

角色：DHCP客户端
主机名：Client2
MAC地址：固定
IP地址：保留
DNS：自动获取

图 11-9　DHCP 服务器搭建网络拓扑

（2）配置 DHCP 超级作用域。

企业内部建立 DHCP 服务器，网络规划采用单作用域结构，使用 192.168.10.0/24 网段的 IP 地址。随着企业规模扩大，设备数量增多，现有的 IP 地址无法满足网络的需求，需要添加可用的 IP 地址。这时可以使用超级作用域增加 IP 地址，在 DHCP 服务器上添加新的作用域，使用 192.168.20.0/24 网段扩展网络地址的范围。该企业配置的 DHCP 超级作用域网络拓扑如图 11-10 所示（注意各虚拟机网卡的不同网络连接方式）。

GW1 是网关服务器，可以由带 2 块网卡的 RHEL 8 充当，2 块网卡分别连接虚拟机的 VMnet1 和 VMnet2。DHCP1 是 DHCP 服务器，作用域 1 的有效 IP 地址段为 192.168.10.10/24～192.168.10.200/24，默认网关是 192.168.10.254，作用域 2 的有效 IP 地址段为 192.168.20.10/24～192.168.20.200/24，默认网关是 192.168.20.254。

2 台客户端分别连接到虚拟机的 VMnet1 和 VMnet2，DHCP 客户端的 IP 地址获取方式是自动获取。

DHCP 客户端 1 应该获取 192.168.10.0/24 网络中的 IP 地址，网关是 192.168.10.254。

DHCP 客户端 2 应该获取 192.168.20.0/24 网络中的 IP 地址，网关是 192.168.20.254。

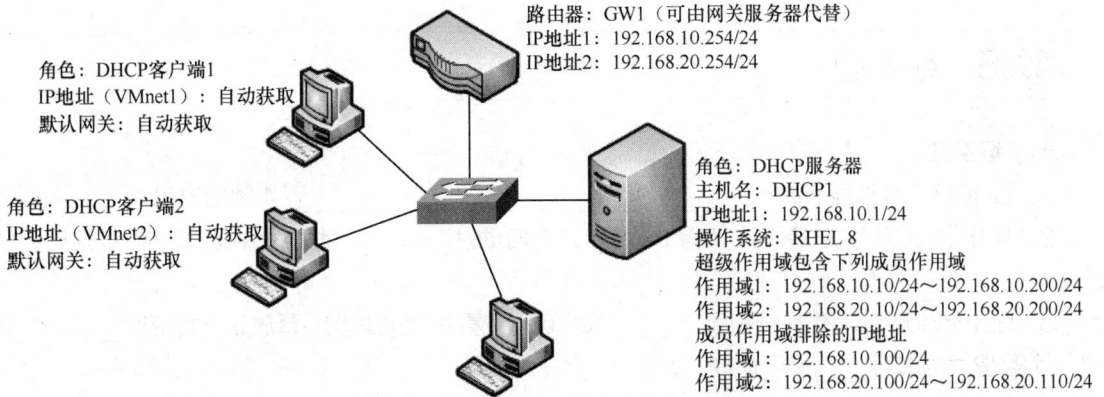

角色：DHCP客户端1
IP地址（VMnet1）：自动获取
默认网关：自动获取

路由器：GW1（可由网关服务器代替）
IP地址1：192.168.10.254/24
IP地址2：192.168.20.254/24

角色：DHCP客户端2
IP地址（VMnet2）：自动获取
默认网关：自动获取

角色：DHCP服务器
主机名：DHCP1
IP地址：192.168.10.1/24
操作系统：RHEL 8
超级作用域包含下列成员作用域
作用域1：192.168.10.10/24～192.168.10.200/24
作用域2：192.168.20.10/24～192.168.20.200/24
成员作用域排除的IP地址
作用域1：192.168.10.100/24
作用域2：192.168.20.100/24～192.168.20.110/24

图 11-10　配置 DHCP 超级作用域网络拓扑

（3）配置 DHCP 中继代理。

企业内部存在两个子网，分别为 192.168.10.0/24、192.168.20.0/24，现在需要使用一台 DHCP 服务器为这两个子网客户机分配 IP 地址。该企业配置的 DHCP 中继代理网络拓扑如图 11-11 所示。

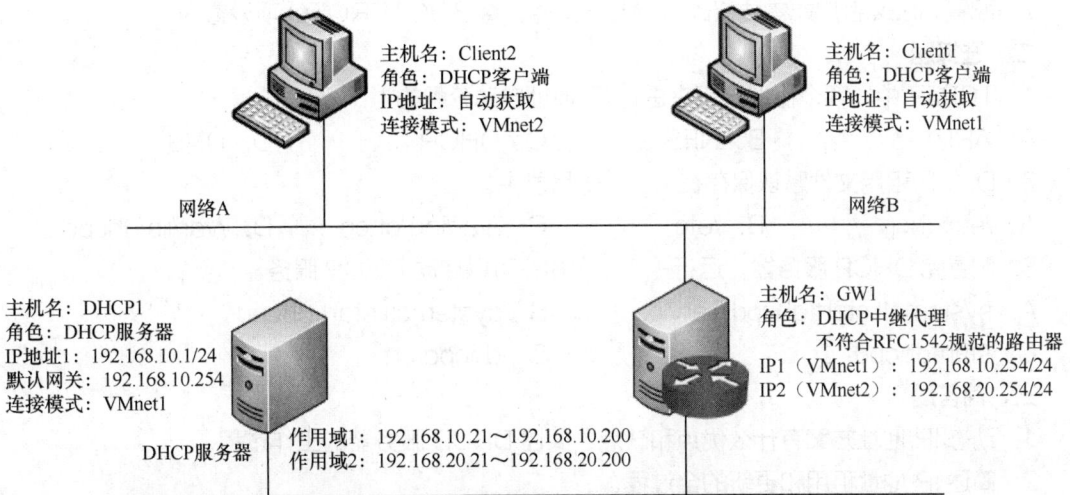

主机名：Client2
角色：DHCP客户端
IP地址：自动获取
连接模式：VMnet2

主机名：Client1
角色：DHCP客户端
IP地址：自动获取
连接模式：VMnet1

网络A

网络B

主机名：DHCP1
角色：DHCP服务器
IP地址1：192.168.10.1/24
默认网关：192.168.10.254
连接模式：VMnet1

DHCP服务器

作用域1：192.168.10.21～192.168.10.200
作用域2：192.168.20.21～192.168.20.200

主机名：GW1
角色：DHCP中继代理
不符合RFC1542规范的路由器
IP1（VMnet1）：192.168.10.254/24
IP2（VMnet2）：192.168.20.254/24

图 11-11　配置 DHCP 中继代理网络拓扑

3. 深度思考

在观看视频时思考以下几个问题。

（1）DHCP 软件包中哪些是必需的？哪些是可选的？

（2）DHCP 服务器的范本文件如何获得？

（3）如何设置保留地址？设置"host"声明有何要求？

（4）超级作用域的作用是什么？

（5）配置中继代理要注意哪些问题？

4. 做一做

根据视频内容，将项目完整地完成。

11.6　练习题

一、填空题

1. DHCP 工作过程包括＿＿＿＿＿、＿＿＿＿＿、＿＿＿＿＿、＿＿＿＿＿ 4 种信息包。

2. 如果 DHCP 客户端无法获得 IP 地址，将自动从＿＿＿＿＿地址段中选择一个作为自己的地址。

3. 在 Windows 环境下，使用＿＿＿＿＿命令可以查看 IP 地址配置，释放 IP 地址使用＿＿＿＿＿命令，续租 IP 地址使用＿＿＿＿＿命令。

4. DHCP 是一个简化主机 IP 地址分配管理的 TCP/IP 标准协议，英文全称是＿＿＿＿＿，中文名称为＿＿＿＿＿。

5. 当客户端注意到它的租用期到了＿＿＿＿＿以上时，就要更新该租用期。这时它发送一个＿＿＿＿＿信息包给它所获得原始信息的服务器。

6. 当租用期达到期满时间的近＿＿＿＿＿时，客户端如果在前一次请求中没能更新租用期的话，它会再次试图更新租用期。

7. 配置 Linux 客户端需要修改网卡配置文件，将 BOOTPROTO 项设置为＿＿＿＿＿。

二、选择题

1. TCP/IP 中，哪个协议是用来进行 IP 地址自动分配的？（　　　）
A. ARP　　　　　　B. NFS　　　　　　C. DHCP　　　　　　D. DNS

2. DHCP 租用文件默认保存在（　　）目录中。
A. /etc/dhcp　　　B. /etc　　　　　　C. /var/log/dhcp　　D. /var/lib/dhcpd

3. 配置完 DHCP 服务器，运行（　　）命令可以启动 DHCP 服务。
A. systemctl start dhcpd.service　　　　B. systemctl start dhcpd
C. start dhcpd　　　　　　　　　　　　D. dhcpd on

三、简答题

1. 动态 IP 地址方案有什么优点和缺点？简述 DHCP 服务器的工作过程。

2. 简述 IP 地址租用和更新的全过程。

3. 简述 DHCP 服务器分配给客户端的 IP 地址类型。

11.7　实践习题

1. 建立 DHCP 服务器，为子网 A 内的客户机提供 DHCP 服务。具体参数如下。

- IP 地址段：192.168.11.101～192.168.11.200。
- 子网掩码：255.255.255.0。
- 网关地址：192.168.11.254。
- DNS 服务器：192.168.10.1。
- 子网所属域的名称：smile60.cn。
- 默认租用有效期：1 天。

- 最大租用有效期：3 天。

请写出详细解决方案，并上机实现。

2. 配置 DHCP 服务器超级作用域。

企业内部建立 DHCP 服务器，网络规划采用单作用域结构，使用 192.168.8.0/24 网段的 IP 地址。随着企业规模扩大，设备数量增多，现有的 IP 地址无法满足网络的需求，需要添加可用的 IP 地址。这时可以使用超级作用域增加 IP 地址，在 DHCP 服务器上添加新的作用域，使用 192.168.9.0/24 网段扩展网络地址的范围。

请写出详细解决方案，并上机实现。

项目12
配置与管理DNS服务器

12

项目导入:

　　某高校组建了校园网,为了使校园网中的计算机可以简单、快捷地访问本地网络及互联网上的资源,需要在校园网中架设 DNS 服务器,用来将域名转换成 IP 地址。在完成该项目之前,首先应当确定网络中 DNS 服务器的部署环境,明确 DNS 服务器的各种角色及其作用。

职业能力目标和要求:

- 理解 DNS 的域名空间结构。
- 掌握 DNS 查询模式。
- 掌握 DNS 域名解析过程。

- 掌握常规 DNS 服务器的安装与配置方法。
- 掌握缓存服务器的配置方法。

12.1　项目知识准备

12-1　微课

配置与管理
DNS 服务器

　　域名服务(Domain Name Service,DNS)是互联网/局域网中最基础也是非常重要的一项服务,它提供了网络访问中域名和 IP 地址的相互转换。

12.1.1　域名空间

　　DNS 是一个分布式数据库,命名系统采用层次的逻辑结构,如同一棵倒置的树。这个逻辑的树形结构称为域名空间。由于 DNS 划分了域名空间,所以各机构可以使用自己的域名空间创建 DNS 信息,如图 12-1 所示。

> **注意**　在域名空间中,DNS 树的最大深度不得超过 127 层,树中每个节点最长可以存储 63 个字符。

　　DNS 树的每个节点代表一个域,通过这些节点,对整个域名空间进行划分,成为一个层次结构。域名空间的每个域的名字通过域名表示。域名通常由一个完全正式域名(Fully Qualified Domain

Name，FQDN）标识。FQDN 能准确表示出其相对于 DNS 树根的位置，也就是节点到 DNS 树根的完整表述方式，从节点到树根采用反向书写，并将每个节点用"."分隔。

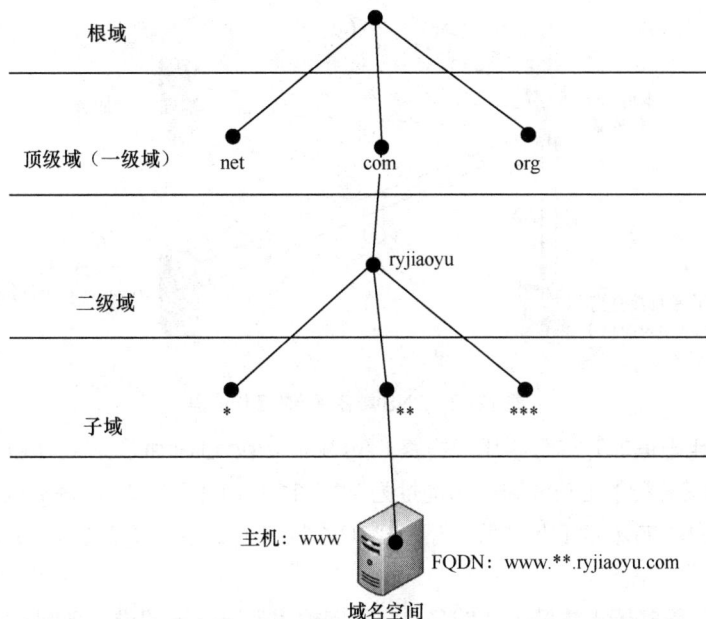

图 12-1　域名空间的结构

一个 DNS 域可以包括主机和其他域，每个机构都拥有名称空间某一部分的授权，负责该部分名称空间的管理和划分，并用它来命名 DNS 域和计算机。例如，ryjiaoyu 为 com 域的子域，其表示方法为 ryjiaoyu.com，而 www 为 ryjiaoyu 域中的 Web 主机，可以使用 www.ryjiaoyu.com 表示。

> **注意**　通常，FQDN 有严格的命名限制，长度不能超过 256B，只允许使用字符 a～z、0～9、A～Z 和"-"。"."只允许在域名标志之间（如"ryjiaoyu.com"）或者 FQDN 的结尾使用。域名不区分大小写。

> **特别提示**　域名空间的结构为一棵倒置的树，并进行层次划分，如图 12-1 所示。由树根到树枝，也就是从 DNS 根到节点，按照不同的层次，进行了统一命名。域名空间最顶层——DNS 根称为根域（root）。根域的下一层为顶级域，又称为一级域。顶级域的下一层为二级域，再下一层为二级域的子域，按照需要进行规划，可以为多级。所以对域名空间整体进行划分，由最顶层到最下层可以分成根域、顶级域、二级域、子域。域中能够包含主机和子域。主机 www 的 FQDN 从最下层到最顶层根域进行反写，表示为 www.**.ryjiaoyu.com。

12.1.2　域名解析过程

1．DNS 域名解析的工作过程

DNS 域名解析的工作过程如图 12-2 所示。

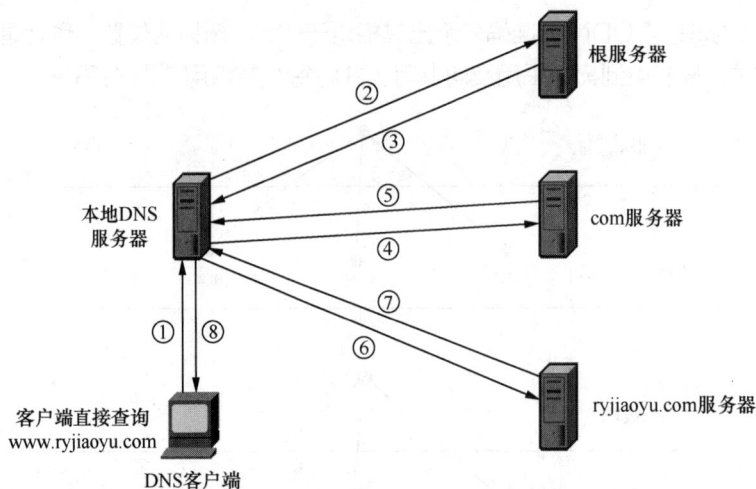

图 12-2　DNS 域名解析的工作过程

假设客户端使用电信非对称数字用户线路（Asymmetric Digital Subscriber Line，ADSL）接入互联网，电信为其分配的 DNS 服务器地址为 210.111.110.10，域名解析过程如下。

（1）DNS 客户端向本地 DNS 服务器（210.111.110.10）直接查询 www.ryjiaoyu.com 的域名。

（2）本地 DNS 服务器无法解析此域名，它先向根服务器发出请求，查询.com 的 DNS 地址。

（3）根服务器管理根域名的地址解析，它收到请求后，把解析结果返回给本地 DNS 服务器。

（4）本地 DNS 服务器得到查询结果后，接着向管理.com 域的 DNS 服务器发出进一步的查询请求，要求得到 ryjiaoyu.com 的 DNS 地址。

（5）com 服务器把解析结果返回给本地 DNS 服务器。

（6）本地 DNS 服务器得到查询结果后，接着向管理 ryjiaoyu.com 域的 DNS 服务器发出查询具体主机 IP 地址的请求，要求得到满足要求的主机 IP 地址。

（7）ryjiaoyu.com 服务器把解析结果返回给本地 DNS 服务器。

（8）本地 DNS 服务器得到了最终的查询结果，它把这个结果返回给客户端，从而使客户端能够和远程主机通信。

2. 正向解析与反向解析

（1）正向解析。正向解析是指域名到 IP 地址的解析过程。

（2）反向解析。反向解析是指从 IP 地址到域名的解析过程。反向解析的作用为服务器的身份验证。

12.2　项目设计与准备

12.2.1　项目设计

为了保证校园网中的计算机能够安全、可靠地通过域名访问本地网络以及互联网资源，需要在网络中部署主 DNS 服务器、从 DNS 服务器、缓存 DNS 服务器和转发 DNS 服务器。

12.2.2　项目准备

一共 4 台计算机，其中 3 台使用的是 Linux 操作系统，1 台使用的是 Windows 10 操作系统，如表 12-1 所示。

表 12-1　DNS 服务器和客户端信息

主　机　名	操作系统	IP 地址	角色及网络连接模式
DNS 服务器：Server01	RHEL 8	192.168.10.1/24	主 DNS 服务器；VMnet1
DNS 服务器：Server02	RHEL 8	192.168.10.2/24	从 DNS、缓存 DNS、转发 DNS 等；VMnet1
Linux 客户端：Client1	RHEL 8	192.168.10.20/24	Linux 客户端；VMnet1
Windows 客户端：Client3	Windows 10	192.168.10.40/24	Windows 客户端；VMnet1

> **注意**　DNS 服务器的 IP 地址必须是静态的。

12.3　项目实施

12-2　慕课
配置与管理
DNS 服务器

在 Linux 下架设 DNS 服务器通常使用伯克利互联网域名（Berkeley Internet Name Domain，BIND）程序来实现，其守护进程是 named。

任务 12-1　安装与启动 DNS

BIND 是一款实现 DNS 服务器的开放源码软件。BIND 原本是美国国防高级研究计划局（Defense Advanced Research Projects Agency，DARPA）资助伯克利大学（Berkeley）开设的一个研究生课题。经过多年的变化和发展，BIND 已经成为世界上使用极为广泛的 DNS 服务器软件，目前互联网上绝大多数的 DNS 服务器都是用 BIND 来架设的。

BIND 能够运行在当前大多数的操作系统上。目前，BIND 软件由互联网软件联合会（Internet Software Consortium，ISC）这个非营利性机构负责开发和维护。

1. 安装 BIND 软件包

（1）使用 dnf 命令安装 BIND 服务（光盘挂载、yum 源文件的制作请参考前面相关内容）。

```
[root@Server01 ~]# mount /dev/cdrom /media
[root@Server01 ~]# dnf clean all                 //安装前先清除缓存
[root@Server01 ~]# dnf install bind bind-chroot bind-utils-y
```

（2）安装完后再次查询，发现已安装成功。

```
[root@Server01 ~]# rpm -qa|grep bind
bind-chroot-9.11.13-3.el8.x86_64
......
bind-9.11.13-3.el8.x86_64
```

2. DNS 服务的启动、停止与重启，加入开机自启动

```
[root@Server01 ~]# systemctl start named;systemctl stop named
[root@Server01 ~]# systemctl restart named; systemctl  enable named
```

任务 12-2 掌握 BIND 配置文件

一般的 DNS 配置文件分为主配置文件、区域配置文件和正、反向解析区域声明文件。下面介绍主配置文件和区域配置文件，正、反向解析区域声明文件会融合到实例中一并介绍。

1. 认识主配置文件

主配置文件位于/etc 目录下，可使用 cat 命令查看，注意"-n"用于显示行号。

```
[root@Server01 ~]# cat /etc/named.conf -n
......                                              //略
10   options {
11       listen-on port 53 { 127.0.0.1; };     //指定 BIND 侦听的 DNS 查询
                                                //请求的本机 IP 地址及端口
12       listen-on-v6 port 53 { ::1; };        //限于 IPv6
13       directory  "/var/named";              //指定区域配置文件所在的路径
14       dump-file      "/var/named/data/cache_dump.db";
15       statistics-file "/var/named/data/named_stats.txt";
16       memstatistics-file "/var/named/data/named_mem_stats.txt";
17       secroots-file    "/var/named/data/named.secroots";
18       recursing-file   "/var/named/data/named.recursing";
19       allow-query { localhost; };           //指定接收 DNS 查询请求的客户端

......                                              //略

31       recursion yes;
32
33       dnssec-enable yes;
34       dnssec-validation yes;                //改为 no 可以忽略 SELinux 影响

......                                              //略

//以下用于指定 BIND 服务的日志参数
45   logging {
46       channel default_debug {
47               file "data/named.run";
48               severity dynamic;
49       };
50   };
51
52   zone "." IN {                             //用于指定根服务器的配置信息，一般不能改动
53       type hint;
54       file "named.ca";
55   };
56
57   include "/etc/named.rfc1912.zones";       //指定区域配置文件，一定要根据实际修改
58   include "/etc/named.root.key";
```

options 配置段属于全局性的设置，常用的配置命令及功能如下。

① **directory**：用于指定 named 守护进程的工作目录，各区域正、反向搜索解析文件和 DNS 根服务器地址列表文件 named.ca 应放在该配置指定的目录中。

② **allow-query{}**：与 allow-query{localhost;}功能相同。另外，还可使用地址匹配符来表达允许的主机：any 可匹配所有的 IP 地址，none 不匹配任何 IP 地址，localhost 匹配本地主机使用

的所有 IP 地址，localnets 匹配同本地主机相连的网络中的所有主机。例如，若仅允许 127.0.0.1 和 192.168.1.0/24 网段的主机查询该 DNS 服务器，则命令为：

```
allow-query {127.0.0.1;192.168.1.0/24};
```

③ **listen-on**：设置 named 守护进程监听的 IP 地址和端口。若未指定，则默认监听 DNS 服务器的所有 IP 地址的 53 号端口。当服务器安装有多块网卡，有多个 IP 地址时，可通过该配置命令指定所要监听的 IP 地址。对于只有一个地址的服务器，不必设置。例如，若要设置 DNS 服务器监听 192.168.1.2 这个 IP 地址，使用标准的 53 号端口，则配置命令为：

```
listen-on port 5353 { 192.168.1.2;};
```

④ **forwarders{}**：用于定义 DNS 转发器。设置转发器后，所有非本域的和在缓存中无法找到的域名查询，可由指定的 DNS 转发器来完成解析工作并进行缓存。forward 用于指定转发方式，仅在 forwarders 转发器列表不为空时有效，其用法为 "forward first | only；"。forward first 为默认方式，DNS 服务器会将用户的域名查询请求先转发给 forwarders 设置的转发器，由转发器来完成域名的解析工作，若指定的转发器无法完成解析或无响应，则再由 DNS 服务器自身来完成域名解析。若设置为 "forward only；"，则 DNS 服务器仅将用户的域名查询请求转发给转发器；若指定的转发器无法完成域名解析或无响应，则 DNS 服务器自身也不会试着对其进行域名解析。例如，某地区的 DNS 服务器为 61.128.192.68 和 61.128.128.68，若要将其设置为 DNS 服务器的转发器，则配置命令为：

```
options{
        forwarders {61.128.192.68;61.128.128.68;};
        forward first;
};
```

2. 认识区域配置文件

区域配置文件位于/etc 目录下，可将 named.rfc1912.zones 复制为主配置文件中指定的区域配置文件，在本书中是/etc/named.zones（cp-p 表示把修改时间和访问权限也复制到新文件中）。

```
[root@Server01 ~]# cp -p /etc/named.rfc1912.zones  /etc/named.zones
[root@Server01 ~]# cat /etc/named.rfc1912.zones
zone "localhost.localdomain" IN {
    type master;                        //主要区域
    file "named.localhost";             //指定正向解析区域声明文件
    allow-update { none; };
};
......                                   //略
zone "1.0.0.127.in-addr.arpa" IN {      //反向解析区域
  type master;
  file "named.loopback";                //指定反向解析区域声明文件
 allow-update { none; };
};
......                                   //略
```

（1）区域声明。

① 主 DNS 服务器的正向解析区域声明格式为（样本文件为 named.localhost）：

```
zone "区域名称" IN {
    type master ;
    file  "实现正向解析的区域声明文件名";
    allow-update {none;};
};
```

② 从 DNS 服务器的正向解析区域声明的格式为：

```
zone  "区域名称" IN {
    type slave ;
    file  "实现正向解析的区域声明文件名";
    masters {主 DNS 服务器的 IP 地址;};
};
```

反向解析区域的声明格式与正向相同，只是 file 指定的要读的文件不同，以及区域的名称不同。若要反向解析 x.y.z 网段的主机，则反向解析的区域名称应设置为 z.y.x.in-addr.arpa。（反向解析区域样本文件为 named.loopback。）

（2）根区域文件/var/named/named.ca。

/var/named/named.ca 是一个非常重要的文件，其包含了互联网的顶级 DNS 服务器的名字和地址。利用该文件可以让 DNS 服务器找到根 DNS 服务器，并初始化 DNS 的缓冲区。当 DNS 服务器接到客户端主机的查询请求时，如果在缓冲区中找不到相应的数据，就会通过根服务器进行逐级查询。/var/named/named.ca 文件的主要内容如图 12-3 所示。

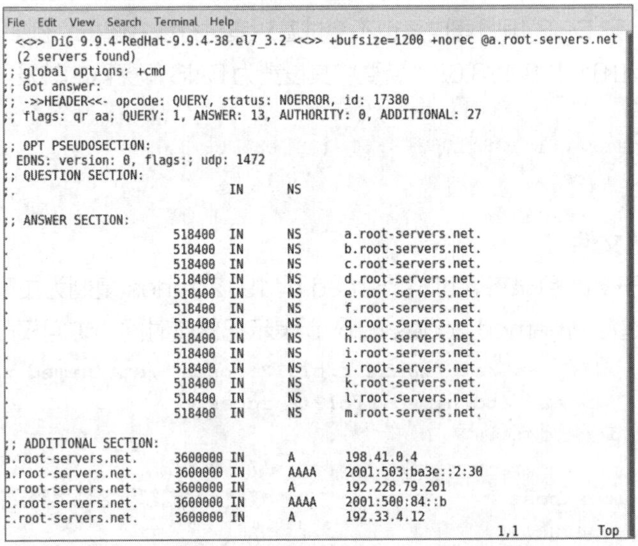

```
File  Edit  View  Search  Terminal  Help
; <<>> DiG 9.9.4-RedHat-9.9.4-38.el7_3.2 <<>> +bufsize=1200 +norec @a.root-servers.net
; (2 servers found)
;; global options: +cmd
;; Got answer:
;; ->>HEADER<<- opcode: QUERY, status: NOERROR, id: 17380
;; flags: qr aa; QUERY: 1, ANSWER: 13, AUTHORITY: 0, ADDITIONAL: 27

;; OPT PSEUDOSECTION:
; EDNS: version: 0, flags:; udp: 1472
;; QUESTION SECTION:
;.                      IN      NS

;; ANSWER SECTION:
.               518400  IN      NS      a.root-servers.net.
.               518400  IN      NS      b.root-servers.net.
.               518400  IN      NS      c.root-servers.net.
.               518400  IN      NS      d.root-servers.net.
.               518400  IN      NS      e.root-servers.net.
.               518400  IN      NS      f.root-servers.net.
.               518400  IN      NS      g.root-servers.net.
.               518400  IN      NS      h.root-servers.net.
.               518400  IN      NS      i.root-servers.net.
.               518400  IN      NS      j.root-servers.net.
.               518400  IN      NS      k.root-servers.net.
.               518400  IN      NS      l.root-servers.net.
.               518400  IN      NS      m.root-servers.net.

;; ADDITIONAL SECTION:
a.root-servers.net.     3600000 IN      A       198.41.0.4
a.root-servers.net.     3600000 IN      AAAA    2001:503:ba3e::2:30
b.root-servers.net.     3600000 IN      A       192.228.79.201
b.root-servers.net.     3600000 IN      AAAA    2001:500:84::b
c.root-servers.net.     3600000 IN      A       192.33.4.12
                                                        1,1          Top
```

图 12-3　/var/named/named.ca 文件的主要内容

说明　① 以“;”开始的行都是注释行。

② 行“. 518400 IN NS a.root-servers.net.”的含义：“.”表示根域；518400 是存活期；IN 是资源记录的网络类型，表示互联网类型；NS 是资源记录类型；“a.root-servers.net.”是主机域名。

③ 行“a.root-servers.net. 3600000 IN A 198.41.0.4”的含义：A 资源记录用于指定根服务器的 IP 地址；a.root-servers.net.是主机域名；3600000 是存活期；A 是资源记录类型；最后对应的是 IP 地址。

由于 named.ca 文件经常会随着根服务器的变化而发生变化，所以建议最好从国际互联网络信息中心的 FTP 服务器下载最新的版本，文件名为 named.root。

任务 12-3 配置主 DNS 服务器实例

1. 实例环境及需求

某校园网要架设一台 DNS 服务器来负责 long60.cn 域的域名解析工作。DNS 服务器的 FQDN 为 dns.long60.cn，IP 地址为 192.168.10.1。要求为以下域名实现正、反向域名解析。

```
dns.long60.cn                          192.168.10.1
mail.long60.cn       MX 资源记录        192.168.10.2
slave.long60.cn     ←——————→           192.168.10.3
www.long60.cn                          192.168.10.4
ftp.long60.cn                          192.168.10.5
```

另外，为 www.long60.cn 设置别名为 web.long60.cn。

2. 配置过程

配置过程包括主配置文件、区域配置文件和正、反向解析区域声明文件的配置。

（1）配置主配置文件/etc/named.conf。

该文件在/etc 目录下。把 options 选项中的侦听 IP 地址（127.0.0.1）改成 any，把 dnssec-validation yes 改为 dnssec-validation no；把允许查询网段 allow-query 后面的 localhost 改成 any。在 include 语句中指定区域配置文件为 named.zones。修改后相关内容如下。

```
[root@Server01 ~]# vim /etc/named.conf

        listen-on port 53 { any; };
        listen-on-v6 port 53 { ::1; };
        directory        "/var/named";
        dump-file        "/var/named/data/cache_dump.db";
        statistics-file "/var/named/data/named_stats.txt";
        memstatistics-file "/var/named/data/named_mem_stats.txt";
        allow-query      { any; };
        recursion yes;
        dnssec-enable yes;
        dnssec-validation no;
        dnssec-lookaside auto;
        ......
include "/etc/named.zones";                    //必须更改!!
include "/etc/named.root.key";
```

（2）配置区域配置文件 named.zones。

执行命令 vim /etc/named.zones，增加以下内容（在**任务 12-2** 中已将/etc/named.rfc1912.zones 复制为主配置文件中指定的区域配置文件/etc/named.zones）。

```
[root@Server01 ~]# vim /etc/named.zones

 zone "long60.cn" IN {
        type master;
        file "long60.cn.zone";
        allow-update { none; };
 };
```

```
zone "10.168.192.in-addr.arpa" IN {
    type master;
    file "1.10.168.192.zone";
    allow-update { none; };
};
```

> **提示** 区域配置文件的名称一定要与/etc/named.conf 文件中指定的文件名一致。在本书中是 named.zones。

（3）修改 BIND 的正、反向解析区域声明文件。

① 创建 long60.cn.zone 正向解析区域声明文件。

正向解析区域声明文件位于/var/named 目录下，为编辑方便可先将样本文件 named.localhost 复制到 long60.cn. zone（加-p 选项的目的是保持文件属性），再对 long60.cn.zone 进行修改。

```
[root@Server01 ~]# cd /var/named
[root@Server01 named]# cp -p named.localhost long60.cn.zone
[root@Server01 named]# vim /var/named/long60.cn.zone
$TTL 1D
@        IN SOA    @ root.long60.cn. (
                   1997022700     ; serial         //该文件的版本号
                   28800          ; refresh        //更新时间间隔
                   14400          ; retry          //重试时间间隔
                   3600000        ; expiry         //过期时间
                   86400 )        ; minimum        //最小时间间隔，单位是 s
@            IN          NS              dns.long60.cn.
@            IN          MX        10    mail.long60.cn.
dns          IN          A               192.168.10.1
mail         IN          A               192.168.10.2
slave        IN          A               192.168.10.3
www          IN          A               192.168.10.4
ftp          IN          A               192.168.10.5
web          IN          CNAME           www.long60.cn.
```

> **强调** ① 正、反向解析区域声明文件的名称一定要与/etc/named.zones 文件中区域声明中指定的文件名一致。
> ② 正、反向解析区域声明文件的所有记录行都要顶格写，前面不要留有空格，否则会导致 DNS 服务器不能正常工作。

说明如下。

第一个有效行为 SOA 资源记录。该记录的格式如下。

```
@           IN SOA  origin. contact.(
);
```

其中，@是该域的替代符，例如，long60.cn.zone 文件中的@代表 long60.cn。origin 表示该域的主 DNS 服务器的 FQDN，用"."结尾表示这是个绝对名称。例如，long60.cn.zone 文件中的 origin 为 dns.long60.cn.。contact 表示该域的管理员的电子邮件地址。它是正常 E-mail 地址的变通，将@变为"."。例如，long60.cn.zone 文件中的 contact 为 mail.long60.cn.。所以在上面的例子中，SOA

有效行（@ IN SOA @ root.long60.cn.）可以改为@ IN SOA long60.cn. root.long60.cn.。

行"@ IN NS dns.long60.cn."说明该域的 DNS 服务器至少应该定义一个。

行"@ IN MX 10 mail.long60.cn."用于定义邮件交换器，其中 10 表示优先级别，数字越小，优先级别越高。

② 创建 1.10.168.192.zone 反向解析区域声明文件。

反向解析区域声明文件位于/var/named 目录下，为方便编辑，可先将样本文件/etc/named/named.loopback 复制到 1.10.168.192.zone，再对 1.10.168.192.zone 进行修改。

```
[root@Server01 named]# cp -p named.loopback 1.10.168.192.zone
[root@Server01 named]# vim /var/named/1.10.168.192.zone
$TTL 1D
@       IN SOA   @   root.long60.cn. (
                                0       ; serial
                                1D      ; refresh
                                1H      ; retry
                                1W      ; expire
                                3H )    ; minimum
@       IN NS       dns.long60.cn.
@       IN MX    10 mail.long60.cn.
1       IN PTR      dns.long60.cn.
2       IN PTR      mail.long60.cn.
3       IN PTR      slave.long60.cn.
4       IN PTR      www.long60.cn.
5       IN PTR      ftp.long60.cn.
```

（4）设置防火墙放行，设置主配置文件、区域配置文件和正、反向解析区域声明文件的属组为 named（如果前面复制主配置文件和区域文件时使用了-p 选项，则此步骤可省略）。

```
[root@Server01 named]# firewall-cmd --permanent --add-service=dns
[root@Server01 named]# firewall-cmd --reload
[root@Server01 named]# chgrp named /etc/named.conf /etc/named.zones
[root@Server01 named]# chgrp named long60.cn.zone 1.10.168.192.zone
```

（5）重新启动 DNS 服务，添加开机自启动功能。

```
[root@Server01 named]# systemctl restart named ; systemctl enable named
```

（6）在 Client3（Windows 10）上测试。

① 将 Client3 的 TCP/IP 属性中的首选 DNS 服务器的地址设置为 192.168.10.1，如图 12-4 所示。

② 在命令提示符下使用 nslookup 测试，如图 12-5 所示。

（7）在 Linux 客户端 Client1 上测试。

① 在 Linux 操作系统中，可以修改/etc/resolv.conf 文件来设置 DNS 客户端，如下所示。

```
[root@Client1 ~]# vim /etc/resolv.conf
   nameserver 192.168.10.1
   nameserver 192.168.10.2
   search  long60.cn
```

其中，nameserver 指明 DNS 服务器的 IP 地址，可以设置多个 DNS 服务器，查询时按照文件中指定的顺序解析域名。只有当第一个 DNS 服务器没有响应时，才向下面的 DNS 服务器发出域名解析请求。search 用于指明域名搜索顺序，当查询没有域名后缀的主机名时，将自动附加由

search 指定的域名。

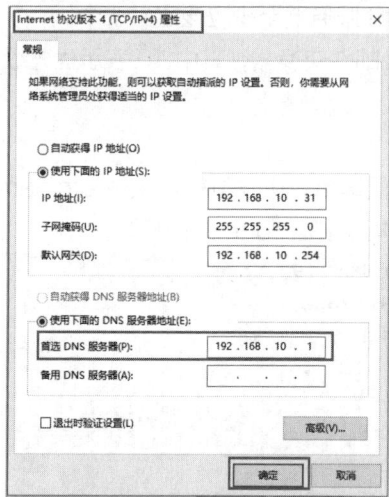

图 12-4　设置首选 DNS 服务器　　　　图 12-5　在 Windows 10 中的测试结果

在 Linux 操作系统中，还可以通过系统菜单设置 DNS，相关内容已多次介绍，不再赘述。

② 使用 nslookup 测试 DNS。

BIND 软件包提供了 3 个 DNS 测试工具：nslookup、dig 和 host。其中 dig 和 host 是命令行工具，而 nslookup 既可以使用命令行模式，也可以使用交互模式。下面在客户端 Client1（192.168.10.20）上测试，前提是必须保证与 Server01 服务器通信畅通。

```
[root@Client1 ~]# vim /etc/resolv.conf
   nameserver 192.168.10.1
   nameserver 192.168.10.2
   search  long60.cn
[root@Client1 ~]# nslookup              //运行 nslookup 命令
> server
Default server: 192.168.10.1
Address: 192.168.10.1#53
> www.long60.cn                         //正向查询，查询域名 www.long60.cn 对应的 IP 地址
Server:        192.168.10.1
Address:       192.168.10.1#53

Name:          www.long60.cn
Address: 192.168.10.4
> 192.168.10.2                          //反向查询，查询 IP 地址 192.168.10.2 对应的域名
Server:        192.168.10.1
Address:       192.168.10.1#53

2.10.168.192.in-addr.arpa name = mail.long60.cn.
> set all                               //显示当前设置的所有值
Default server: 192.168.10.1
Address: 192.168.10.1#53

Set options:
  novc          nodebug          nod2
```

```
 search          recurse
 timeout = 0       retry = 3    port = 53
 querytype = A         class = IN
 srchlist = long60.cn
//查询 long60.cn 域的 NS 资源记录配置
> set type=NS    //此行中 type 的取值还可以为 SOA、MX、CNAME、A、PTR 及 any 等
> long60.cn
Server:         192.168.10.1
Address:        192.168.10.1#53

long60.cn nameserver = dns.long60.cn.
> exit
[root@Client1 ~]#
```

> **特别说明**　如果要求所有员工均可以访问外网地址，还需要设置根域，并建立根域对应的区域文件，这样才可以访问外网地址。
>
> 下载根 DNS 服务器的最新版本。下载完毕，将该文件改名为 named.ca，然后复制到 /var/named 下。

任务 12-4　配置缓存 DNS 服务器

下面是公司内部只作缓存使用的 DNS 服务器（缓存 DNS 服务器），对外部的网络请求一概拒绝，只需要在 Server02 上配置好 /etc/named.conf 文件中的以下项即可。

（1）在 Server02 上安装 DNS 服务器。

（2）配置 /etc/named.conf，配置完成后使用 cat /etc/named.conf -n 命令显示，其中 -n 选项在显示时自动加上行号，读者不要把行号写到配置文件里！在本书中，黑体一般表示添加或更改内容。

```
10  options {
11      listen-on port 53 { any; };
12      listen-on-v6 port 53 { any; };
19      allow-query    { any; };
31      recursion yes;
32      forwarders{192.168.10.1;};        //设置转发到的 DNS 服务器
33      forward only;                      //指明这个服务器是缓存 DNS 服务器
45  };
```

（3）设置防火墙放行，重新启动 DNS 服务，添加开机自启动功能。

（4）将 Client3 的首选 DNS 服务器设置为 192.168.10.2 进行测试。

这样，一个简单的缓存 DNS 服务器就架设成功了。一般缓存 DNS 服务器都是互联网服务提供商（Internet Service Provider，ISP）或者大型公司才会使用。

任务 12-5　测试 DNS 的常用命令及常见错误

1. dig 命令

dig 命令是一个灵活的命令行方式的域名查询工具，常用于从 DNS 服务器获取特定的信息。例

如，通过 dig 命令查看域名 www.long60.cn 的信息。

```
[root@Client1 ~]# dig www.long60.cn

; <<>> DiG 9.9.4-RedHat-9.9.4-50.el7 <<>> www.long60.cn
......
; EDNS: version: 0, flags:; udp: 4096
;; QUESTION SECTION:
;www.long60.cn.            IN   A

;; ANSWER SECTION:
www.long60.cn.    86400    IN   A    192.168.10.4

;; AUTHORITY SECTION:
long60.cn.        86400    IN   NS   dns.long60.cn.

;; ADDITIONAL SECTION:
dns.long60.cn.    86400    IN   A    192.168.10.1

;; Query time: 2 msec
;; SERVER: 192.168.10.1#53(192.168.10.1)
;; WHEN: Tue Jul 17 22:22:40 CST 2018
;; MSG SIZE  rcvd: 91
```

2. host 命令

host 命令用来进行简单的主机名信息查询。在默认情况下，host 命令只在主机名和 IP 地址之间转换。下面是一些常见的 host 命令的使用方法。

```
[root@Client1 ~]# host dns.long60.cn            //正向查询主机地址
[root@Client1 ~]# host 192.168.10.3             //反向查询 IP 地址对应的域名
//查询不同类型的资源记录配置，-t 选项后可以为 SOA、MX、CNAME、A、PTR 等
[root@Client1 ~]# host -t NS long60.cn
[root@Client1 ~]# host -l long60.cn             //列出整个 long60.cn 域的信息
[root@Client1 ~]# host -a web.long60.cn         //列出与指定主机资源记录相关的信息
```

3. DNS 服务器配置中的常见错误

（1）配置文件名写错。在这种情况下，运行 nslookup 命令不会出现命令提示符 ">"。

（2）主机域名后面没有 "."，这是常犯的错误。

（3）/etc/resolv.conf 文件中的 DNS 服务器的 IP 地址不正确。在这种情况下，运行 nslookup 命令不出现命令提示符。

（4）回送地址的数据库文件有问题。同样运行 nslookup 命令不出现命令提示符。

（5）在/etc/named.conf 文件中的 zone 区域声明中定义的文件名与/var/named 目录下的区域数据库文件名不一致。

> **提示** 可以查看/var/log/messages 日志文件内容了解配置文件出错的位置和原因。

12.4 IPv4 的根服务器

你知道 IPv4 的根服务器有几台吗？在中国部署了几台？

根服务器主要用来管理互联网的主目录，最早使用的是 IPv4 根服务器。全球只有 13 台（这 13 台 IPv4 根服务器名字分别为"A"～"M"）：1 台为主根服务器，在美国；其余 12 台也都不在中国。那么中国的网络是否有可能被关掉呢？

为了国家的网络安全，我国早在 2003 年的时候就使用了镜像服务器，即使我们的网络中断，也有备用的服务器。而且在 2016 年，中国和其他国家共同建立了一台新的根服务器，目前我国已经有 4 台根服务器。

12.5 项目实训：配置与管理 DNS 服务器

1. 视频位置
实训前请扫描二维码观看"项目实录 配置与管理 DNS 服务器"慕课。

2. 项目实训目的
- 掌握 Linux 操作系统中主 DNS 服务器的配置方法。
- 掌握 Linux 下从 DNS 服务器的配置方法。

3. 项目背景
某企业有一个局域网（192.168.10.0/24），其 DNS 服务器搭建网络拓扑如图 12-6 所示。该企业中已经有自己的网页，员工希望通过域名来访问，同时员工也需要访问互联网上的网站。该企业已经申请了域名 long60.cn，企业需要互联网上的用户通过域名访问公司的网页。

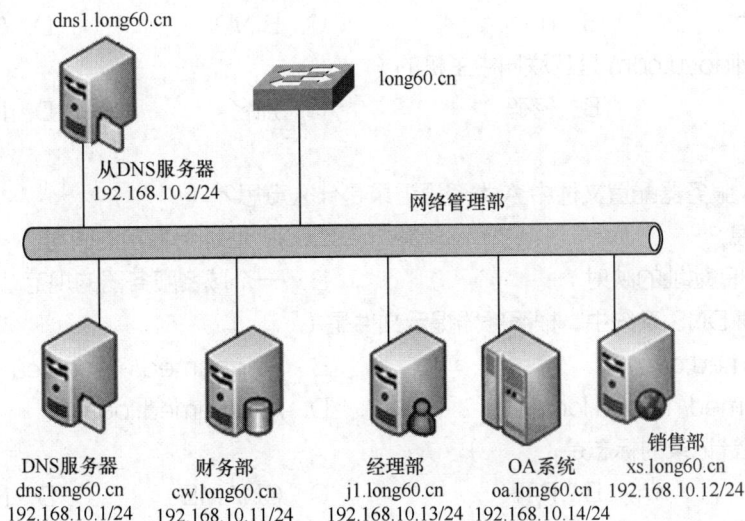

12-3 慕课

项目实录 配置与
管理 DNS 服务器

图 12-6 某企业 DNS 服务器搭建网络拓扑

要求在企业内部构建一台 DNS 服务器，为局域网中的计算机提供域名解析服务。DNS 服务器管理 long60.cn 的域名解析，DNS 服务器的域名为 dns.long60.cn，IP 地址为 192.168.10.1。从 DNS 服务器的 IP 地址为 192.168.10.2。同时还必须为客户提供互联网上的主机的域名解析，要求分别能解析以下域名：财务部（cw.long60.cn，192.168.10.11）、销售部（xs.long60.cn，192.168.10.12）、经理部（jl.long60.cn，192.168.10.13）、OA 系统（oa. long60.cn，192.168.10.14）。

4. 项目实训内容

练习配置 Linux 操作系统下的主 DNS 及从 DNS 服务器。

5. 做一做

根据项目实录视频进行项目实训，检查学习效果。

12.6 练习题

一、填空题

1. 在互联网中，计算机之间直接利用 IP 地址进行寻址，因而需要将用户提供的主机名转换成 IP 地址，我们把这个过程称为_____。

2. DNS 提供了一个_____的命名方案。

3. DNS 顶级域名中表示商业组织的是_____。

4. _____表示主机的资源记录，_____表示别名的资源记录。

5. 可以用来检测 DNS 资源创建是否正确的两个工具是_____、_____。

6. DNS 服务器的查询模式有_____、_____。

7. DNS 服务器分为 4 类：_____、_____、_____、_____。

8. 一般在 DNS 服务器之间的查询请求属于_____查询。

二、选择题

1. 在 Linux 环境下，能实现域名解析的功能软件模块是（   ）。

A. Apache   B. dhcpd   C. BIND   D. SQUID

2. www.ryjiaoyu.com 是互联网中主机的（   ）。

A. 用户名   B. 密码   C. 别名   D. IP 地址

E. FQDN

3. 在 DNS 服务器配置文件中 A 类资源记录是什么意思？（   ）

A. 官方信息   B. IP 地址到名字的映射

C. 名字到 IP 地址的映射   D. 一个域名服务器的规范

4. 在 Linux DNS 系统中，根服务器提示文件是（   ）。

A. /etc/named.ca   B. /var/named/named.ca

C. /var/named/named.local   D. /etc/named.local

5. DNS 指针记录的标志是（   ）。

A. A   B. PTR   C. CNAME   D. NS

6. DNS 服务使用的端口是（   ）。

A. TCP 53   B. UDP 54   C. TCP 54   D. UDP 53

7. （　　　）命令可以测试 DNS 服务器的工作情况。

A. dig

B. host

C. nslookup

D. named-checkzone

8. （　　　）命令可以启动 DNS 服务。

A. systemctl start named

B. systemctl restart named

C. service dns start

D. /etc/init.d/dns　start

9. 指定 DNS 服务器位置的文件是（　　　）。

A. /etc/hosts

B. /etc/networks

C. /etc/resolv.conf

D. /.profile

项目13

配置与管理Apache服务器

13

项目导入：

某学院组建了校园网，建设了学院网站。现需要架设 Web 服务器来为学院网站提供支持，同时在网站上传和更新时，需要用到文件上传和下载功能，因此还要架设 FTP 服务器，为学院内部和互联网用户提供 WWW、FTP 等服务。本项目先实践配置与管理 Apache 服务器。

职业能力目标和要求：

- 认识 Apache。
- 掌握 Apache 服务的安装与启动方法。
- 掌握 Apache 服务的主配置文件。

- 掌握各种 Apache 服务器的配置方法。
- 学会创建 Web 网站和虚拟主机。

13.1 项目知识准备

由于能够提供图形、声音等多媒体数据，再加上可以交互的动态 Web 语言的广泛普及，万维网（World Wide Web，WWW）深受互联网用户欢迎。一个最重要的证明就是，当前的绝大部分互联网流量都是由 Web 浏览产生的。

13.1.1 Web 服务概述

Web 服务是解决应用程序之间相互通信的一项技术。严格地说，Web 服务是描述一系列操作的接口，它使用标准的、规范的可扩展标记语言（Extensible Markup Language，XML）描述接口。这一描述中包括与服务进行交互所需的全部细节，如消息格式、传输协议和服务位置。而在对外的接口中隐藏了服务实现的细节，仅提供一系列可执行的操作。这些操作独立于软、硬件平台和编写服务所用的编程语言。Web 服务既可单独使用，也可同其他 Web 服务一起使用，实现复杂的商业功能。

Web 服务是互联网上广泛应用的一种信息服务技术。它采用的是客户/服务

13-1 微课

配置与管理
Apache 服务器

器结构，整理和存储各种资源，并响应客户端软件的请求，把所需的信息资源通过浏览器传送给用户。

Web 服务通常可以分为两种：静态 Web 服务和动态 Web 服务。

13.1.2 HTTP

超文本传输协议（Hypertext Transfer Protocol，HTTP）是目前国际互联网基础上的一个重要组成部分。而 Apache、IIS 服务器是 HTTP 的服务器软件，微软公司的 Internet Explorer 和 Mozilla 的 Firefox 则是 HTTP 的客户端实现。

13.2 项目设计与准备

13.2.1 项目设计

利用 Apache 服务建立普通 Web 站点、基于主机和用户认证的访问控制。

13.2.2 项目准备

安装有企业服务器版 Linux 的 PC 一台、测试用计算机 2 台（Windows 10、Linux），并且两台计算机都连入局域网。该环境也可以用虚拟机实现。规划好各台主机的 IP 地址，如表 13-1 所示。

表 13-1 Linux 服务器和客户端信息

主 机 名	操作系统	IP 地址	角色及网络连接模式
Server01	RHEL 8	192.168.10.1/24 192.168.10.10/24	Web 服务器、DNS 服务器；VMnet1
Client1	RHEL 8	192.168.10.20/24	Linux 客户端；VMnet1
Client3	Windows 10	192.168.10.40/24	Windows 客户端；VMnet1

13.3 项目实施

首先要安装 Apache 服务器软件。

任务 13-1 安装、启动与停止 Apache 服务器

下面是具体操作步骤。

1. 安装 Apache 相关软件

```
[root@Server01 ~]# rpm -q httpd
[root@Server01 ~]# mount /dev/cdrom /media
```

```
[root@Server01 ~]# dnf clean all                    //安装前先清除缓存
[root@Server01 ~]# dnf install httpd -y
[root@Server01 ~]# rpm -qa|grep httpd               //检查安装组件是否成功
```

> **注意**　一般情况下，Firefox 默认已经安装，需要根据情况而定。

启动 Apache 服务的命令如下（重新启动和停止的命令分别是 restart 和 stop）。

```
[root@Server01 ~]# systemctl start  httpd
```

2. 让防火墙放行，并设置 SELinux 为允许

需要注意的是，RHEL 8 采用了 SELinux 这种增强的安全模式，在默认配置下，只有 SSH 服务可以通过。像 Apache 服务，安装、配置、启动完毕，还需要为它放行才行。

（1）使用防火墙命令，放行 http 服务。

```
[root@Server01 ~]# firewall-cmd --list-all
[root@Server01 ~]# firewall-cmd --permanent --add-service=http
[root@Server01 ~]# firewall-cmd --reload
[root@Server01 ~]# firewall-cmd --list-all
public (active)
  ......
  sources:
  services: ssh dhcpv6-client samba dns http
  ......
```

（2）更改当前的 SELinux 值，后面可以跟 Enforcing、Permissive 或者 0、1。

```
[root@Server01 ~]# setenforce 0
[root@Server01 ~]# getenforce
Permissive
```

> **注意**　利用 setenforce 设置 SELinux 值，重启系统后失效，如果再次使用 httpd，则仍需重新设置 SELinux，否则客户端无法访问 Web 服务器。如果想长期有效，请修改/etc/sysconfig/selinux 文件，按需要赋予 SELinux 相应的值（Enforcing、Permissive 或者 0、1）。本书多次提到防火墙和 SELinux，请读者一定注意，许多问题可能是防火墙和 SELinux 引起的，且对于系统重启后失效的情况也要了如指掌。

3. 测试 httpd 服务是否安装成功

① 装完 Apache 服务器后，启动它，并设置开机自动加载 Apache 服务。

```
[root@Server01 ~]# systemctl start httpd
[root@Server01 ~]# systemctl enable httpd
[root@Server01 ~]# firefox http://127.0.0.1
```

② 如果看到图 13-1 所示的提示信息，则表示 Apache 服务器已安装成功。也可以在"Applications"菜单中直接启动 Firefox，然后在地址栏中输入 http://127.0.0.1，测试是否成功安装。

③ 测试成功后将 SELinux 值恢复到初始状态。

```
[root@Server01 ~]# setenforce 1
```

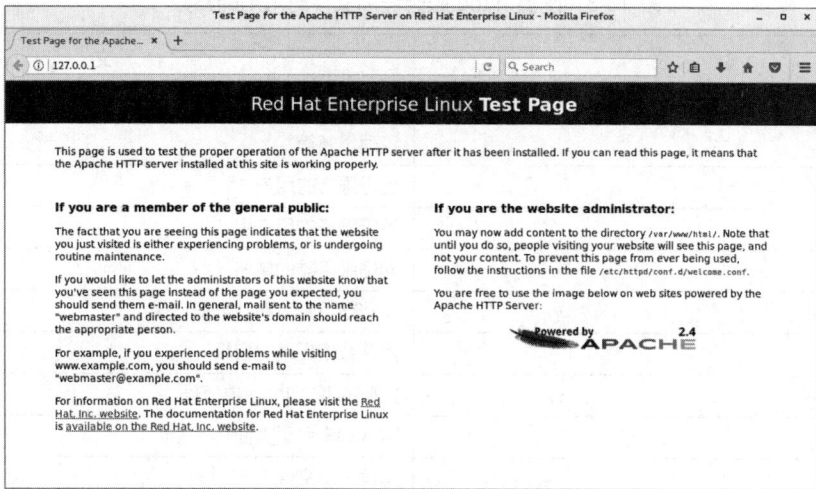

图 13-1　Apache 服务器运行正常

任务 13-2　认识 Apache 服务器的配置文件

在 Linux 操作系统中配置服务，其实就是修改服务的配置文件，Linux 操作系统中的配置文件及存放位置如表 13-2 所示。

表 13-2　Linux 操作系统中的配置文件及存放位置

配置文件	存放位置
服务目录	/etc/httpd
主配置文件	/etc/httpd/conf/httpd.conf
网站数据目录	/var/www/html
访问日志	/var/log/httpd/access_log
错误日志	/var/log/httpd/error_log

Apache 服务器的主配置文件是 httpd.conf，该文件通常存放在/etc/httpd/conf 目录下。文件看起来很复杂，其实有很多是注释内容。本节先简要介绍，后文将给出实例，非常容易理解。

httpd.conf 文件不区分大小写，在该文件中以"#"开始的行为注释行。除了注释和空行外，服务器把其他行认为是完整的或部分的命令。命令又分为类似于 shell 的命令和伪 HTML 标记。shell 命令的格式为"配置参数名称　参数值"。伪 HTML 标记的格式如下。

```
<Directory />
    Options FollowSymLinks
    AllowOverride None
</Directory>
```

在 httpd 服务程序的主配置文件中，存在 3 种类型的信息：注释行信息、全局配置、区域配置。配置 httpd 服务程序文件时常用的参数如表 13-3 所示。

表 13-3　配置 httpd 服务程序文件时常用的参数

参　　数	含　　义
ServerRoot	服务目录
ServerAdmin	管理员邮箱
User	运行服务的用户
Group	运行服务的用户组
ServerName	网站服务器的域名
DocumentRoot	文档根目录（网站数据目录）
Directory	网站数据目录的权限
Listen	监听的 IP 地址与端口号
DirectoryIndex	默认的索引页页面
ErrorLog	错误日志文件
CustomLog	访问日志文件
Timeout	网页超时时间，默认为 300s

从表 13-3 可知，DocumentRoot 参数用于定义网站数据的保存路径，其参数的默认值是把网站数据存放到/var/www/html 目录中；而当前网站普遍的首页面名称是 index.html，因此可以向/var/www/html 目录中写入一个文件，替换 httpd 服务程序的默认首页面，该操作会立即生效（在本机上测试）。

```
[root@Server01 ~]# echo "Welcome To MyWeb" > /var/www/html/index.html
[root@Server01 ~]# firefox http://127.0.0.1
```

程序的首页内容已发生改变，如图 13-2 所示。

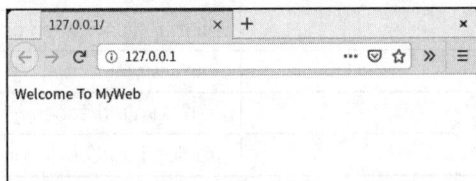

图 13-2　程序的首页内容已发生改变

> **提示**　如果没有出现希望的画面，而是仍回到默认页面，那么一定是 SELinux 的问题。请在终端命令行运行 setenforce　0 后再测试。详细解决方法请见任务 13-3。

任务 13-3　设置文档根目录和首页文件的实例

【例 13-1】在默认情况下，网站的文档根目录保存在/var/www/html 中，如果想把保存网站文档的根目录修改为/home/www，并且将首页文件修改为 myweb.html，那么该如何操作呢？

（1）分析

文档根目录是一个较为重要的设置，一般来说，网站上的内容都保存在文档根目录中。在默认情形下，除了记号和别名将改指它处以外，所有的请求都从这里开始。而打开网站时所显示的页面即该网站的首页（主页）。首页的文件名是由 DirectoryIndex 字段定义的。在默认情况下，Apache 的默认首页名称为 index.html。当然也可以根据实际情况更改。

（2）解决方案

① 在 Server01 上修改文档的根目录为/home/www，并创建首页文件 myweb.html。

```
[root@Server01 ~]# mkdir /home/www
[root@Server01 ~]#echo "The Web's DocumentRoot Test " > /home/www/myweb.html
```

② 在 Server01 上，**先备份主配置文件**，然后打开 httpd 服务程序的主配置文件，将第 122 行用于定义网站数据保存路径的参数 DocumentRoot 修改为/home/www，同时还需要将第 127 行用于定义目录权限的参数 Directory 后面的路径也修改为/home/www，将第 167 行修改为 DirectoryIndex myweb.html index.html。配置文件修改完毕即可保存并退出。

```
[root@Server01 ~]# vim /etc/httpd/conf/httpd.conf
......
122 DocumentRoot "/home/www"
123
124 #
125 # Relax access to content within /home/www
126 #
127 <Directory "/home/www">
128     AllowOverride None
128     # Allow open access:
130     Require all granted
131 </Directory>
......

166 <IfModule dir_module>
167     DirectoryIndex index.html myweb.html
168 </IfModule>
```

③ 让防火墙放行 HTTP，重启 httpd 服务。

```
[root@Server01 ~]# firewall-cmd --permanent --add-service=http
[root@Server01 ~]# firewall-cmd --reload
[root@Server01 ~]# firewall-cmd --list-all
[root@Server01 ~]# systemctl restart httpd
```

④ 在 Client1 测试（Server01 和 Client1 都是 VMnet1 连接，保证互相通信）。

```
[root@Client1 ~]# firefox http://192.168.10.1
```

⑤ 故障排除。

奇怪！为什么看到了 httpd 服务程序的默认首页？按理来说，只有在网站的首页文件不存在或者用户权限不足时，才显示 httpd 服务程序的默认首页。更奇怪的是，我们在尝试访问 http://192.168.10.1/myweb.html 页面时，竟然发现页面中显示"Forbidden,You don't have permission to access /myweb.html on this server."，如图 13-3 所示。什么原因呢？是 SELinux 的问题！解决方法是在**服务器 Server01** 上运行 setenforce 0，设置 SELinux 为允许。

```
[root@Server01 ~]# getenforce
Enforcing
[root@Server01 ~]# setenforce 0
[root@Server01 ~]# getenforce
Permissive
```

特别
提示

设置完成后再一次测试，结果如图 13-4 所示。设置这个环节的目的是告诉读者，SELinux 是多么重要！强烈建议如果暂时不能很好地掌握 SELinux 细节，在做实训时一定要设置 setenforce 0。

图 13-3　在客户端测试失败

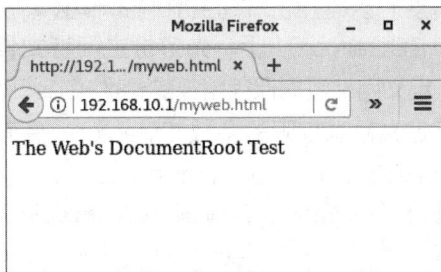

图 13-4　在客户端测试成功

任务 13-4　用户个人主页实例

现在许多网站（如网易）都允许用户拥有自己的主页空间，而用户可以很容易地管理自己的主页空间。Apache 可以实现用户的个人主页。客户端在浏览器中浏览个人主页的 URL 地址的格式一般为：

```
http://域名/~username
```

其中，~username 在利用 Linux 操作系统中的 Apache 服务器来实现时，是 Linux 操作系统的合法用户名（该用户必须在 Linux 操作系统中存在）。

【例 13-2】在 IP 地址为 192.168.10.1 的 Apache 服务器中，为系统中的 long 用户设置个人主页空间。该用户的家目录为/home/long，个人主页空间所在的目录为 public_html。

实现步骤如下。

（1）修改用户的家目录权限，使其他用户具有读取和执行的权限。

```
[root@Server01 ~]# useradd long
[root@Server01 ~]# passwd long
[root@Server01 ~]# chmod 705 /home/long
```

（2）创建存放用户个人主页空间的目录。

```
[root@Server01 ~]# mkdir /home/long/public_html
```

（3）创建个人主页空间的默认首页文件。

```
[root@Server01 ~]# cd /home/long/public_html
[root@Server01 public_html]# echo "this is long's web。">>index.html
```

（4）在 httpd 服务程序中，默认没有开启个人用户主页功能。为此，我们需要编辑配置文件/etc/httpd/conf.d/userdir.conf。然后在第 17 行的 UserDir disabled 参数前面加上"#"，表示让 httpd 服务程序开启个人用户主页功能。同时，需把第 24 行的 UserDir public_html 参数前面的"#"去掉（UserDir 参数表示网站数据在用户家目录中的保存目录名称，即 public_html 目录）。修改完毕保存并退出。（在 vim 编辑状态记得使用: set nu，显示行号。）

```
[root@Server01 ~]# vim /etc/httpd/conf.d/userdir.conf
......
```

```
17 # UserDir disabled
......
24    UserDir public_html
......
```

（5）SELinux 设置为允许，让防火墙放行 httpd 服务，重启 httpd 服务。

```
[root@Server01 ~]# setenforce 0
[root@Server01 ~]# firewall-cmd --permanent --add-service=http
[root@Server01 ~]# firewall-cmd --reload
[root@Server01 ~]# firewall-cmd --list-all
[root@Server01 ~]# systemctl restart httpd
```

（6）在客户端的浏览器中输入 http://192.168.10.1/~long，看到的用户个人空间的访问效果如图 13-5 所示。

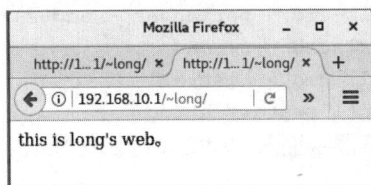

图 13-5　用户个人空间的访问效果

思考　如果分别运行如下命令，再在客户端测试，结果又会如何呢？试一试并思考原因。

```
[root@Server01 ~]# setenforce 1
[root@Server01 ~]# setsebool -P httpd_enable_homedirs=on
```

任务 13-5　虚拟目录实例

要从 Web 站点主目录以外的其他目录发布站点，可以使用虚拟目录实现。虚拟目录是一个位于 Apache 服务器主目录之外的目录，它不包含在 Apache 服务器的主目录中，但在访问 Web 站点的用户看来，它与位于主目录中的子目录是一样的。每一个虚拟目录都有一个别名，客户端可以通过此别名来访问虚拟目录。

由于每个虚拟目录都可以分别设置不同的访问权限，所以非常适合不同用户对不同目录拥有不同权限的情况。另外，只有知道虚拟目录名的用户才可以访问此虚拟目录，除此之外的其他用户将无法访问此虚拟目录。

在 Apache 服务器的主配置文件 httpd.conf 文件中，通过 Alias 命令设置虚拟目录。

【例 13-3】在 IP 地址为 192.168.10.1 的 Apache 服务器中，创建名为/test/的虚拟目录，它对应的物理路径是/virdir/，并在客户端测试。

（1）创建物理目录/virdir/。

```
[root@Server01 ~]# mkdir -p /virdir/
```

（2）创建虚拟目录中的默认文件。

```
[root@Server01 ~]# cd /virdir/
[root@Server01 virdir]# echo "This is Virtual Directory sample。">>index.html
```

（3）修改默认文件的权限，使其他用户具有读和执行权限。

```
[root@Server01 virdir]# chmod 705 index.html
```
　或者：

```
[root@Server01 ~]# chmod 705 /virdir  -R
```
（4）修改/etc/httpd/conf/httpd.conf 文件，添加下面的语句。

```
Alias  /test  "/virdir"
<Directory "/virdir">
   AllowOverride None
   Require all granted
</Directory>
```
（5）SELinux 设置为允许，让防火墙放行 httpd 服务，重启 httpd 服务。

```
[root@Server01 ~]# setenforce 0
[root@Server01 ~]# firewall-cmd --permanent --add-service=http
[root@Server01 ~]# firewall-cmd --reload
[root@Server01 ~]# firewall-cmd --list-all
[root@Server01 ~]# systemctl restart httpd
```
（6）在客户端 Client1 的浏览器中输入 "http://192.168.10.1/test" 后，看到的虚拟目录的访问效果如图 13-6 所示。

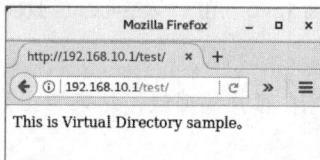

图 13-6　虚拟目录的访问效果

任务 13-6　配置基于 IP 地址的虚拟主机

　　虚拟主机在一台 Web 服务器上，可以为多个独立的 IP 地址、域名或端口号提供不同的 Web 站点。对于访问量不大的站点来说，这样可以降低单个站点的运营成本。

　　下面将分别配置基于 IP 地址的虚拟主机、基于域名的虚拟主机和基于端口号的虚拟主机。

　　基于 IP 地址的虚拟主机的配置需要在服务器上绑定多个 IP 地址，然后配置 Apache。把多个网站绑定在不同的 IP 地址上，访问服务器上不同的 IP 地址，就可以看到不同的网站。

　　【例 13-4】假设 Apache 服务器具有 192.168.10.1 和 192.168.10.10 两个 IP 地址（提前在服务器中配置这两个 IP 地址）。现需要利用这两个 IP 地址分别创建两个基于 IP 地址的虚拟主机，要求不同的虚拟主机对应的主目录不同，默认文档的内容也不同。配置步骤如下。

　　（1）在 Server01 的桌面上依次单击 "活动" → "显示应用程序" → "设置" → "网络" 命令，再单击设置按钮 ✿，打开图 13-7 所示的 "有线" 对话框，增加一个 IP 地址 192.168.10.10/24，完成后单击 "应用" 按钮。这样可以在一块网卡上配置多个 IP 地址，当然也可以直接在多块网卡上配置多个 IP 地址。

　　（2）分别创建/var/www/ip1 和/var/www/ip2 两个主目录和默认文件。

```
[root@Server01 ~]# mkdir  /var/www/ip1  /var/www/ip2
[root@Server01 ~]# echo "this is 192.168.10.1's web.">/var/www/ip1/index.html
[root@Server01 ~]# echo "this is 192.168.10.10's web.">/var/www/ip2/index.html
```

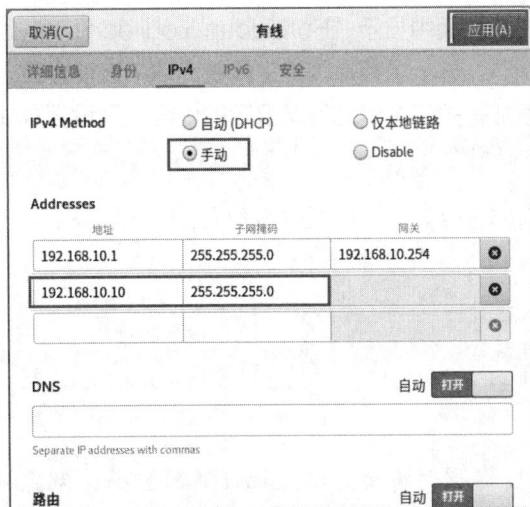

图 13-7　添加 IP 地址

（3）添加/etc/httpd/conf.d/vhost.conf 文件。该文件的内容如下。

```
#设置基于IP地址为192.168.10.1的虚拟主机
<Virtualhost 192.168.10.1>
    DocumentRoot  /var/www/ip1
</Virtualhost>

#设置基于IP地址为192.168.10.10的虚拟主机
<Virtualhost 192.168.10.10>
    DocumentRoot  /var/www/ip2
</Virtualhost>
```

（4）SELinux 设置为允许，让防火墙放行 httpd 服务，重启 httpd 服务（见前面操作）。

（5）在客户端浏览器中可以看到 http://192.168.10.1 和 http://192.168.10.10 两个网站出现相同的浏览效果，如图 13-8 所示。

图 13-8　测试时出现默认页面

奇怪！为什么看到了 httpd 服务程序的默认页面？按理来说，只有在网站的页面文件不存在或者用户权限不足时，才显示 httpd 服务程序的默认页面。我们在尝试访问 http://192.168.10.1/

index.html 页面时，竟然发现页面中显示 "Forbidden,You don't have permission to access/ index.html on this server."。这一切都是因为主配置文件中没设置目录权限！解决方法是在/etc/ httpd/conf/httpd.conf 中添加有关两个网站目录权限的内容（**只设置/var/www 目录权限也可以**）。

```
<Directory "/var/www/ip1">
    AllowOverride None
    Require all granted
</Directory>

<Directory "/var/www/ip2">
    AllowOverride None
    Require all granted
</Directory>
```

> **注意** 为了不使后面的实训受到前面虚拟主机设置的影响，做完一个实训后，请将配置文件中添加的内容删除，然后再继续下一个实训。

任务 13-7　配置基于域名的虚拟主机

基于域名的虚拟主机的配置只需服务器有一个 IP 地址即可，所有的虚拟主机共享同一个 IP 地址，各虚拟主机之间通过域名进行区分。

要建立基于域名的虚拟主机，DNS 服务器中应建立多个主机资源记录，使它们解析到同一个 IP 地址（**请读者参考前面课程自行完成**）。例如：

```
www1.long60.cn.    IN    A    192.168.10.1
www2.long60.cn.    IN    A    192.168.10.1
```

【例 13-5】假设 Apache 服务器的 IP 地址为 192.168.10.1。在本地 DNS 服务器中，该 IP 地址对应的域名分别为 www1.long60.cn 和 www2.long60.cn。现需要创建基于域名的虚拟主机，要求不同的虚拟主机对应的主目录不同，默认文档的内容也不同。配置步骤如下。

（1）分别创建/var/www/www1 和/var/www/www2 两个主目录和默认文件。

```
[root@Server01 ~]# mkdir  /var/www/www1  /var/www/www2
[root@Server01 ~]# echo "www1.long60.cn's web.">/var/www/www1/index.html
[root@Server01 ~]# echo "www2.long60.cn's web.">/var/www/www2/index.html
```

（2）修改 httpd.conf 文件。添加目录权限内容如下。

```
<Directory "/var/www">
    AllowOverride None
    Require all granted
</Directory>
```

（3）修改/etc/httpd/conf.d/vhost.conf 文件。该文件的内容如下（原来的内容清空）。

```
<Virtualhost 192.168.10.1>
    DocumentRoot  /var/www/www1
    ServerName  www1.long60.cn
</Virtualhost>

<Virtualhost 192.168.10.1>
    DocumentRoot /var/www/www2
```

```
    ServerName  www2.long60.cn
</Virtualhost>
```

（4）SELinux 设置为允许，让防火墙放行 httpd 服务，重启 httpd 服务。在客户端 Client1 上测试，要确保 DNS 服务器解析正确，确保给 Client1 设置正确的 DNS 服务器地址（etc/resolv.conf）。

> **注意** 在本例的配置中，DNS 的正确配置至关重要，一定要确保 long60.cn 域名及主机正确解析，否则无法成功。正向区域配置文件如下（其他设置都与前文相同）。别忘记 DNS 特殊设置及重启操作！

```
[root@Server01 long]# vim /var/named/long60.cn.zone
$TTL 1D
@       IN SOA   dns.long60.cn. mail.long60.cn. (
                                0       ; serial
                                1D      ; refresh
                                1H      ; retry
                                1W      ; expire
                                3H )    ; minimum

@              IN    NS            dns.long60.cn.
@              IN    MX     10     mail.long60.cn.

dns            IN    A            192.168.10.1
www1           IN    A            192.168.10.1
www2           IN    A            192.168.10.1
```

> **思考** 为了测试方便，在 Client1 上直接设置/etc/hosts 为如下内容，能否代替 DNS 服务器？
> ```
> 192.168.10.1  www1.long60.cn
> 192.168.10.1  www2.long60.cn
> ```

任务 13-8　配置基于端口号的虚拟主机

基于端口号的虚拟主机的配置只需服务器有一个 IP 地址即可，所有的虚拟主机共享同一个 IP 地址，各虚拟主机之间通过不同的端口号进行区分。在设置基于端口号的虚拟主机的配置时，需要利用 Listen 语句设置所监听的端口。

【例 13-6】假设 Apache 服务器的 IP 地址为 192.168.10.1。现需要创建基于 8088 和 8089 两个不同端口号的虚拟主机，要求不同的虚拟主机对应的主目录不同，默认文档的内容也不同，如何配置？配置步骤如下。

（1）分别创建/var/www/8088 和/var/www/8089 两个主目录和默认文件。

```
[root@Server01 ~]# mkdir  /var/www/8088  /var/www/8089
[root@Server01 ~]# echo "8088 port 's  web.">/var/www/8088/index.html
[root@Server01 ~]# echo "8089 port 's  web.">/var/www/8089/index.html
```

（2）修改/etc/httpd/conf/httpd.conf 文件。该文件的修改内容如下。

```
44      Listen 80
45      Listen 8088
```

255

```
46          Listen 8089
128         <Directory "/home/www">
129             AllowOverride None
130             # Allow open access:
131             Require all granted
132         </Directory>
```

（3）修改/etc/httpd/conf.d/vhost.conf 文件。该文件的内容如下（原来的内容清空）。

```
<Virtualhost 192.168.10.1:8088>
        DocumentRoot    /var/www/8088
</Virtualhost>


<Virtualhost 192.168.10.1:8089>
        DocumentRoot /var/www/8089
</Virtualhost>
```

（4）关闭防火墙和允许 SELinux，重启 httpd 服务。然后在客户端 Client1 上测试。测试结果令人大失所望！如图 13-9 所示。

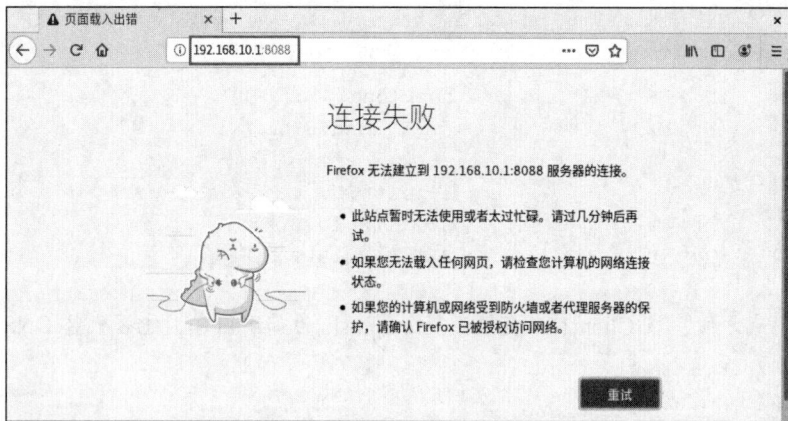

图 13-9　访问 192.168.10.1:8088 报错

（5）处理故障。这是因为 firewall 防火墙检测到 8088 和 8089 端口原本不属于 Apache 服务器应该需要的资源，但现在却以 httpd 服务程序的名义监听使用了，所以防火墙会拒绝 Apache 服务器使用这两个端口。我们可以使用 firewall-cmd 命令永久添加需要的端口到 public 区域，并重启防火墙。

```
[root@Server01 ~]# firewall-cmd --list-all
public (active) ……
  services: ssh dhcpv6-client samba dns http
  ports:
  ……
[root@Server01 ~]# firewall-cmd --permanent --zone=public --add-port=8088/tcp
[root@Server01 ~]# firewall-cmd --permanent --zone=public --add-port=8089/tcp
[root@Server01 ~]# firewall-cmd --reload
[root@Server01 ~]# firewall-cmd --list-all
public (active)
  ……
  services: ssh dhcpv6-client samba dns http
```

```
ports: 8089/tcp 8088/tcp
......
```

（6）再次在 Client1 上测试，结果如图 13-10 所示。

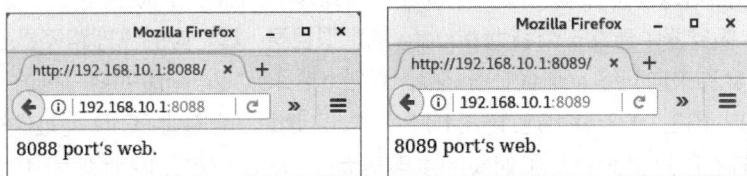

http://192.168.10.1:8088/

8088 port's web.

http://192.168.10.1:8089/

8089 port's web.

图 13-10　不同端口虚拟主机的测试结果

> **技巧**　在终端窗口直接输入"firewall-config"打开图形界面的防火墙配置窗口，可以详尽地配置防火墙，包括配置 public 区域的端口等，读者不妨多操作试试，定会有惊喜。但这个命令默认没有安装，读者需要使用 dnf　install　firewall-config　-y 命令先安装，并且安装完成后，在**活动**菜单中会有单独的防火墙配置菜单，非常方便。

13.4　"雪人计划"

"雪人计划（Yeti DNS Project）"是基于全新技术架构的全球下一代互联网 IPv6 根服务器测试和运营实验项目，旨在打破现有的根服务器困局，为下一代互联网提供更多的根服务器解决方案。

"雪人计划"是 2015 年 6 月 23 日在国际互联网名称与数字地址分配机构（the Internet Corporation for Assigned Names and Numbers，ICANN）第 53 届会议上正式对外发布的。

发起者包括中国"下一代互联网关键技术和评测北京市工程中心"、日本 WIDE 机构（M 根运营者）、国际互联网名人堂入选者保罗·维克西（Paul Vixie）博士等组织和个人。

2019 年 6 月 26 日，中华人民共和国工业和信息化部同意中国互联网络信息中心设立域名根服务器及运行机构。"雪人计划"于 2016 年在中国、美国、日本、印度、俄罗斯、德国、法国等全球 16 个国家完成 25 台 IPv6 根服务器架设，其中 1 台主根服务器和 3 台辅根服务器部署在中国，事实上形成了 13 台原有根服务器加 25 台 IPv6 根服务器的新格局，为建立多边、透明的国际互联网治理体系打下坚实基础。

13.5　项目实训：配置与管理 Web 服务器

1. 视频位置

实训前请扫描二维码观看"项目实录　配置与管理 Web 服务器"慕课。

2. 项目背景

假如你是某学校的网络管理员，学校的域名为 www.long60.cn。学校计划为每位教师开通个人主页服务，为教师与学生之间建立沟通的平台。该学校的 Web 服务器搭建与配置网络拓扑如图 13-11 所示。

学校计划为每位教师开通个人主页服务，要求实现如下功能。

13-4　慕课

项目实录　配置与管理 Web 服务器

（1）网页文件上传完成后，立即自动发布 URL 为 http://www.long60.cn/~的用户名。

（2）在 Web 服务器中建立一个名为 private 的虚拟目录，其对应的物理路径是/data/private，并配置 Web 服务器对该虚拟目录启用用户认证，只允许 yun90 用户访问。

（3）在 Web 服务器中建立一个名为 private 的虚拟目录，其对应的物理路径是/dir1/test，并配置 Web 服务器，仅允许来自网络 smile60.cn 域和 192.168.10.0/24 网段的客户机访问该虚拟目录。

（4）使用 192.168.10.2 和 192.168.10.3 两个 IP 地址，创建基于 IP 地址的虚拟主机，其中，IP 地址为 192.168.10.2 的虚拟主机对应的主目录为/var/www/ip2，IP 地址为 192.168.10.3 的虚拟主机对应的主目录为/var/www/ip3。

（5）创建基于 www1.long60.cn 和 www2.long60.cn 两个域名的虚拟主机，域名为 www1.long60.cn 的虚拟主机对应的主目录为/var/www/long901，域名为 www2.long60.cn 的虚拟主机对应的主目录为/var/www/long902。

3. 深度思考

在观看视频时思考以下几个问题。

（1）使用虚拟目录有何好处？

（2）基于域名的虚拟主机的配置要注意什么？

（3）如何启用用户身份认证？

4. 做一做

根据视频内容，将项目完整地完成。

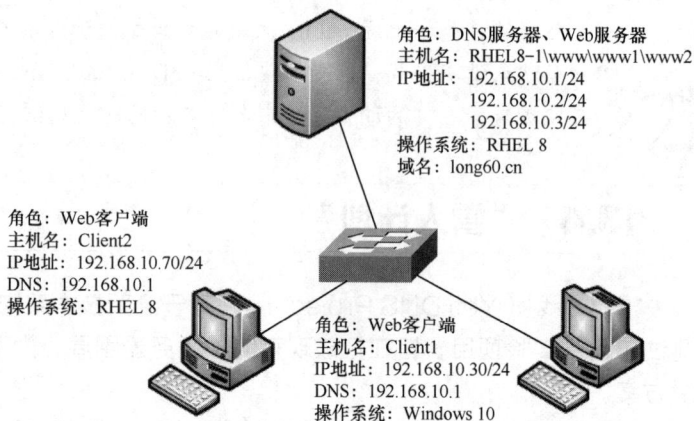

图 13-11　Web 服务器搭建与配置网络拓扑

13.6　练习题

一、填空题

1. Web 服务器使用的协议是＿＿＿＿，英文全称是＿＿＿＿，中文名称是＿＿＿＿。

2. HTTP 请求的默认端口是＿＿＿＿。

3. RHEL 8 采用了 SELinux 这种增强的安全模式，在默认的配置下，只有＿＿＿＿服务可以通过。

4. 在命令行控制台窗口，输入＿＿＿＿命令打开 Linux 网络配置窗口。

二、选择题

1. 网络管理员可通过（　　）文件对 WWW 服务器进行访问、控制存取和运行等操作。

A. lilo.conf　　　　B. httpd.conf　　　　C. inetd.conf　　D. resolv.conf

2. 在 RHEL 8 中手动安装 Apache 服务器时，默认的 Web 站点的目录为（　　）。

A. /etc/httpd　　　B. /var/www/html　　C. /etc/home　　D. /home/httpd

3. 对于 Apache 服务器，提供的子进程的默认的用户是（　　）。

A. root　　　　　　B. apached　　　　　C. httpd　　　　D. nobody

4. 世界上排名第一的 Web 服务器是（　　　）。

A. Apache　　　　　　B. IIS　　　　　　　C. SunONE　　　D. NCSA

5. 用户的主页存放的目录由文件 httpd.conf 的参数（　　　）设定。

A. UserDir　　　　　　B. Directory　　　　　C. public_html　　D. DocumentRoot

6. 设置 Apache 服务器时，一般将服务的端口绑定到系统的（　　　）端口上。

A. 10000　　　　　　　B. 23　　　　　　　　C. 80　　　　　　D. 53

7. 下面（　　　）不是 Apache 基于主机的访问控制命令。

A. allow　　　　　　　B. deny　　　　　　　C. order　　　　　D. all

8. 用来设定当服务器产生错误时，显示在浏览器上的管理员的 E-mail 地址的命令是（　　　）。

A. Servername　　　　B. ServerAdmin　　　C. ServerRoot　　D. DocumentRoot

9. 在 Apache 基于用户名的访问控制中，生成用户密码文件的命令是（　　　）。

A. smbpasswd　　　　B. htpasswd　　　　　C. passwd　　　　D. password

13.7　实践习题

1. 建立 Web 服务器，同时建立一个名为/mytest 的虚拟目录，并完成以下设置。

（1）设置 Apache 根目录为/etc/httpd。

（2）设置首页名称为 test.html。

（3）设置超时时间为 240s。

（4）设置客户端连接数为 500。

（5）设置管理员 E-mail 地址为 root@smile60.cn。

（6）虚拟目录对应的实际目录为/linux/apache。

（7）将虚拟目录设置为仅允许 192.168.10.0/24 网段的客户端访问。

（8）分别测试 Web 服务器和虚拟目录。

2. 在文档目录中建立 security 目录，并完成以下设置。

（1）对该目录启用用户认证功能。

（2）仅允许 user1 和 user2 账号访问。

（3）更改 Apache 默认监听的端口，将其设置为 8080。

（4）将允许 Apache 服务的用户和组设置为 nobody。

（5）禁止使用目录浏览功能。

3. 建立虚拟主机，并完成以下设置。

（1）建立 IP 地址为 192.168.10.1 的虚拟主机 1，对应的文档目录为/usr/local/www/web1。

（2）仅允许来自.smile60.cn.域的客户端可以访问虚拟主机 1。

（3）建立 IP 地址为 192.168.10.2 的虚拟主机 2，对应的文档目录为/usr/local/www/web2。

（4）仅允许来自.long60.cn.域的客户端访问虚拟主机 2。

4. 配置用户身份认证。参见《网络服务器搭建、配置与管理——Linux（RHEL 8/CentOS 8）（微课版）（第 4 版）》（人民邮电出版社，杨云等主编）的相关部分内容。

项目14
配置与管理FTP服务器

14

项目导入：

    某学院组建了校园网，建设了学院网站，并架设了 Web 服务器来为学院网站提供服务，但在网站上传和更新时，需要用到文件上传和下载功能，因此还要架设 FTP 服务器，为学院内部和互联网用户提供 FTP 等服务。本项目将实践配置与管理 FTP 服务器。

职业能力目标和要求：

* 掌握 FTP 的工作原理。
* 学会配置 vsftpd 服务器。

14.1　项目知识准备

    以 HTTP 为基础的 Web 服务功能虽然强大，但对于文件传输来说却略显不足。一种专门用于文件传输的 FTP 服务应运而生。

    FTP 服务就是文件传输服务，FTP 的全称是 File Transfer Protocol，顾名思义，就是文件传输协议，它具备更强的文件传输可靠性和更高的效率。

14.1.1　FTP 的工作原理

    FTP 大大简化了文件传输的复杂性，它能够使文件通过网络从一台计算机传送到另外一台计算机上，却不受计算机和操作系统类型的限制。无论是计算机、服务器、大型机，还是 macOS、Linux、Windows 操作系统，只要双方都支持 FTP，就可以方便、可靠地进行文件传送。

14-1　微课

配置与管理 FTP 服务器

    FTP 服务的工作过程如图 14-1 所示，具体介绍如下。

    （1）FTP 客户端向 FTP 服务器发送连接请求，同时 FTP 客户端系统动态地打开一个大于 1024 的端口（如 1031 端口）等候 FTP 服务器连接。

    （2）若 FTP 服务器在端口 21 侦听到该请求，则会在 FTP 客户端的 1031 端口和 FTP 服务器的 21 端口之间建立起一个 FTP 会话连接。

（3）当需要传输数据时，FTP 客户端再动态地打开一个大于 1024 的端口（如 1032 端口）连接到 FTP 服务器的 20 端口，并在这两个端口之间进行数据传输。当数据传输完毕，这两个端口会自动关闭。

（4）当 FTP 客户端断开与 FTP 服务器的连接时，FTP 客户端上动态分配的端口将自动释放。

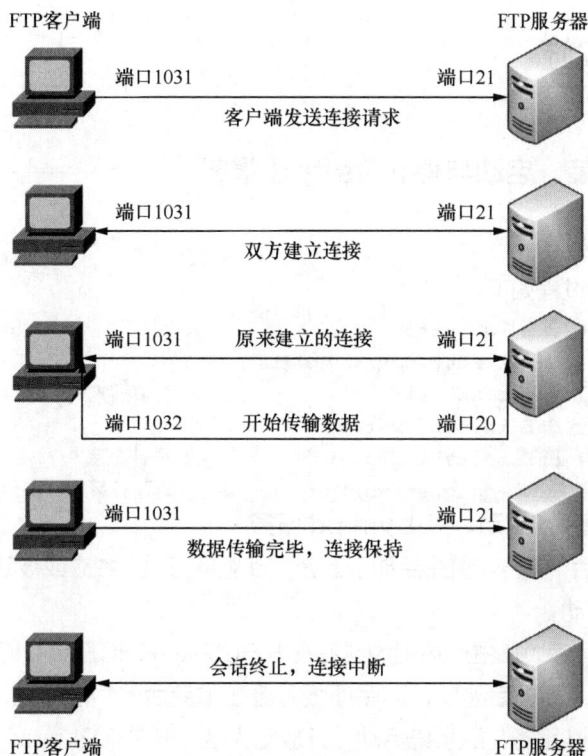

图 14-1　FTP 服务的工作过程

FTP 服务有两种工作模式：主动传输模式（Active FTP）和被动传输模式（Passive FTP）。

14.1.2　匿名用户

FTP 服务不同于 Web 服务，它首先要求登录服务器，然后再进行文件传输。这对于很多公开提供软件下载的服务器来说十分不便，于是匿名用户访问诞生了：通过使用一个共同的用户名 anonymous 和密码不限的管理策略（一般使用用户的邮箱作为密码即可），让任何用户都可以很方便地从 FTP 服务器上下载软件。

14.2　项目设计与准备

一共 3 台计算机，网络连接模式都设置为仅主机模式（VMnet1）。两台安装了 RHEL 8，一台作为服务器，另一台作为客户端使用，还有一台安装了 Windows 10，也作为客户端使用。计算机的配置信息如表 14-1 所示（可以使用 VM 的"克隆"技术快速安装需要的 Linux 客户端）。

表 14-1　Linux 服务器和客户端的配置信息

主 机 名	操作系统	IP 地址	角色及网络连接模式
Server01	RHEL 8	192.168.10.1/24	FTP 服务器；VMnet1
Client1	RHEL 8	192.168.10.20/24	FTP 客户端；VMnet1
Client3	Windows 10	192.168.10.40/24	FTP 客户端；VMnet1

14.3　项目实施

14-2　慕课

配置与管理
FTP 服务器

任务 14-1　安装、启动与停止 vsftpd 服务

1. 安装 vsftpd 服务

安装 vsftpd 服务的过程如下。

```
[root@Server01 ~]# rpm -q vsftpd
[root@Server01 ~]# mount /dev/cdrom /media
[root@Server01 ~]# dnf clean all              //安装前先清除缓存
[root@Server01 ~]# dnf install vsftpd -y
[root@Server01 ~]# dnf install ftp -y         //同时安装 ftp 软件包
[root@Server01 ~]# rpm -qa|grep vsftpd        //检查安装组件是否成功
```

2. 启动、重启、随系统启动、停止 vsftpd 服务

安装完 vsftpd 服务后，下一步就是启动了。vsftpd 服务可以以独立或被动方式启动。在 RHEL 8 中，默认以独立方式启动。

在此需要提醒各位读者，在生产环境中或者在 RHCSA、RHCE、RHCA 认证考试中，一定要把配置过的服务程序加入开机启动项，以保证服务器在重启后依然能够正常提供传输服务。

若要重新启动 vsftpd 服务、随系统启动，开放防火墙，开放 SELinux 和停止 vsftpd 服务，则输入下面的命令。

```
[root@Server01 ~]# systemctl restart vsftpd
[root@Server01 ~]# systemctl enable vsftpd
[root@Server01 ~]# firewall-cmd --permanent --add-service=ftp
[root@Server01 ~]# firewall-cmd --reload
[root@Server01 ~]# setsebool -P ftpd_full_access=on
[root@Server01 ~]# systemctl stop vsftpd
```

> **提示**　上面"setsebool -P ftpd_full_access=on"命令也可用"setenforce 0"命令代替。

任务 14-2　认识 vsftpd 的配置文件

vsftpd 的配置主要通过以下几个文件来完成。

1. 主配置文件

vsftpd 服务程序的主配置文件（/etc/vsftpd/vsftpd.conf）的内容总长度达到 127 行，但其中大多数参数在开头都添加了"#"，从而成为注释信息。

可以使用 grep 命令添加 -v 选项，过滤并反选出没有包含"#"的行（过滤所有注释信息），然后将过滤后的行通过输出重定向符写回原始的主配置文件中（安全起见，请先备份主配置文件）。

```
[root@Server01 ~]# mv /etc/vsftpd/vsftpd.conf /etc/vsftpd/vsftpd.conf.bak
[root@Server01 ~]# grep -v "#" /etc/vsftpd/vsftpd.conf.bak > /etc/vsftpd/vsftpd.conf
[root@Server01 ~]# cat /etc/vsftpd/vsftpd.conf -n
     1  anonymous_enable=YES
     2  local_enable=YES
     3  write_enable=YES
     4  local_umask=022
     5  dirmessage_enable=YES
     6  xferlog_enable=YES
     7  connect_from_port_20=YES
     8  xferlog_std_format=YES
     9  listen=NO
    10  listen_ipv6=YES
    11
    12  pam_service_name=vsftpd
    13  userlist_enable=YES
```

注意 使用 man vsftpd 命令可以查看 vsftpd 的详细配置说明，使用 cat /etc/vsftpd/vsftpd.conf 命令可以查看配置文件的说明，特别是"#"部分：语句的实例，非常重要。

表 14-2 所示为 vsftpd 服务程序的常用参数。在后文的项目中将演示重要参数的用法，以帮助大家熟悉并掌握。

表 14-2　vsftpd 服务程序的常用参数

参　　数	作　　用
listen=[YES|NO]	是否以独立运行方式监听服务
listen_address=IP 地址	设置要监听的 IP 地址
listen_port=21	设置 FTP 服务的监听端口
download_enable = [YES|NO]	是否允许下载文件
userlist_enable=[YES|NO] userlist_deny=[YES|NO]	设置用户列表为"允许"还是"禁止"操作
max_clients=0	设置最大客户端连接数，0 为不限制
max_per_ip=0	设置同一 IP 地址的最大连接数，0 为不限制
anonymous_enable=[YES|NO]	是否允许匿名用户访问
anon_upload_enable=[YES|NO]	是否允许匿名用户上传文件
anon_umask=022	设置匿名用户上传文件的 umask 值
anon_root=/var/ftp	设置匿名用户的 FTP 根目录
anon_mkdir_write_enable=[YES|NO]	是否允许匿名用户创建目录
anon_other_write_enable=[YES|NO]	是否开放匿名用户的其他写入权限（包括重命名、删除等操作权限）
anon_max_rate=0	设置匿名用户的最大传输速率（单位为 B/s），0 为不限制
local_enable=[YES|NO]	是否允许本地用户登录 FTP
local_umask=022	设置本地用户上传文件的 umask 值
local_root=/var/ftp	设置本地用户的 FTP 根目录
chroot_local_user=[YES|NO]	是否将用户权限禁锢在 FTP 目录，以确保安全
local_max_rate=0	设置本地用户最大传输速率（单位为 B/s），0 为不限制

2. /etc/pam.d/vsftpd

vsftpd 的可插拔认证模块（Pluggable Authentication Modules，PAM）配置文件主要用来加强 vsftpd 服务器的用户认证。

3. /etc/vsftpd/ftpusers

所有位于此文件内的用户都不能访问 vsftpd 服务。当然，为安全起见，这个文件中默认已经包括了 root、bin 和 daemon 等系统账号。

4. /etc/vsftpd/user_list

这个文件中包括的用户有可能是被拒绝访问 vsftpd 服务的，也可能是允许访问的，这主要取决于 vsftpd 的主配置文件/etc/vsftpd/vsftpd.conf 中的"userlist_deny"参数是设置为"YES"（默认值）还是"NO"。

- userlist_deny=NO 时，仅允许文件列表中的用户访问 FTP 服务器。
- userlist_deny=YES 时，这也是默认值，拒绝文件列表中的用户访问 FTP 服务器。

5. /var/ftp 文件夹

该文件夹是 vsftpd 提供服务的文件"集散地"，它包括一个 pub 子目录。在默认配置下，所有的目录都是只读的，不过只有 root 用户有写权限。

任务 14-3 配置匿名用户 FTP 实例

1. vsftpd 的认证模式

vsftpd 允许用户以如下 3 种认证模式登录 FTP 服务器。

（1）匿名开放模式：是一种极不安全的认证模式，任何人都无须密码验证而直接登录 FTP 服务器。

（2）本地用户模式：是通过 Linux 操作系统本地的账户密码信息进行认证的模式。与匿名开放模式相比，该模式更安全，而且配置起来也很简单。但是如果入侵者破解了账户的信息，就可以畅通无阻地登录 FTP 服务器，从而完全控制整台服务器。

（3）虚拟用户模式：是这 3 种模式中最安全的一种认证模式。它需要为 FTP 服务单独建立用户数据库文件，该文件用来映射口令验证的账户信息，而这些账户信息在服务器系统中实际上是不存在的，仅供 FTP 服务程序进行认证使用。这样，即使入侵者破解了账户信息，也无法登录服务器，从而有效减小了破坏范围和降低了影响。

2. 匿名用户登录的参数说明

表 14-3 所示为可以向匿名用户开放的权限参数。

表 14-3 可以向匿名用户开放的权限参数

参　　数	作　　用
anonymous_enable=YES	允许匿名访问
anon_umask=022	设置匿名用户上传文件的 umask 值
anon_upload_enable=YES	允许匿名用户上传文件
anon_mkdir_write_enable=YES	允许匿名用户创建目录
anon_other_write_enable=YES	允许匿名用户修改目录名称或删除目录

3. 配置匿名用户登录 FTP 服务器实例

【例 14-1】搭建一台 FTP 服务器，允许匿名用户上传和下载文件，匿名用户的根目录设置为/var/ftp。

（1）新建测试文件，编辑/etc/vsftpd/vsftpd.conf。

```
[root@Server01 ~]# touch /var/ftp/pub/sample.tar
[root@Server01 ~]# vim /etc/vsftpd/vsftpd.conf
```

在文件后面添加如下 4 行语句（**语句前后一定不要带空格**，若有重复的语句，则删除或直接在其上更改，"#"及后面的内容不要写到文件里）。

```
anonymous_enable=YES
#允许匿名用户访问
anon_root=/var/ftp
#设置匿名用户的根目录为/var/ftp
anon_upload_enable=YES
#允许匿名用户上传文件
anon_mkdir_write_enable=YES
#允许匿名用户创建目录
```

> **提示** anon_other_write_enable=YES 表示允许匿名用户删除文件。

（2）允许 SELinux，让防火墙放行 ftp 服务，重启 vsftpd 服务。

```
[root@Server01 ~]# setenforce 0
[root@Server01 ~]# firewall-cmd --permanent --add-service=ftp
[root@Server01 ~]# firewall-cmd --reload
[root@Server01 ~]# firewall-cmd --list-all
[root@Server01 ~]# systemctl restart vsftpd
```

在 Windows 10 客户端的资源管理器中输入 ftp://192.168.10.1，打开 pub 目录，新建一个文件夹，结果出错了，如图 14-2 所示。

图 14-2 测试 FTP 服务器 192.168.10.1 出错

什么原因呢？系统的本地权限没有设置！

（3）设置本地系统权限，将属主设为 ftp，或者为 pub 目录赋予其他用户写权限。

```
[root@Server01 ~]# ll -ld /var/ftp/pub
drwxr-xr-x. 2 root root 6 Mar 23 2017 /var/ftp/pub        //其他用户没有写权限
[root@Server01 ~]# chown ftp /var/ftp/pub                 //将属主改为匿名用户 ftp
```

或者：

```
[root@Server01 ~]# chmod o+w /var/ftp/pub              //为其他用户赋予写权限
[root@Server01 ~]# ll -ld /var/ftp/pub
drwxr-xr-x. 2 ftp root 6 Mar 23 2017 /var/ftp/pub      //已将属主改为匿名用户 ftp
[root@Server01 ~]# systemctl restart vsftpd
```

（4）在 Windows 10 客户端再次测试，在 pub 目录下能够建立新文件夹。

> **提示** 如果在 Linux 上测试，则输入"ftp 192.168.10.1"命令，用户名输入 ftp，不必输入密码，直接按"Enter"键即可。

> **注意** 要实现匿名用户创建文件等功能，仅仅在配置文件中开启这些功能是不够的，还需要注意开放本地文件系统权限，使匿名用户拥有写权限才行，或者改变属主为 ftp。在项目实录中有针对此问题的解决方案。另外也要特别注意防火墙和 SELinux 设置，否则一样会出问题，切记！另外，SELinux 及其 FTP 布尔值的设置见电子活页。

任务 14-4 配置本地模式的常规 FTP 服务器实例

1. FTP 服务器配置要求

企业内部现在有一台 FTP 服务器和一台 Web 服务器，其中 FTP 服务器主要用于维护企业的网站内容，包括上传文件、创建目录、更新网页等。企业现有两个部门负责维护任务，两者分别用 team1 和 team2 账号进行管理。要求仅允许 team1 和 team2 账号登录 FTP 服务器，但不能登录本地系统，并将这两个账号的根目录限制为/web/www/html，不能进入该目录以外的任何目录。

2. 需求分析

将 FTP 服务器和 Web 服务器放在一起是企业经常采用的方法，这样方便网站维护。为了增强安全性，首先需要仅允许本地用户访问，并禁止匿名用户登录。其次，使用 chroot 功能将 team1 和 team2 锁定在/web/www/html 目录下。如果需要删除文件，则还需要注意本地权限。

3. 解决方案

（1）建立维护网站内容的账号 team1、team2，并为其设置密码。

```
[root@Server01 ~]# useradd  team1; useradd team2; useradd  user1
[root@Server01 ~]# passwd  team1
[root@Server01 ~]# passwd  team2
[root@Server01 ~]# passwd  user1
```

（2）配置 vsftpd.conf 主配置文件并做相应修改写入配置文件时，去掉注释，**语句前后不要加空格**，切记！另外，要把任务 14-3 的配置文件恢复到最初状态（**可在语句前面加上"#"**），以免实训间互相影响。

```
[root@Server01 ~]# vim  /etc/vsftpd/vsftpd.conf
anonymous_enable=NO
#禁止匿名用户登录
local_enable=YES
```

```
#允许本地用户登录
local_root=/web/www/html
#设置本地用户的根目录为/web/www/html
chroot_local_user=NO
#是否限制本地用户，这也是默认值，可以省略
chroot_list_enable=YES
#激活 chroot 功能
chroot_list_file=/etc/vsftpd/chroot_list
#设置锁定用户在根目录中的列表文件
allow_writeable_chroot=YES
#只要启用 chroot 就一定加入这条：允许 chroot 限制，否则会出现连接错误，切记
```

特别提示 chroot_local_user=NO 是默认设置，即如果不做任何 chroot 设置，则 FTP 登录目录是不做限制的。另外，只要启用 chroot，就一定要增加 allow_writeable_chroot=YES 语句。

注意 因为 chroot 是靠"例外列表"来实现的，列表内用户即例外的用户。所以根据是否启用本地用户转换，可设置不同目的的"例外列表"，从而实现 chroot 功能。因此实现锁定目录有两种实现方法。

① 锁定主目录的第一种表示是除列表内的用户外，其他用户都被限定在固定目录内，即列表内用户自由，列表外用户受限制。这时启用 chroot_local_user=YES。

```
chroot_local_user=YES
chroot_list_enable=YES
chroot_list_file=/etc/vsftpd/chroot_list
allow_writeable_chroot=YES
```

② 锁定主目录的第二种表示是除列表内的用户外，其他用户都可自由转换目录。即列表内用户受限制，列表外用户自由。这时启用 chroot_local_user=NO。**本例使用第二种。**

```
chroot_local_user=NO
chroot_list_enable=YES
chroot_list_file=/etc/vsftpd/chroot_list
allow_writeable_chroot=YES
```

（3）建立/etc/vsftpd/chroot_list 文件，添加 team1 和 team2 账号。

```
[root@Server01 ~]# vim  /etc/vsftpd/chroot_list
team1
team2
```

（4）防火墙放行和 SELinux 允许！重启 FTP 服务。

```
[root@Server01 ~]# firewall-cmd --permanent --add-service=ftp
[root@Server01 ~]# firewall-cmd --reload
[root@Server01 ~]# setenforce 0
[root@Server01 ~]# systemctl restart vsftpd
```

思考 如果设置 setenforce 1，那么必须执行 setsebool -P ftpd_full_access=on。这样能保证目录的正常写入和删除等操作。

（5）修改本地权限。

```
[root@Server01 ~]# mkdir  /web/www/html -p
[root@Server01 ~]# touch  /web/www/html/test.sample
[root@Server01 ~]# ll  -d  /web/www/html
[root@Server01 ~]# chmod  -R  o+w  /web/www/html      //其他用户可以写入
[root@Server01 ~]# ll  -d  /web/www/html
```

（6）在 Linux 客户端 Client1 上先安装 ftp 工具，然后测试。

```
[root@Client1 ~]# mount /dev/cdrom /so
[root@Client1 ~]# dnf clean all
[root@Client1 ~]# dnf install ftp -y
```

① 使用 team1 和 team2 用户，两者不能转换目录，但能建立新文件夹，显示的目录是"/"，其实是/web/www/html 文件夹！

```
[root@client1 ~]# ftp 192.168.10.1
Connected to 192.168.10.1 (192.168.10.1).
220 (vsFTPd 3.0.2)
Name (192.168.10.1:root): team1                    //锁定用户测试
331 Please specify the password.
Password:                                          //输入 team1 用户密码
230 Login successful.
Remote system type is UNIX.
Using binary mode to transfer files.
ftp> pwd
257 "/"              //显示的目录是"/"，其实是/web/www/html，从列示的文件中就知道
ftp> mkdir testteam1
257 "/testteam1" created
ftp> ls
……
-rw-r--r--    1 0        0           0 Jul 21 01:25 test.sample
drwxr-xr-x    2 1001     1001        6 Jul 21 01:48 testteam1
226 Directory send OK.
ftp> get test.sample test1111.sample             //下载到客户端的当前目录
local: test1111.sample remote: test.sample
227 Entering Passive Mode (192,168,10,1,84,24).
150 Opening BINARY mode data connection for test.sample (0 bytes).
226 Transfer complete.
ftp> put test1111.sample  test00.sample           //上传文件并改名为 test00.sample
local: test1111.sample remote: test00.sample
227 Entering Passive Mode (192,168,10,1,158,223).
150 Ok to send data.
226 Transfer complete.
ftp> ls
227 Entering Passive Mode (192,168,10,1,44,116).
150 Here comes the directory listing.
-rw-r--r--    1 0        0           0 Feb 08 16:16 test.sample
-rw-r--r--    1 1003     1003        0 Feb 08 16:21 test00.sample
drwxr-xr-x    2 1001     1001        6 Feb 08 07:05 testteam1
226 Directory send OK.
ftp> cd /etc
550 Failed to change directory.                   //不允许更改目录
```

```
ftp> exit
221 Goodbye.
```

② 使用 user1 用户，其能自由转换目录，可以将/etc/passwd 文件下载到主目录，但极其危险！

```
[root@client1 ~]# ftp 192.168.10.1
Connected to 192.168.10.1 (192.168.10.1).
220 (vsFTPd 3.0.2)
Name (192.168.10.1:root): user1          //列表外的用户是自由的
331 Please specify the password.
Password:                                //输入 user1 用户密码
230 Login successful.
Remote system type is UNIX.
Using binary mode to transfer files.
ftp> pwd
257 "/web/www/html"
ftp> mkdir testuser1
257 "/web/www/html/testuser1" created
ftp> cd /etc          //成功转换到/etc 目录
250 Directory successfully changed.
ftp> get passwd
//成功下载密码文件 passwd 到本地用户的当前目录（本例是/root），可以退出后查看。不安全
local: passwd remote: passwd
227 Entering Passive Mode (192,168,10,1,70,163).
150 Opening BINARY mode data connection for passwd (2790 bytes).
226 Transfer complete.
2790 bytes received in 0.000106 secs (26320.75 Kbytes/sec)
ftp> cd /web/www/html
250 Directory successfully changed.
ftp> ls
......
ftp>exit
[root@Client1 ~]#
```

（7）最后，在 Server01 上把该任务的配置文件新增语句加上 "#" 注释掉。

任务 14-5　设置 vsftp 虚拟账号

FTP 服务器的搭建并不复杂，但需要按照服务器的用途，合理规划相关配置。如果 FTP 服务器并不对互联网上的所有用户开放，则可以关闭匿名访问，而开启实体账号或者虚拟账号的验证机制。但在实际操作中，如果使用实体账号访问，则 FTP 用户在拥有服务器真实用户名和密码的情况下，会对服务器产生潜在的危害。如果 FTP 服务器设置不当，则用户有可能使用实体账号进行非法操作。所以，为了 FTP 服务器安全，可以使用虚拟用户验证方式，也就是将虚拟的账号映射为服务器的实体账号，客户端使用虚拟账号访问 FTP 服务器。

要求：使用虚拟用户 user2、user3 登录 FTP 服务器，访问主目录是/var/ftp/vuser，用户只允许查看文件，不允许上传、修改等操作。

vsftp 虚拟账号的配置主要有以下几个步骤。

1. 创建用户数据库

（1）创建用户文本文件。

① 建立保存虚拟账号和密码的文本文件，格式如下。

```
虚拟账号 1
密码
虚拟账号 2
密码
```

② 使用 vim 编辑器建立用户文件 vuser.txt，添加虚拟账号 user2 和 user3，如下所示。

```
[root@Server01 ~]# mkdir  /vftp
[root@Server01 ~]# vim  /vftp/vuser.txt
user2
12345678
User3
12345678
```

（2）生成数据库。

保存虚拟账号及密码的文本文件无法被系统账号直接调用，需要使用 db_load 命令生成 db 数据库文件。

```
[root@Server01 ~]# db_load -T -t hash -f /vftp/vuser.txt /vftp/vuser.db
[root@Server01 ~]# ls  /vftp
vuser.db   vuser.txt
```

（3）修改数据库文件访问权限。

数据库文件中保存着虚拟账号和密码信息，为了防止用户非法盗取，可以修改该文件的访问权限。

```
[root@Server01 ~]# chmod  700 /vftp/vuser.db; ll  /vftp
```

2. 配置 PAM 文件

为了使服务器能够使用数据库文件，对客户端进行身份验证，需要调用系统的可插拔认证模块（PAM），不必重新安装应用程序，通过修改指定的配置文件，调整对该程序的认证方式。PAM 配置文件的路径为/etc/pam.d。该目录下保存着大量与认证有关的配置文件，并以服务名称命名。

下面修改 vsftp 对应的 PAM 配置文件/etc/pam.d/vsftpd，使用"#" 将默认配置全部注释掉，添加相应字段，如下所示。

```
[root@Server01 ~]# vim  /etc/pam.d/vsftpd
#%PAM-1.0
#session    optional    pam_keyinit.so    force revoke
#auth  required pam_listfile.so item=user sense=deny file=/etc/vsftpd/ftpusers
onerr=succeed
#auth        required    pam_shells.so
#auth        include     password-auth
#account     include     password-auth
#session     required    pam_loginuid.so
#session     include     password-auth
auth           required     pam_userdb.so    db=/vftp/vuser
account        required     pam_userdb.so    db=/vftp/vuser
```

3. 创建虚拟账号对应的系统用户，并建立测试文件和目录

```
[root@Server01 ~]# useradd -d /var/ftp/vuser vuser              ①
[root@Server01 ~]# chown vuser.vuser /var/ftp/vuser             ②
[root@Server01 ~]# chmod 555 /var/ftp/vuser                     ③
[root@Server01 ~]# touch /var/ftp/vuser/file1; mkdir /var/ftp/vuser/dir1
[root@Server01 ~]# ls -ld /var/ftp/vuser                        ④
dr-xr-xr-x. 6 vuser vuser 127 Jul 21 14:28 /var/ftp/vuser
```

以上代码中，带序号的各行的功能说明如下。

① 用 useradd 命令添加系统账号 vuser，并将其/home 目录指定为/var/ftp 下的 vuser。

② 变更 vuser 目录的所属用户和组，设定为 vuser 用户、vuser 组。

③ 匿名账号登录时会映射为系统账号，并登录/var/ftp/vuser 目录，但其没有访问该目录的权限，需要为 vuser 目录的属主、属组和其他用户和组添加读和执行权限。

④ 使用 1s 命令查看 vuser 目录的详细信息，系统账号主目录设置完毕。

4. 修改/etc/vsftpd/vsftpd.conf

```
anonymous_enable=NO                                              ①
anon_upload_enable=NO
anon_mkdir_write_enable=NO
anon_other_write_enable=NO
local_enable=YES                                                ②
chroot_local_user=YES                                           ③
allow_writeable_chroot=YES
write_enable=NO                                                 ④
guest_enable=YES                                                ⑤
guest_username=vuser                                            ⑥
listen=YES                                                      ⑦
listen_ipv6=NO                                                  ⑧
pam_service_name=vsftpd                                         ⑨
```

注意 ① "="两边不要加空格；② 将该内容直接加到配置文件的尾部，但与原文件相同的配置选项前面需要加上"#"。

以上代码中，带序号的各行的功能说明如下。

① 为了保证服务器安全，关闭匿名访问以及其他匿名相关设置。

② 因为虚拟账号会映射为服务器的系统账号，所以需要开启本地账号的支持。

③ 锁定账号的根目录。

④ 关闭用户的写权限。

⑤ 开启虚拟账号访问功能。

⑥ 设置虚拟账号对应的系统账号为 vuser。

⑦ 设置 FTP 服务器为独立运行。

⑧ 目前网络环境尚不支持 ipv6，在 listen 设置为 Yes 的情况下会导致出现错误无法启动，所以将其值改为 NO。

⑨ 配置 vsftp 使用的 PAM 为 vsftpd。

5. 设置防火墙放行和 SELinux 允许，重启 vsftpd 服务

具体内容见前文。

6. 在 Client1 上测试

使用虚拟账号 user2、user3 登录 FTP 服务器进行测试，会发现虚拟账号登录成功，并显示 FTP 服务器目录信息。

```
[root@Client1 ~]# ftp 192.168.10.1
Connected to 192.168.10.1 (192.168.10.1).
```

```
220 (vsFTPd 3.0.2)
Name (192.168.10.1:root): user2
331 Please specify the password.
Password:
230 Login successful.
Remote system type is UNIX.
Using binary mode to transfer files.
ftp> ls          //可以列示目录信息
227 Entering Passive Mode (192,168,10,1,46,27).
150 Here comes the directory listing.
drwxr-xr-x    2 0        0            6 Feb 08 17:12 dir1
-rw-r--r--    1 0        0            0 Feb 08 17:12 file1
226 Directory send OK.
ftp> cd /etc                   //不能更改主目录
550 Failed to change directory.
ftp> mkdir testuser1           //仅能查看，不能写入
550 Permission denied.
ftp> quit
221 Goodbye.
```

特别 提示 匿名开放模式、本地用户模式和虚拟用户模式的配置文件，请在出版社网站下载，或向作者索要。

7. 补充服务器 vsftp 的主动模式和被动模式配置

（1）主动模式配置。

```
Port_enable=YES                //开启主动模式
Connect_from_port_20=YES       //指定当主动模式开启时，是否启用默认的 20 端口监听
Ftp_date_port=%portnumber%     //上一选项使用 NO 时指定数据传输端口
```
（2）被动模式配置。

```
connect_from_port_20=NO
PASV_enable=YES                //开启被动模式
PASV_min_port=%number%         //被动模式最低端口
PASV_max_port=%number%         //被动模式最高端口
```

14.4 中国的"龙芯"

你知道"龙芯"吗？你知道"龙芯"的应用水平吗？

通用处理器是信息产业的基础部件，是电子设备的核心器件。通用处理器是关系到国家命运的战略产业之一，其发展直接关系到国家技术创新能力，关系到国家安全，是国家的核心利益所在。

"龙芯"是我国最早研制的高性能通用处理器系列，于 2001 年在中国科学院计算所开始研发，得到了"863""973""核高基"等项目的大力支持，完成了 10 年的核心技术积累。2010 年，中国科学院和北京市政府共同牵头出资，龙芯中科技术有限公司正式成立，开始市场化运作，旨在将龙芯处理器的研发成果产业化。

龙芯中科技术有限公司研制的处理器产品包括龙芯 1 号、龙芯 2 号、龙芯 3 号三大系列。为了

将国家重大创新成果产业化，龙芯中科技术有限公司努力探索，在国防、教育、工业、物联网等行业取得了重大市场突破，龙芯产品取得了良好的应用效果。

目前龙芯处理器产品在各领域取得了广泛应用。在安全领域，龙芯处理器已经通过了严格的可靠性实验，作为核心元器件应用在几十种型号和系统中。2015 年，龙芯处理器成功应用于北斗二代导航卫星。在通用领域，龙芯处理器已经应用在个人计算机、服务器及高性能计算机、行业计算机终端，以及云计算终端等方面。在嵌入式领域，基于龙芯 CPU 的防火墙等网安系列产品已达到规模销售；应用于国产高端数控机床等系列工控产品显著提升了我国工控领域的自主化程度和产业化水平；龙芯提供了 IP 设计服务，在国产数字电视领域也与国内多家知名厂家展开合作，其 IP 地址授权量已达百万片以上。

14.5 项目实训：配置与管理 FTP 服务器

1. 视频位置
实训前请扫描二维码观看"项目实录　配置与管理 FTP 服务器"慕课。

14-3　慕课

项目实录　配置与管理 FTP 服务器

2. 项目背景
某企业的 FTP 服务器搭建与配置网络拓扑如图 14-3 所示。该企业想构建一台 FTP 服务器，为企业局域网中的计算机提供文件传输服务，为财务部、销售部和 OA 系统等提供异地数据备份。要求能够对 FTP 服务器设置连接限制、日志记录、消息、验证客户端身份等属性，并能创建用户隔离的 FTP 站点。

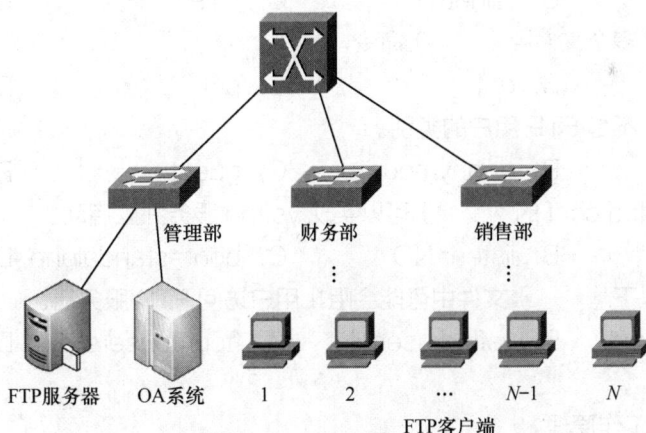

图 14-3　某企业的 FTP 服务器搭建与配置网络拓扑

3. 深度思考
在观看视频时思考以下几个问题。

（1）如何使用 service vsftpd status 命令检查 vsftp 的安装状态？

（2）FTP 权限和文件系统权限有何不同？如何进行设置？

（3）为何不建议对根目录设置写权限？

（4）如何设置进入目录后的欢迎信息？

（5）如何锁定 FTP 用户在其"宿主"目录中？

（6）user_list 和 ftpusers 文件都存有用户名列表，如果一个用户同时存在两个文件中，则最终的执行结果是怎样的？

4. 做一做

根据视频内容，将项目完整地完成。

14.6 练习题

一、填空题

1. FTP 服务就是_____服务，FTP 的英文全称是_____。

2. FTP 服务通过使用一个共同的用户名_____和密码不限的管理策略，让任何用户都可以很方便地从这些服务器上下载软件。

3. FTP 服务有两种工作模式：_____和_____。

4. ftp 命令的格式为：_____。

二、选择题

1. ftp 命令的参数（　　）可以与指定的机器建立连接。

A. connect　　　　　B. close　　　　　　C. cdup　　　　　　D. open

2. FTP 服务使用的端口是（　　）。

A. 21　　　　　　　　B. 23　　　　　　　　C. 25　　　　　　　　D. 53

3. 我们从互联网上获得软件最常采用的是（　　）。

A. WWW　　　　　　B. telnet　　　　　　C. FTP　　　　　　　D. DNS

4. 一次可以下载多个文件用（　　）命令。

A. mget　　　　　　B. get　　　　　　　C. put　　　　　　　D. mput

5. 下面（　　）不是 FTP 用户的类别。

A. real　　　　　　B. anonymous　　　　C. guest　　　　　　D. users

6. 修改文件 vsftpd.conf 的（　　）可以实现 vsftpd 服务独立启动。

A. listen=YES　　　B. listen=NO　　　　C. boot=standalone　D. #listen=YES

7. 将用户加入以下（　　）文件中可能会阻止用户访问 FTP 服务器。

A. vsftpd/ftpusers　B. vsftpd/user_list　C. ftpd/ftpusers　　D. ftpd/userlist

三、简答题

1. 简述 FTP 的工作原理。

2. 简述 FTP 服务的工作模式。

3. 简述常用的 FTP 软件。

14.7 实践习题

1. 在 VMWare 虚拟机中启动一台 Linux 服务器作为 vsftpd 服务器，在该系统中添加用户 user1 和 user2。

（1）确保系统安装了 vsftpd 软件包。

（2）设置匿名账号具有上传、创建目录的权限。

（3）利用/etc/vsftpd/ftpusers 文件设置禁止本地 user1 用户登录 FTP 服务器。

（4）设置本地用户 user2 登录 FTP 服务器之后，在进入 dir 目录时显示提示信息 "welcome to user's dir!"。

（5）设置将所有本地用户都锁定在/home 目录中。

（6）设置只有在/etc/vsftpd/user_list 文件中指定的本地用户 user1 和 user2 才能访问 FTP 服务器，其他用户都不可以。

（7）配置基于主机的访问控制，实现如下功能。

- 拒绝 192.168.6.0/24 访问。
- 对 jnrp.net 和 192.168.2.0/24 内的主机不做连接数和最大传输速率限制。
- 对其他主机的访问限制为每个 IP 的连接数为 2，最大传输速率为 500kbit/s。

2. 建立仅允许本地用户访问的 vsftp 服务器，并完成以下任务。

（1）禁止匿名用户访问。

（2）建立 s1 和 s2 账号，并具有读、写权限。

（3）使用 chroot 限制 s1 和 s2 账号在/home 目录中。

提示 关于配置与管理 samba 服务器、DHCP 服务器、DNS 服务器、Apache 服务器、FTP 服务器、Postfix 邮件服务器、NFS 服务器、代理服务器和防火墙的更详细的配置、更多的企业服务器实例和故障排除方法，请读者参见"十三五"职业教育国家规划教材《网络服务器搭建、配置与管理——Linux（RHEL 8/CentOS 8）（微课版）（第 4 版）》（人民邮电出版社，杨云主编）。

学习情境五（电子活页视频一）

系统安全与故障排除

X-1 慕课	X-2 慕课	X-3 慕课	X-4-1 慕课
项目实录 进程管理与系统监视	项目实录 配置与管理 VPN 服务器	项目实录 OpenSSL 及证书服务	项目实录 配置与管理 Web 服务器（SSL）-1

X-4-2 慕课	X-5 慕课	X-6 慕课	X-7 慕课
项目实录 配置与管理 Web 服务器（SSL）-2	项目实录 使用 Cyrus-SASL 实现 SMTP 认证	项目实录 实现邮件 TLS-SSL 加密通信	项目实录 排除系统和网络故障

千丈之堤，以蝼蚁之穴溃；百尺之室，以突隙之烟焚。

——《韩非子·喻老》

学习情境六（电子活页视频二）

拓展与提高

XI-1 慕课	XI-2 慕课	XI-3 慕课	XI-4 慕课
项目实录 使用 vim 编辑器	项目实录 实现 shell 编程	项目实录 配置 与管理 NFS 服务器	项目实录 配置 与管理 squid 代理 服务器

XI-5 慕课	XI-6 慕课	XI-7 慕课	XI-8 慕课
项目实录 配置 与管理 chrony 服务器	项目实录 配置远程 管理	项目实录 配置 与管理电子邮件 服务器	项目实录 安装 Linux Nginx MariaDB PHP （LEMP）

吾尝终日而思矣，不如须臾之所学也。

——《荀子·劝学》

说明：电子活页内容请参见《网络服务器搭建、配置与管理——Linux(RHEL 8/CentOS 8)（微课版）（第 4 版）》（人民邮电出版社，杨云主编）。

参 考 文 献

[1] 杨云，林哲. Linux 网络操作系统项目教程（RHEL 7.4/CentOS 7.4）（微课版）[M]. 3 版. 北京：人民邮电出版社，2019.

[2] 杨云. RHEL 7.4 & CentOS 7.4 网络操作系统详解[M]. 2 版. 北京：清华大学出版社，2019.

[3] 杨云，唐柱斌. 网络服务器搭建、配置与管理——Linux 版（微课版）[M]. 3 版. 北京：人民邮电出版社，2019.

[4] 杨云，戴万长，吴敏. Linux 网络操作系统与实训[M]. 4 版. 北京：中国铁道出版社，2020.

[5] 赵良涛，姜猛，肖川，等. Linux 服务器配置与管理项目教程（微课版）[M]. 北京：中国水利水电出版社，2019.

[6] 鸟哥. 鸟哥的 Linux 私房菜 基础学习篇[M]. 4 版. 北京：人民邮电出版社，2018.

[7] 刘遄. Linux 就该这么学[M]. 北京：人民邮电出版社，2017.

[8] 刘晓辉，张剑宇，张栋. 网络服务搭建、配置与管理大全（Linux 版）[M]. 北京：电子工业出版社，2009.

[9] 陈涛，张强，韩羽. 企业级 Linux 服务攻略[M]. 北京：清华大学出版社，2008.

[10] 曹江华. Red Hat Enterprise Linux 5.0 服务器构建与故障排除[M]. 北京：电子工业出版社，2008.

[11] 夏栋梁，宁菲菲. Red Hat Enterprise Linux 8 系统管理实战[M]. 北京：清华大学出版社，2020.

[12] 鸟哥. 鸟哥的 Linux 私房菜——服务器架设篇 [M]. 3 版. 北京：机械工业出版社，2012.